Heinrich W. Bergmann

Konstruktionsgrundlagen für Faserverbundbauteile

Mit 182 Abbildungen

Springer-Verlag Berlin Heidelberg GmbH

Prof. Dr.-Ing. Heinrich W. Bergmann
DLR Braunschweig
Institut für Strukturmechanik
W-3300 Braunschweig/Flughafen

ISBN 978-3-642-48386-8   ISBN 978-3-642-48385-1 (eBook)
DOI 10.1007/978-3-642-48385-1

Die Deutsche Bibliothek – CIP-Einheitsaufnahme
Bergmann, Heinrich, W.:
Konstruktionsgrundlagen für Faserverbundbauteile / H.W. Bergmann.
Berlin ; Heidelberg ; New York ; London ; Paris ; Tokyo ;
Hong Kong ; Barcelona ; Budapest : Springer, 1992

Dieses Werk ist urheberrechtlich geschützt. Die dadurch begründeten Rechte, insbesondere die der Übersetzung, des Nachdrucks, des Vortrags, der Entnahme von Abbildungen und Tabellen, der Funksendung, der Mikroverfilmung oder der Vervielfältigung auf anderen Wegen und der Speicherung in Datenverarbeitungsanlagen, bleiben, auch bei nur auszugsweiser Verwertung, vorbehalten. Eine Vervielfältigung dieses Werkes oder von Teilen dieses Werkes ist auch im Einzelfall nur in den Grenzen der gesetzlichen Bestimmungen des Urheberrechtsgesetzes der Bundesrepublik Deutschland vom 9. September 1965 in der jeweils geltenden Fassung zulässig. Sie ist grundsätzlich vergütungspflichtig. Zuwiderhandlungen unterliegen den Strafbestimmungen des Urheberrechtsgesetzes.

© Springer-Verlag Berlin Heidelberg 1992
Originally published by Springer-Verlag Berlin Heidelberg in 1992.
Softcover reprint of the hardcover 1st edition 1992

Die Wiedergabe von Gebrauchsnamen, Handelsnamen, Warenbezeichnungen usw. in diesem Werk berechtigt auch ohne besondere Kennzeichnung nicht zu der Annahme, daß solche Namen im Sinne der Warenzeichen- und Markenschutz-Gesetzgebung als frei zu betrachten wären und daher von jedermann benutzt werden dürften.

Sollte in diesem Werk direkt oder indirekt auf Gesetze, Vorschriften oder Richtlinien (z.B. DIN, VDI, VDE) Bezug genommen oder aus ihnen zitiert worden sein, so kann der Verlag keine Gewähr für Richtigkeit, Vollständigkeit oder Aktualität übernehmen. Es empfiehlt sich, gegebenenfalls für die eigenen Arbeiten die vollständigen Vorschriften oder Richtlinien in der jeweils gültigen Fassung hinzuzuziehen.

Satz: Reproduktionsfertige Vorlage vom Autor

68/3020-5 4 3 2 1 0 – Gedruckt auf säurefreiem Papier

Vorwort

Die Einführung und Verbreitung moderner Technologien ist in hohem Maße von der Verfügbarkeit geeigneter Werkstoffe abhängig. Für anspruchsvolle Anforderungen müssen nicht selten konventionelle Werkstoffe durch solche mit verbesserten Eigenschaften ersetzt oder durch neu entwickelte Werkstoffe abgelöst werden. Während beispielsweise um die Jahrhundertwende die gebräuchlichen Materialien für die Fertigung der ersten Flugzeuge Holz, Draht und Stoff waren, brachten die Anforderungen höherer Geschwindigkeiten und kritischerer Manöverlasten schon in den 20er Jahren die graduelle Einführung von Stahl- und später auch von Aluminiumlegierungen mit sich, die Holz und Stoff schließlich völlig verdrängten. In ähnlicher Weise werden im Flugzeugbau etwa seit 1960 zunehmend Metalle durch Verbundwerkstoffe ersetzt. Die ursprüngliche Motivation dafür war die leichte Fertigungsmöglichkeit auch komplex geformter Bauteile, die später durch den Trend nach intensiver Nutzung der hervorragenden mechanischen Eigenschaften und geringen Dichten moderner Verbundwerkstoffe ergänzt wurde. Über die Anwendung in der gewichtsbewußten Luft- und Raumfahrt hinaus finden sie heute steigende Akzeptanz im Maschinen- und Gerätebau, im Bauwesen, in der Elektro- und Sportartikelindustrie und auf vielen anderen Gebieten. Es zeichnet sich ab, daß unter den Zukunftstechnologien wenige so große Umwälzungen bewirken wie die Verbundwerkstoffe.

Die naheliegende Vorstellung, daß Verbundwerkstoffe einen technischen Durchbruch neueren Datums darstellen, ist allerdings irrig. In Wirklichkeit handelt es sich um die Wiederbelebung einer alten und einfachen Idee, nämlich um die Vereinigung verschiedener Stoffe, deren Zusammenwirken ein Material mit Eigenschaften ergibt, die sich von denen der Ausgangsstoffe vorteilhaft unterscheiden. In den vergangenen

Jahrzehnten sind mit dieser Zielsetzung moderne Verbundwerkstoffe entwickelt worden, die mit Stahl vergleichbare Festigkeiten und Steifigkeiten haben, aber nur einen Bruchteil dessen wiegen.

Das Spektrum der Kombinationsmöglichkeiten verschiedener Substanzen zur Herstellung von Verbundwerkstoffen ist groß. Das vorliegende Buch beabsichtigt, einen Überblick über den Bereich der Verbundtechnologie zu geben, der sich mit der Konstruktion von Bauteilen aus faserverstärkten Kunststoffen befaßt. Andere Verbundwerkstoffe werden der Vollständigkeit halber angesprochen, aber nicht im Detail behandelt.

Selbst die Beschränkung auf den Bereich faserverstärkter Kunststoffe führt auf ein sehr weites Arbeitsfeld. Die Fachliteratur ist entsprechend umfangreich, besteht aber im wesentlichen aus einer Ansammlung von Teilaspekten. Die Lücke, die es zu schließen gilt, ist eine leicht verständliche Beschreibung des Zusammenhangs dieser Teilaspekte, ohne den Verbundbauteile weder optimal konstruiert noch sicher betrieben werden können. Der Versuch des Verfassers, dazu beizutragen, stützt sich im wesentlichen auf seine in der amerikanischen Raumfahrtindustrie und in der Deutschen Forschungsanstalt für Luft- und Raumfahrt gesammelten Erfahrungen mit Strukturen aus kohlenstoffaserverstärkten Epoxidmatrizen. Viele der dort gewonnenen Erkenntnisse und Praktiken sind jedoch auch auf andere faserverstärkte Matrixwerkstoffe übertragbar.

Es ist nicht die Absicht des Verfassers, Anweisungen oder Prozeduren für die Konstruktion spezieller Bauteile anzubieten. Das Ziel ist vielmehr, Einsicht in prinzipielle Zusammenhänge zu verschaffen und Verständnis für den Konstruktionsprozeß zu wecken. Die Organisation des Textes ist entsprechend. Nach einer allgemeinen Einführung werden die Charakteristiken gebräuchlicher Verstärkungsfasern und Matrixwerkstoffe beschrieben und die Grundbegriffe von Faser/Matrix-Verbunden erläutert. Die sich anschließende Zusammenstellung der Eigenschaften typischer Laminate soll die Auswahl geeigneter Verbundwerkstoffe unterstützen. Die folgende Beschreibung bewährter Fertigungsverfahren ist wichtig, weil deren Mannigfaltigkeit und Flexibilität das Spektrum der Konstruktionsmöglichkeiten erweitert. Für die Montage der Einzelteile ist die Kenntnis der Füge- und Verbindungstechnik erforderlich, die sich in mancher Hinsicht von der des Metallbaus unterscheidet. Daran schließt sich eine Darstellung der für Verbundbauweisen besonders umfangreichen Qualitätssicherung an, gefolgt von einer kurzen Zusammenstellung von Reparaturverfahren. Die nächsten Abschnitte befassen sich mit den Methoden der Spannungsberechnung, mit Festigkeitsbetrachtungen und mit der Schadenstoleranz faserverstärkter Verbunde, die sich auf Grund der Anisotropie und Inhomogenität der Verbundwerkstoffe den üblichen Betrachtungsweisen weitgehend entziehen. Alle diese Gesichtspunkte münden schließlich ein in den Konstruktionsprozeß, der sich formal gliedern läßt und der unter den vielen Variationsmöglichkeiten der Parameter eine optimale Auswahl zu treffen sucht. Grundsätzliche Entwurfsregeln sowie Beschreibungen der Konstruktion ausgesuchter größerer Bauteile runden den Inhalt des Buches ab.

Der Verfasser möchte an dieser Stelle die Unterstützung seiner Mitarbeiter am Institut für Strukturmechanik der DLR anerkennen, deren Sachkenntnis und konstruktive Kritik manche Aussage dieses Buches bereichert haben. Ein besonderer Dank gebührt Frau Brigitte Zell-Walczok für die Anfertigung der Bilder und Frau Martina Kreft für die Gestaltung des Textes.

Braunschweig April 1992

H.W. Bergmann

Inhaltsverzeichnis

1	**Einführung**	1
1.1	Geschichtliche Entwicklung der Verbundwerkstoffe	5
1.2	Vorteile der Verbundbauweise	7
1.3	Probleme der Verbundbauweise	9
1.4	Wirtschaftlichkeit der Verbundbauweise	11
1.5	Entsorgung von Verbundbauteilen	13
1.6	Zukunftsperspektiven	14
2	**Verstärkungsfasern**	18
2.1	Fasereigenschaften	19
2.2	Grenzflächen und Beschichtungen	20
2.3	Glasfasern	21
2.4	Borfasern	23
2.5	Aramidfasern	23
2.6	Kohlenstoffasern	26
2.7	Andere Verstärkungselemente	29
3	**Matrixwerkstoffe**	32
3.1	Polymere Werkstoffe	32
3.2	Duromere Matrixharze	39
3.2.1	Phenolharze	40
3.2.2	Polyesterharze	41
3.2.3	Epoxidharze	42
3.2.4	Polyimidharze	43
3.2.5	Bismaleinimidharze	44
3.3	Thermoplastische Matrixharze	45
3.4	Andere Matrixwerkstoffe	47

4	**Fasern und Matrix im Verbund**	49
4.1	Lieferformen der Vorprodukte	49
4.2	Auswahlkriterien	53
4.3	Laminataufbauten	55
4.4	Mischungsregeln	56
5	**Eigenschaften von Laminaten mit duromeren Matrizen**	58
5.1	Testverfahren	58
5.2	Statische Festigkeit	60
5.3	Schwingfestigkeit	62
5.4	Umgebungseinflüsse	65
5.4.1	Einfluß der Temperatur	66
5.4.2	Einfluß der Feuchtigkeit	70
5.4.3	Einfluß von Temperatur und Feuchtigkeit	73
5.4.4	Strahlungs- und andere Einflüsse	80
6	**Eigenschaften von Laminaten mit nicht-duromeren Matrizen**	83
6.1	Laminate mit Thermoplastmatrizen	85
6.2	Laminate mit Metallmatrizen	85
6.3	Laminate mit Glasmatrizen	87
6.4	Laminate mit Keramikmatrizen	87
6.5	Laminate mit Kohlenstoffmatrizen	88
7	**Fertigung von Verbundbauteilen mit duromeren Matrizen**	90
7.1	Formwerkzeuge	91
7.2	Ablegen der Vorprodukte	94
7.3	Aushärtung der Vorprodukte	95
7.3 1	Aushärtungskontrollen	96
7.4	Fertigungsverfahren	97
7.4.1	Handlaminierverfahren	97
7.4.2	Vakuumsackverfahren	99
7.4.3	Autoklavverfahren	100
7.4.4	Harzinjektionsverfahren	102
7.4.5	Preßverfahren	104
7.4.6	Expansionsverfahren	106
7.4.7	Spritzgußverfahren	108
7.4.8	Wickelverfahren	109
7.4.9	Strangziehverfahren	112

7.5	Nachbearbeitung von Verbundbauteilen	113
7.6	Automatisierung des Fertigungsablaufs	114
7.6.1	Prepregzuschnitt	115
7.6.2	Ablegemaschinen	116
7.6.3	Schneidverfahren	119

8	**Fertigung von Verbundbauteilen mit nicht-duromeren Matrizen**	122
8.1	Verbunde mit thermoplastischen Matrizen	122
8.1.1	Formpressen	124
8.1.2	Superplastisches Umformen	125
8.1.3	Andere Verfahren	126
8.2	Verbunde mit Metallmatrizen	128
8.3	Verbunde mit Glasmatrizen	130
8.4	Verbunde mit Keramikmatrizen	131
8.5	Verbunde mit Kohlenstoffmatrizen	132

9	**Verbindungen und Krafteinleitungen**	134
9.1	Bolzenverbindungen	136
9.1.1	Auslegung von Bolzenverbindungen	137
9.1.2	Festigkeitsnachweis von Bolzenverbindungen	141
9.2	Nietverbindungen	145
9.3	Klebverbindungen	146
9.3.1	Auslegung von Klebverbindungen	150
9.4	Krafteinleitungen	155

10	**Qualitätssicherung**	158
10.1	Überprüfung der Prepregs	159
10.1.1	Bestimmung flüchtiger Bestandteile	159
10.1.2	Extraktionsverfahren	160
10.1.3	Infrarot-Spektroskopie	161
10.1.4	Analyse unlöslicher Stoffe	162
10.2	Kontrolle der Aushärtung	162
10.3	Zerstörungsfreie Prüfverfahren	163
10.3.1	Visuelle Beobachtungen und Klopfverfahren	164
10.3.2	Radiographische Verfahren	165
10.3.3	Ultraschallverfahren	166
10.3.4	Schallemissionsanalysen	169
10.3.5	Thermographische Verfahren	171
10.3.6	Optische Verfahren	172

11	**Reparatur von Verbundbauteilen**	175
11.1	Behebung leichter Schäden	176
11.2	Reparatur mit überlappenden Pflastern	177
11.3	Reparatur mit eingesetzten Pflastern	179
11.4	Reparatur von Sandwichpaneelen	180
11.5	Ausführung der Reparatur	181
12	**Spannungsberechnung**	183
12.1	Annahmen der Schichtentheorie	184
12.2	Bezeichnungen	184
12.3	Steifigkeitsmatrix der Einzelschicht	185
12.4	Transformation der Koordinaten und Verschiebungen	187
12.5	Transformation der Membranverzerrungen	188
12.6	Transformation der Steifigkeitskoeffizienten	190
12.7	Transformation der Spannungen	191
12.8	Verschiebungs- und Verzerrungszustände	192
12.9	Schnittreaktionen	194
12.10	Besetzung der Steifigkeitsmatrix	195
12.11	Berechnung von Membranspannungen	197
12.12	Berechnung von Biegespannungen	198
12.13	Beispiel zur Spannungsberechnung	199
12.14	Temperatur- und Feuchtigkeitseinflüsse	205
13	**Festigkeitsberechnung**	209
13.1	Versagenskriterien	210
13.1.1	Maximalspannungskriterium	211
13.1.2	Maximaldehnungskriterium	211
13.1.3	Quadratische Interaktionskriterien	211
13.2	Anwendbarkeit der Bruchmechanik	213
13.3	Bruchmodelle	215
13.4	Begriff der Schadensmechanik	219
13.5	Sicherheitsfaktoren	220
13.6	Reservefaktoren und Sicherheitsmargen	222
14	**Schadenstoleranz von Verbundbauteilen**	224
14.1	Schadensarten	226
14.1.1	Matrixrisse	228
14.1.2	Delaminationen im Laminatinneren	229
14.1.3	Randdelaminationen	235

14.2 Schadensentwicklung in ungekerbten Laminaten 237
14.3 Schadensentwicklung in gekerbten UD-Laminaten . . . 240
14.4 Schadensentwicklung in gekerbten MD-Laminaten . . . 241

15 Konstruktionsprozeß 244
15.1 Anforderungen 247
15.2 Konzepte 247
15.3 Werkstoffwahl 249
15.4 Strukturberechnung und Dimensionierung 250
15.5 Strukturoptimierung 252
15.6 Optimierung des Laminataufbaus 255
15.7 Wahl des Fertigungsverfahrens 260

16 Entwurf einfacher Bauelemente 261
16.1 Allgemeine Entwurfsregeln 261
16.2 Örtliche Verstärkungen 264
16.3 Stäbe und Fachwerke 265
16.4 Biegeträger 267
16.5 Platten und Schalen 268
16.6 Sandwichbauteile 270

17 Konstruktionsbeispiele 273
17.1 Nutzlastbuchttüren des Space Shuttle Orbiters 274
17.2 Mittelkasten des A 310 Seitenleitwerks 281
17.3 Seitenruder der Do 228 287

Literaturverzeichnis 292

Sachverzeichnis 307

1 Einführung

Verbundwerkstoffe im technischen Sinne sind Gemenge von zwei oder mehr verschiedenartigen Materialien, deren Bestandteile makroskopische Abmessungen und klar erkennbare Grenzflächen haben. Eine der Komponenten übernimmt stets die Rolle des festigenden Binders, üblicherweise Matrix genannt, in die die anderen Komponenten eingebettet werden. Häufig handelt es sich um Werkstoffpaarungen, in denen ein Partner primär eine tragende Funktion wahrnimmt, während der andere durch seinen hohen Volumenanteil ein großes Trägheitsmoment beisteuert. Das Prinzip ist bekannt: Die Kombination von Beton mit Eisenstäben führt zum Beispiel zu einem Stoff, der die Eisenstäbe an Steifigkeit und Beton an Festigkeit bei weitem übertrifft. Die synergistischen Eigenschaften eines Verbundwerkstoffes können sich also von den Ausgangsmaterialien deutlich unterscheiden, obwohl deren Charakteristiken auch im Gemenge nicht verlorengehen.

Für moderne Verbunde kommen als Matrixmaterial polymere, metallische, gläserne und keramische Ausgangsstoffe in Betracht. Die ersteren werden auf Grund ihrer synthetischen Herstellung auch als Kunststoffe bezeichnet und finden eine außerordentlich umfangreiche Anwendung. Mit dem negativen Plastik-Image haben diese Kunststoffe wenig gemein; sie gelten vielmehr auf Grund der Variationsbreite ihrer Eigenschaften als "Werkstoffe nach Maß" und sind damit ein Schlüssel für viele Innovationen der Zukunft [1.1]. Der Gebrauch von Metall-, Glas- und Keramikmatrizen ist bei Bauteilen erforderlich, die hohen Temperaturen ausgesetzt sind und kommt entsprechend seltener vor. Die Verstärkungselemente können Partikel, dünne Drähte, Fasern oder auch Lamellen sein, die in Richtung der Kraftflüsse orientiert werden.

Faserverstärkte Kunststoffmatrizen sind demnach eine besondere Art von Verbundwerkstoffen mit einer diskontinuierlichen Faserphase und einer kontinuierlichen Matrixphase. In ihrer einfachsten Form bestehen sie lediglich aus diesen beiden Komponenten; in praktischen Anwendungen jedoch ist die Beimischung von Zusatzstoffen (additives) häufig erwünscht und oft auch notwendig. Beispiele dafür sind Haftvermittler, Füllstoffe, Farbstoffe und Aktivatoren. Möglich ist auch die Einbringung eines zweiten Fasertyps mit ergänzenden Merkmalen. Dagegen sind artfremde Einschlüsse, einschließlich Luftblasen und Feuchtigkeit, immer schädlich.

Die primäre Aufgabe der Fasern in einem Verbundwerkstoff ist es, ihre besondere Eigenart zur Geltung zu bringen, die hohe Festigkeit und Steifigkeit bei geringem Gewicht, oder ein vorteilhaftes thermisches oder elektrisches Verhalten sein kann. Die Matrix dagegen erfüllt zumindest drei Funktionen:

- sie verleiht und bewahrt die Form des Bauteils,
- sie schützt und stabilisiert die Fasern und
- sie verteilt und überträgt Spannungen.

Obwohl fast die gesamte Festigkeit und Steifigkeit eines Verbundes in den Fasern liegt, kann auch die Matrix das Versagen des Verbundes auslösen, wenn überhöhte Spannungen in nicht mit Fasern verstärkten Richtungen auftreten, oder wenn unter Druckbelastung eine unzureichende Steifigkeit der Matrix die seitliche Abstützung der Fasern nicht gewährleisten kann.

Faserverstärkte Kunststoffe gewinnen bei der Konstruktion hochbelasteter Bauteile immer mehr an Bedeutung, weil sie Vorzüge in sich vereinigen und Gestaltungsmöglichkeiten erlauben, die mit konventionellen Werkstoffen nicht realisierbar sind. Durch die anwendungsorientierte Wahl des Fasertyps und des Matrixsystems können für jeden Einsatzzweck maßgeschneiderte Werkstoffe geschaffen werden, die ganz neue Konstruktionsperspektiven eröffnen. Dabei ist das Potential moderner Verbundwerkstoffe längst nicht ausgeschöpft, und die Grenzen ihrer Verwendbarkeit sind noch nicht absehbar.

Der Konstruktion von konventionellen Bauteilen und von Faserverbundbauteilen ist gemein, daß sie vorgegebene Kriterien auf optimale Weise zu befriedigen sucht. In der Verfolgung dieses Ziels ergeben sich aber erhebliche Unterschiede. Die Aufgabenstellung bei Verbundbauweisen ist fundamentaler, weil die Eigenschaften des verwendeten Werkstoffs und die Bauteilgestaltung gleichzeitig entworfen werden müssen. Der sich daraus ergebende Optionsreichtum ermöglicht neue Strukturkonzepte und erfordert einen von der Metallbauweise abweichenden Ablauf der Konstruktion. Während dort verschiedene Stationen mehr oder weniger unabhängig voneinander durchlaufen werden, verlangt die Faserverbundbauweise einen engen und kontinuierlichen Kontakt zwischen Werkstoffingenieuren, Konstrukteuren und Fertigungsexperten. Das Spektrum der die Faserverbundtechnologie beeinflussenden Disziplinen ist in Bild 1.1 dargestellt [1.2].

Ein wesentlicher Vorteil der Faserverbundbauweise liegt in der Möglichkeit, durch den frei wählbaren Laminataufbau jeden gewünschten Grad von Orthotropie oder Anisotropie realisieren zu können. Offenbar sind sowohl Kosten- als auch Gewichtseinsparungen möglich, wenn die Verstärkungsfasern in Richtung der Kraftflüsse orientiert werden und dem Bauteil dort und nur dort Festigkeit und Steifigkeit verleihen, wo sie benötigt werden. Diese Variabilität des Laminataufbaus ist ein gestalterisches Element ersten Ranges, bei dessen Nutzung der Konstrukteur vor der Herausforderung steht, die vorteilhaften Eigenschaften der Verstärkungsfasern auszuschöpfen, ohne dabei die Belastungsgrenzen der Matrix oder der Faser/Matrix-Bindung zu überschreiten. Bei solchen Vorgaben ist die effiziente Gestaltung von Verbundbauteilen von der Kenntnis der Kraftflußverläufe und Spannungsverteilungen abhängig. Das im Metallbau zum großen Teil auf Erfahrung und Intuition beruhende Verständnis dafür ist auf Faserverbunde kaum übertragbar, so daß eine ausreichende Beherrschung analytischer Zusammenhänge unabdingbar ist.

Aus den obigen Betrachtungen folgt, daß das Konstruieren von Verbundbauteilen nicht komplikationslos ist, andererseits aber Möglichkeiten eröffnet, die ihre Grenzen nur in der Vorstellungskraft des Konstrukteurs finden.

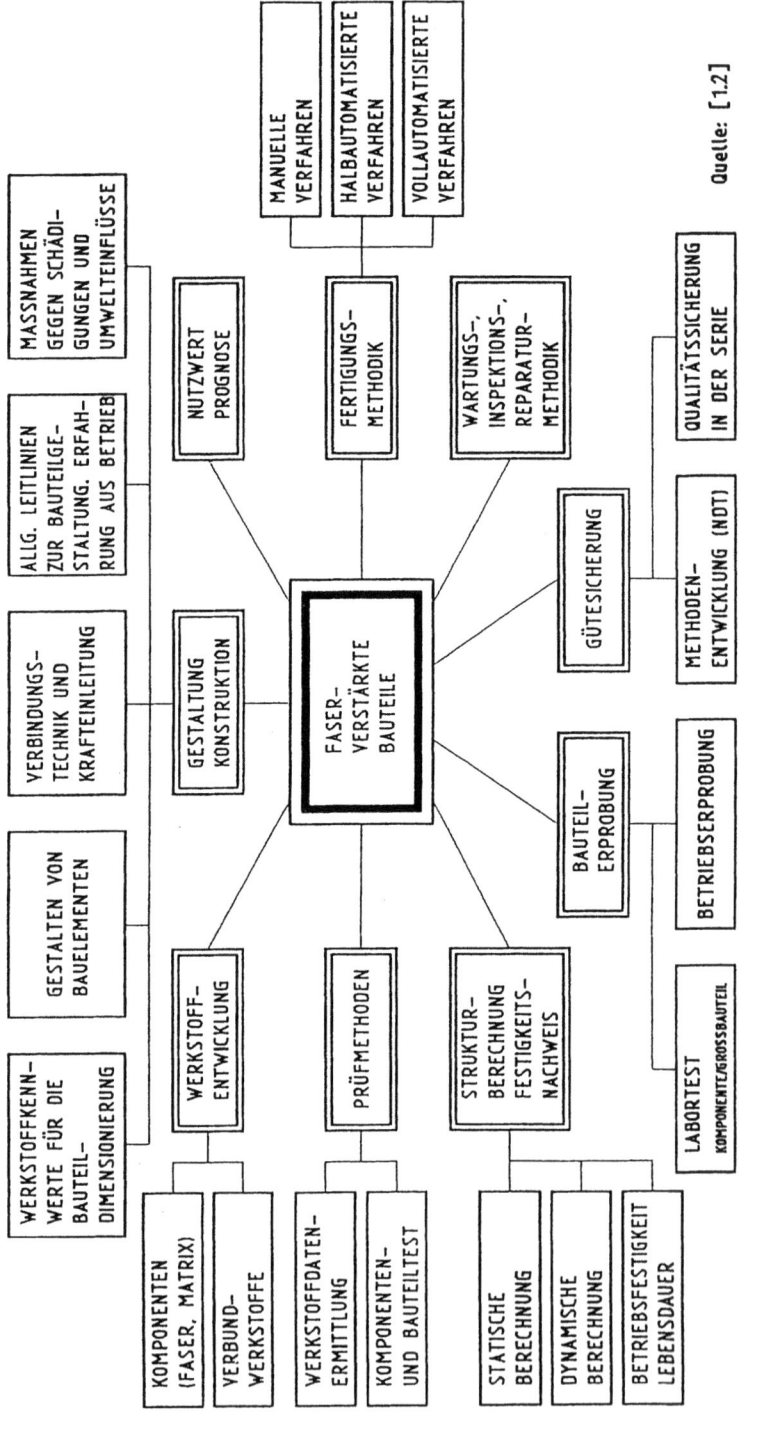

Bild 1.1. Zusammenhänge der Verbundtechnologie

1.1 Geschichtliche Entwicklung der Verbundwerkstoffe

Verbundwerkstoffe sind keine Erfindung dieses Jahrhunderts. Unbewußt hat die Menschheit sich ihrer in Form von hölzernen und knöchernen Utensilien schon in der Vorzeit bedient. Aber auch bewußte Anwendungen gehen zumindest bis 1000 v. Chr. zurück, wo sie sich in ägyptischen Mumiensärgen, die aus zusammengeklebten Pergamentblättern bestanden, und etwas später in den legendären, mit Strohhäcksel versehenen Ziegelsteinen der jüdischen Geschichte manifestierten. Weitere Beispiele finden sich in den alten Inka- und Mayakulturen, die bereits um 500 v. Chr. ihre Tongefäße mit pflanzlichen Fasern verstärkten. Zu den praktischen Anwendungen späteren Datums gehören Damaszenerklingen mit laminierten Lagen aus weichem Eisen und hartem Stahl, die Zumischung von Papiermaché oder von Rinderhaaren in Gips- und Putzanwendungen, sowie in Phosphatzement eingebettete Asbestfasern [1.3].

Die danach einsetzende Weiterentwicklung faserverstärkter Werkstoffe hatte unterschiedliche Zielsetzungen. Dazu gehören

- die preisgünstige Verwendung von Holzabfall in Sperrholz und Spanplatten,
- die Nutzung billiger Materialien für Asphaltstraßen oder im Stahlbetonbau,
- die leichte Formgebung mit glatten und sauberen Oberflächen in Form von Linoleum oder Bakelit (1909) und
- die Verstärkung von Automobilreifen mit Reifenchord.

Ein enormer Aufschwung setzte um 1920 mit der Einführung von Laminaten ein, die aus mit Zellulosefasern verstärkten Phenolharzen bestanden und die unter anderem in Küchenausstattungen Anwendung fanden. Die ersten mit Glasfasern verstärkten Polymermatrizen drängten in den 30er Jahren auf den Markt. Die ursprünglich mangelhafte Bindung zwischen Fasern und Harz konnte um 1950 durch Beschichtung der Fasern mit Siliziummethan (Silan) verbessert werden. Am weitesten verbreitet sind heute E-Glasverstärkungen von Polyesterharzen, die sich durch geringe Kosten und leichte Verarbeitbarkeit auszeichnen.

Die Entwicklung der sogenannten hochfesten, beziehungsweise hochsteifen Verbundwerkstoffe begann Ende der 40er Jahre. Als solche werden Verbundwerkstoffe bezeichnet, die konventionellen Materialien wie Aluminium, Stahl oder Titan überlegen sind. Der Ausgangspunkt waren die Bemühungen der US Airforce, für den Flugzeugbau besonders geeignete Verbundwerkstoffe (advanced composites) einzusetzen. Die bis dahin gebräuchlichen Metallegierungen hatten sich zwar vielfach bewährt, aber die ihnen eigenen Korrosions- und Ermüdungsschäden erwiesen sich doch als problematisch. Außerdem wurde erkannt, daß nur die Festigkeit der Metalle weiter verbesserungsfähig war, kaum aber deren Steifigkeit. Die Einführung von Verbundwerkstoffen mit gezielt entwickelten, den Metallen überlegenen Charakteristiken bot sich damit an.

Die Betonung lag zunächst auf der Entwicklung von Verstärkungsfasern geringen Gewichts mit mechanischen Eigenschaften, die denen der bekannten Glasfasern überlegen waren. Parallel dazu wurden Modifikationen der polymeren Matrixsysteme angestrebt, die nicht mit den Nachteilen der exothermen Reaktion und des hohen Schwundes der Polyesterharze behaftet waren. Ein erster Durchbruch bei den Verstärkungsfasern waren relativ dicke Borfasern, die durch Aufdampfen reinen Bors auf eine Wolframseele hergestellt wurden und die mehr als die doppelte Steifigkeit der besten Stähle aufwiesen. Die vorläufige Lösung des Matrixproblems stellte die Entwicklung leistungsfähiger Epoxidharze dar, die wegen ihres geringen Gewichts und ihrer leichten Verarbeitbarkeit nach wie vor zu den am weitesten verbreiteten Matrixwerkstoffen zählen. Die teuren und unhandlichen Borfasern dagegen wurden fast vollständig von neuartigen Kohlenstoffasern verdrängt, die 1964 sowohl im Royal Airforce Establishment als auch im US Airforce Materials Laboratory entwickelt wurden und die bei glasfaserähnlicher Festigkeit bedeutend steifer waren. Die Glasfasern selbst erlebten eine Renaissance durch die Einführung wärmebeständiger S-Glastypen, behielten aber den gravierenden Nachteil geringer Steifigkeit. 1966 wurde die Palette der Verstärkungsmaterialien durch bei DuPont de Nemours hergestellte Fasern aus organischen Polymeren erweitert, die hohe Zugfestigkeit mit sehr geringem Gewicht vereinigten und bald unter dem Namen Aramidfasern bekannt wurden. Im Vergleich zueinander sind die Aramidfasern die leichtesten, die Glasfasern die billigsten und die Kohlenstoffasern die steifsten.

In bezug auf die Matrixsysteme entstanden zunächst neue Epoxidformulierungen für unterschiedliche Anwendungen. Darüber hinaus wurde den ständig steigenden Anforderungen der Luft- und Raumfahrt nach höherer Temperaturbeständigkeit durch die Entwicklung von Polyimiden und Bismaleinimiden entsprochen, die allerdings wegen ihrer Sprödigkeit und ihrer schwierigen Verarbeitung nicht unproblematisch sind. In jüngerer Zeit wendet sich das Interesse der Industrie auch thermoplastischen Harzsystemen zu, deren praktische Bewährung in größerem Umfang allerdings noch aussteht.

Die neuesten Entwicklungen auf dem Gebiet moderner Verbundwerkstoffe werden durch die Forderung nach größtmöglicher Steifigkeit bei hoher Einsatztemperatur diktiert. Bereits verfügbar sind hochmodulige Kohlenstoffasern, Siliziumkarbidfasern, Aluminiumoxidfasern und Einkristalle (whiskers) verschiedener Art, die - abhängig von ihrem Verwendungszweck - in polymere, metallische, gläserne oder keramische Matrixwerkstoffe eingebettet werden.

Die Einführung solcher Hochleistungswerkstoffe rechtfertigt sich durch ihre konkurrenzlose Eignung für bestimmte Zwecke, die auch hohe Kosten und eine noch nicht optimierte Bauweise akzeptabel machen kann. Eine breitere Anwendung ist allerdings nur vorstellbar, wenn auf die Werkstoffeigenschaften zugeschnittene einfache Fertigungsprozeduren geschaffen werden. Erst dann können wirklich fortschrittliche Strukturen entstehen, die sich durch minimales Gewicht, geringe Fertigungs- und Wartungskosten und durch einen hohen Sicherheitsstandard auszeichnen.

Der Weg zu diesem Ziel ist zeitaufwendig, denn die Einführung eines neuen Werkstoffs ist stets ein evolutionärer Vorgang. Die Bewertung von Potential und Risiko und die Aufstellung einer verläßlichen Datenbasis erfordern nicht selten 10-15 Jahre, so daß die sich heute im Laborstadium befindenden Werkstoffe kaum vor dem Jahr 2000 zum Einsatz kommen werden.

1.2 Vorteile der Verbundbauweise

In Leichtbaustrukturen sind die auf das Einheitsgewicht bezogenen mechanischen Eigenschaften häufig relevanter als deren absolute Werte. Diese sogenannten "spezifischen" Festigkeiten und Steifigkeiten, deren Dimensionen $\sigma/\rho g$ und $E/\rho g$ auf Meter zurückführbar sind und die deswegen auch mit Reißlänge bzw. Dehnlänge bezeichnet werden, sind bei Hochleistungsverbundwerkstoffen bedeutend höher als bei Metalllegierungen. Bild 1.2 verdeutlicht die Unterschiede zwischen auf Zug beanspruchten konventionellen Metallen und Laminaten mit unidirektionalen und quasi-isotropen Aufbauten [1.4]. Die mechanischen Eigenschaften der gebräuchlichen multidirektionalen Laminate liegen zwischen den abgebildeten Werten. Selbstverständlich hängt der erreichbare Nutzungsgrad jeder Faserverstärkung vom Anteil der Fasern am Gesamtvolumen des Verbundes ab.

Neben ihren guten statischen Eigenschaften zeichnen sich die meisten Verbundwerkstoffe durch ein günstiges Ermüdungsverhalten aus. Im Vergleich zu typischen Aluminiumlegierungen lassen zum Beispiel kohlenstoffaserverstärkte Epoxid-Laminate deutlich höhere statische Restfestigkeiten erkennen. Tatsächlich sind die Kohlenstoffasern als solche im Zug- und Druckbereich so gut wie nicht ermüdbar, und die Schwingfestigkeit eines damit verstärkten Laminats hängt fast immer von der Matrix ab.

Die aus diesen Eigenarten resultierende Möglichkeit der Gewichtsminderung ist vor allem für tragende Strukturen der Luft- und Raumfahrt wichtig, aber auch im Maschinenbau wirkt sich eine Verringerung der Massen bei stark beschleunigten oder umgelenkten Bewegungen vorteilhaft aus. Hinzu kommt, daß in Faserverbunden die Vielzahl der Fasern dem Werkstoff eine hohe Redundanz verleiht, so daß bei Ausfall auch mehrerer Faserbündel statt eines abrupten Versagens des Bauteils zunächst nur Umverteilungen der Spannungen auftreten.

Neben der Möglichkeit, zusammen mit der Bauteilkonfiguration auch den Werkstoff zu entwerfen, bietet sich dem Konstrukteur als überzeugendster Vorteil der Verbundbauweise die Anpassung der Faserrichtungen an die Kraftpfade bei mechanischer Belastung oder an das Verformungsverhalten bei vorgegebenen Temperaturen an. Zusätzlich erlaubt der Fertigungsprozeß durch die Plazierung der noch weichen Faser/Harz-Vorprodukte auf vorbereitete Formwerkzeuge nicht nur eine verhältnismäßig mühelose Gestaltung von Bauteilen mit komplexer Geometrie und glatten Oberflächen, sondern auch die Realisierung integraler Bauweisen mit wenig Einzelteilen und entsprechend wenig Fügungen. Bild 1.3 illustriert diese Flexibilität an einem doppelt abgeschrägten Balken, dessen Herstellung als Faserverbundbauteil ganz offensichtlich einfacher ist als die eines entsprechenden aus dem vollen zu fräsenden oder aus vielen Einzelteilen zusammenzusetzenden Metallbauteils. Als weitere Vorzüge faserverstärkter Polymerwerkstoffe sind ihre bessere Strukturdämpfung, ihre geringe Wärmeleitung und Wärmedehnung und ihre hohe Korrosionsbeständigkeit zu werten, die in manchen Anwendungen ausschlaggebend sein können.

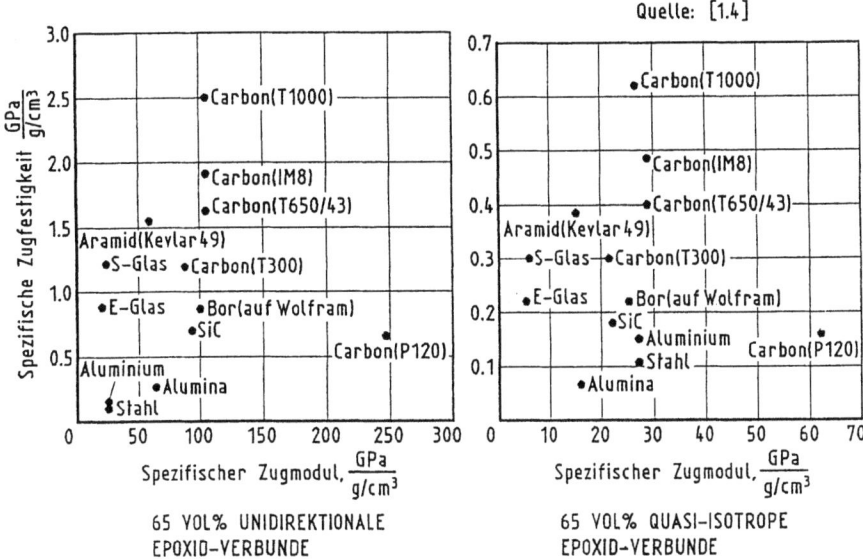

Bild 1.2. Vergleich spezifischer Festigkeiten und Steifigkeiten

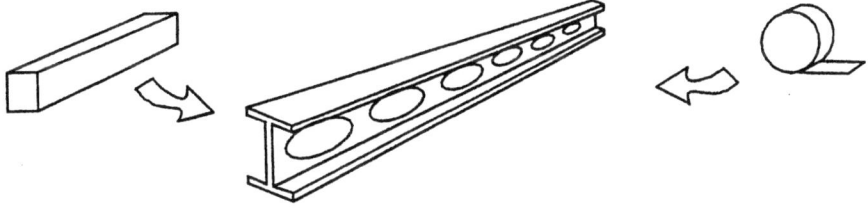

Bild 1.3. Fertigungsvorteil der Verbundbauweise

1.3 Probleme der Verbundbauweise

Verstärkungsfasern aus Glas, Bor, Aramid, Kohlenstoff und anderen Ausgangsstoffen sind in vielen Variationen kommerziell erhältlich. Nicht minder umfangreich ist das Angebot von polymeren Matrixsystemen. Es ist offensichtlich, daß bei einem noch beschränkten Markt diese vielen Variationen nur in relativ geringen Mengen und zu entsprechend hohen Preisen hergestellt werden.

Alle diese Verbundwerkstoffe werden als Vorprodukte geliefert, die nur mit Hilfe eigens dafür gefertigter Formwerkzeuge in ihre endgültige Gestalt überführt werden können. Die Konstruktion der Formwerkzeuge muß der Qualität und der Anzahl der zu fertigenden Bauteile angepaßt sein, wobei die Materialwahl und das Formenkonzept vom Fertigungsverfahren der Verbundbauteile abhängen. Die Fertigungsverfahren selbst sind mannigfaltig, so daß in manchen Fällen das Niveau der Fertigungsexpertise gering und der Entwicklungsaufwand hoch sind.

Bei üblicherweise sehr guten mechanischen Eigenschaften besitzen die meisten Verstärkungsfasern den Nachteil geringer Dehnfähigkeit bei bis zum Bruch linear-elastischem Verhalten, das den Abbau von Spannungskonzentrationen nicht zuläßt. Obwohl die Bruchdehnungen der Matrixwerkstoffe erheblich über denen der Verstärkungsfasern liegen, wären auch hier höhere Werte wünschenswert, um den vielfältigen Aufgaben der Matrix besser Rechnung tragen zu können. Zu den Nachteilen der Polymermatrizen gehören außerdem eine relativ geringe Temperaturbeständigkeit und ihre Empfindlichkeit gegenüber Feuchtigkeits- und Strahlungseinflüssen.

Auf Grund des andersartigen Aufbaus unterscheidet sich das Bruchverhalten von Verbundstrukturen wesentlich von dem der Metallstrukturen. Während bei Metallen der Bruch durch die Bildung und das Anwachsen eines einzigen Risses eingeleitet wird, sind bei Verbundwerkstoffen vielfältige Versagensmechanismen möglich, deren stochastische Verteilung zu großen Streuungen der Festigkeitswerte auf einem allerdings erheblich höheren Festigkeitsniveau führt. Da sich eine glaubwürdige Bruchmechanik für Verbundstrukturen noch in ihren Anfängen befindet, ist die Beurteilung der Konsequenz kritischer Belastungen und der darunter auftretenden Schäden schwierig [1.5].

Das wohl größte Problem faserverstärkter duromerer Matrixwerkstoffe ist der für ihre Aushärtung erforderliche Zeitaufwand, der für Epoxidharze Stunden und selbst für schnell aushärtende Polyesterharze mehrere Minuten erfordert. Das sind, gemessen an den Umformstandards des Metallbaus, sehr lange Zeitintervalle, die die Einführung von Verbundwerkstoffen zumindest für die Produktion von Massenartikeln einschränken. Das Zeitproblem läßt sich durch die Verwendung thermoplastischer Matrixwerkstoffe reduzieren, die im bereits völlig polymerisierten Zustand angeliefert werden und deren Umformung bei allerdings sehr hohen Drücken und Temperaturen in Sekundenschnelle erfolgen kann.

1.4 Wirtschaftlichkeit der Verbundbauweise

Die Wertschätzung eines Produktes ergibt sich fast immer durch seine marktwirtschaftliche Akzeptanz, wobei in der Regel das Kosten/Nutzen-Verhältnis ausschlaggebend ist. In bestimmten Fällen mag für die Steigerung des Nutzwertes ein entsprechend hoher Preis rechtfertigbar sein. Die Luft- und Raumfahrt zum Beispiel akzeptiert die in Bild 1.4 überschläglich aufgeführten und zum Teil exorbitanten Beträge für Gewichtseinsparungen, die höhere Nutzlasten oder größere Reichweiten ermöglichen.

Kleinflugzeuge	$ 50/kg	Quelle: Rockwell
Hubschrauber	$ 100/kg	
Jagdflugzeuge	$ 450/kg	
Transportflugzeuge	$ 900/kg	
Überschalltransporter	$ 1100/kg	**Bild 1.4.** Akzeptable
Erdnahe Satelliten	$ 2000/kg	Aufwendungen für
Synchrone Satelliten	$ 20000/kg	Gewichtseinsparungen

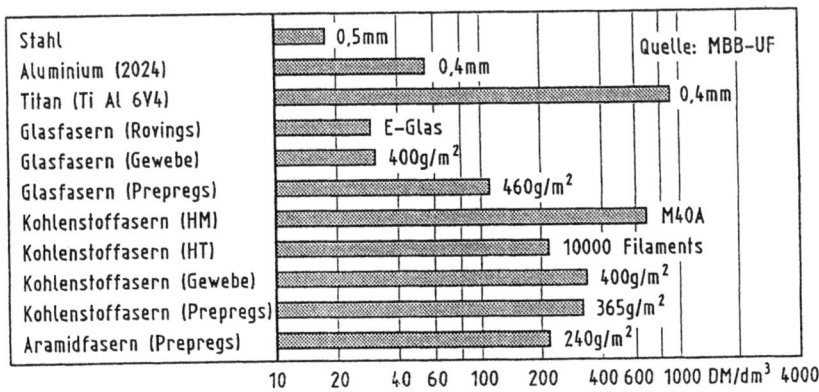

Bild 1.5. Preisvergleich von Luft- und Raumfahrtwerkstoffen

Bild 1.5 läßt erkennen, daß die auf ein Einheitsvolumen bezogenen Preise für Verbundwerkstoffe weit über denen von Aluminium und Stahl liegen. Damit ist nicht gesagt, daß die Kosten von Verbundbauteilen die der Metallstrukturen notwendigerweise übersteigen, denn die Gesamtkosten eines Bauteils ergeben sich aus der Summe der Aufwendungen für Werkstoffe, Fertigung der Einzelteile und deren Zusammenbau. Dabei ist zu berücksichtigen, daß der Zerspanungsgrad im Metallbau sehr hoch liegen kann, während der Verschnitt von Verbundwerkstoffen häufig nur 20-30% beträgt. Vergleiche der Gesamtkosten von Verbund- und Metallbauweisen belegen, daß die hohen Preise für Verbundwerkstoffe zum Teil bereits durch Vereinfachungen der Fertigungsweise aufgefangen werden können. Ersparnisse ergeben sich vor allem durch die mit Verbundwerkstoffen mögliche Integralbauweise, mit der sich der Montageaufwand senken läßt. Bild 1.6 demonstriert diese Zusammenhänge am Beispiel eines Höhenleitwerks [1.6]. Zusätzliche Möglichkeiten der Kostensenkung liegen in der Verwendung neuer Ausgangsstoffe für die Faserherstellung, der Verwendung dickerer Faserbündel und einer weiteren Automatisierung der Herstellungsverfahren. Hinzu tritt der durch bessere Schwingfestigkeit und Korrosionsbeständigkeit bedingte geringere Wartungsbedarf der meisten Verbundstrukturen.

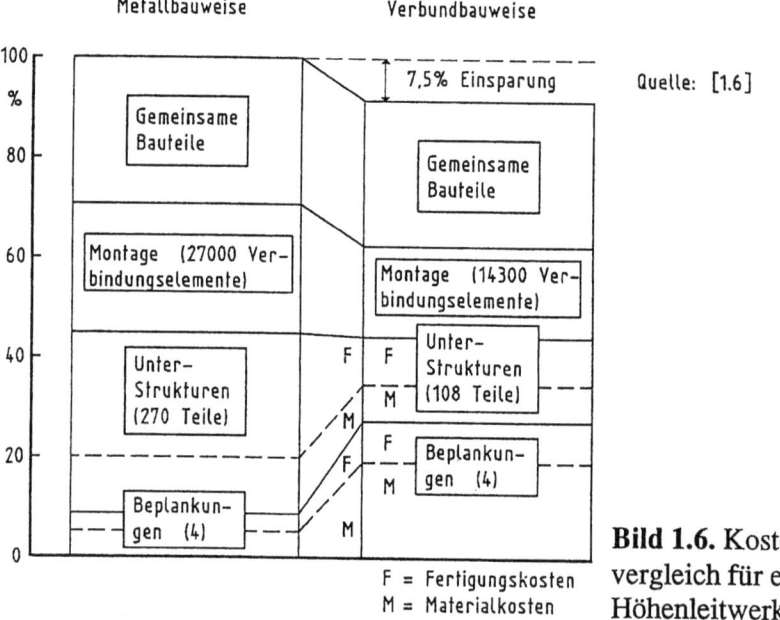

Bild 1.6. Kostenvergleich für ein Höhenleitwerk

1.5 Entsorgung von Verbundbauteilen

Die Akzeptanz der Kunststoffe setzt voraus, daß sie nicht nur bei ihrer Verarbeitung und während ihres Gebrauchs umweltfreundlich sind, sondern sich auch mit erträglichem Aufwand entsorgen lassen. Die an sich vorteilhafte Langlebigkeit der Kunststoffprodukte wird zum Problem, weil der natürliche Abbau des Kunststoffabfalls außerordentlich langsam vonstatten geht. Es stellt sich die Frage, in welchem Ausmaß eine Wiederverwertung der Kunststoffe möglich ist, die einerseits die Abfallmenge reduziert und andererseits die Ressourcen schont.

Wiederverwertungen in größerem Rahmen sind nur dann realisierbar, wenn sie bereits bei der Auswahl der Kunststoffe, in der Entwurfsphase und in der Verarbeitungstechnik vorbereitet werden. Der dafür erforderliche Umbruch in der Denkweise der Konstrukteure hat sich inzwischen angebahnt. Angesichts der verschiedenen Möglichkeiten eines Werkstoffkreislaufs muß der für das jeweilige Produkt günstigste gewählt werden. Eine ideale Lösung ist natürlich die direkte Wiederverwendung von Produkten oder von Teilen dieser Produkte nach Überholung und Überprüfung. Vorstellbar sind neuwertig aussehende und voll funktionsfähige Bauteile, die im Kern ein Rezyklat und an der Oberfläche Neumaterial enthalten.

Eine zunehmend wichtige Rolle spielt das Rezyklieren des Ausgangsmaterials. Unvernetzte Thermoplaste lassen sich entweder direkt oder nach einer Aufwertung wiederverarbeiten. Bei vernetzten Duromeren ist dieses stoffliche Rezyklieren allerdings nicht möglich. Eine Alternative ist das bisher wenig angewandte chemische Rezyklieren oder das Lösungsrezyklieren, für das sortenreine Bauweisen und leichte Demontage Voraussetzungen sind.

Weitgehend praktiziert wird bereits das Umformen der in den Kunststoffen enthaltenen Energie durch Verbrennung. Ob und inwieweit ein Abbau polymerer Stoffe durch gezielt angesetzte, künstlich gezüchtete Bakterien beschleunigt werden kann, ist dagegen noch ungeklärt.

Ein beträchtlicher Teil der Kunststoffreste wird zweifellos auf Deponien gelagert werden müssen, und zwar am sichersten und bei kleinstem Volumen als versiegelte Schlacke.

1.6 Zukunftsperspektiven

Für gewichtskritische Strukturen haben sich mit Glas-, Aramid- und Kohlenstoffasern verstärkte Kunststoffe bereits fest etabliert. Der erwartete Gesamtverbrauch der amerikanischen Luft- und Raumfahrtindustrie für das Jahr 1992 liegt bei rund 15000 t und ist in Bild 1.7 nach Faser- und Matrixtypen aufgeschlüsselt. Prognosen für die europäische Luft- und Raumfahrtindustrie belaufen sich auf etwa 6000 t im Jahre 1992. Ein beträchtlicher Anteil davon sind die Verbundbauteile der Airbusfamilie, die im Fall des A320 bereits 15% des Gesamtgewichts betragen (Bild 1.8). Natürlich werden Aluminium-, Stahl- und Titanlegierungen auch in Zukunft wesentliche Marktanteile einnehmen, aber die größeren Zuwachsraten liegen zweifellos bei den Verbundwerkstoffen. Es ist anzunehmen, daß sie im Verkehrsflugzeugbau um die Jahrtausendwende den Metallanteil gewichtsmäßig übersteigen werden.

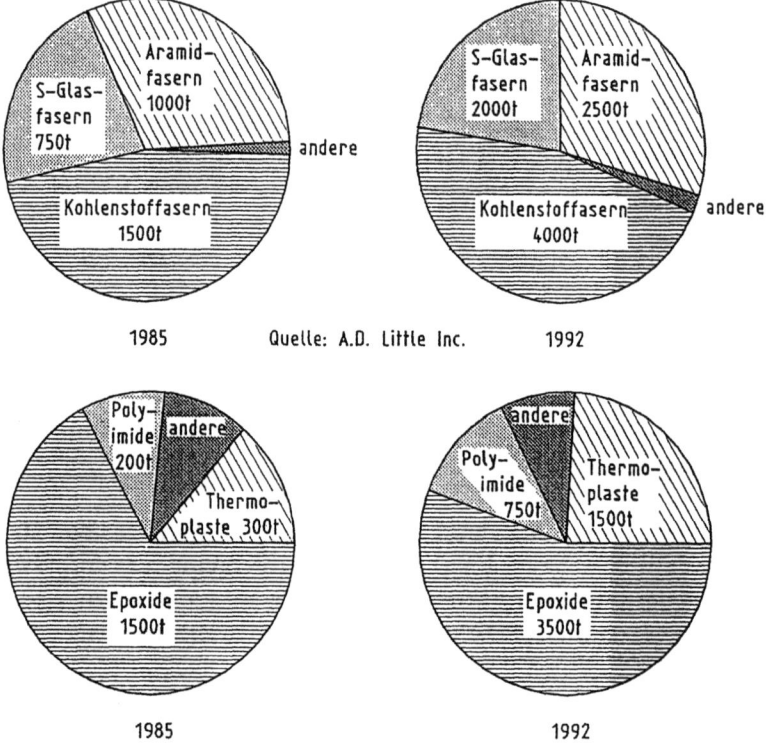

Bild 1.7. Entwicklung des Faser- und Matrixmarktes in den USA

Auch die Automobilindustrie öffnet sich allmählich den Verbundbauweisen - weniger allerdings im Karosseriebau als durch den Ersatz schnell bewegter Motorkomponenten, wo verringerte Massen und erhöhte Dämpfung sowohl Energieeinsparungen als auch eine Minderung des Geräuschpegels versprechen. Verhältnismäßig große Mengen faserverstärkter Kunststoffe werden in der Sport- und Unterhaltungsindustrie, für den Bau von Präzisionsinstrumenten und neuerdings auch für medizinische Anwendungen gebraucht. Das größte Potential liegt wahrscheinlich im allgemeinen Maschinenbau und im Bauwesen, wo Verbundbauweisen allmählich Fuß fassen. Je mehr Anwender sich ihnen zuwenden, umso eher werden sich weitere Märkte öffnen, womit wiederum die Investitionsbereitschaft der Verbundwerkstoffhersteller wachsen wird.

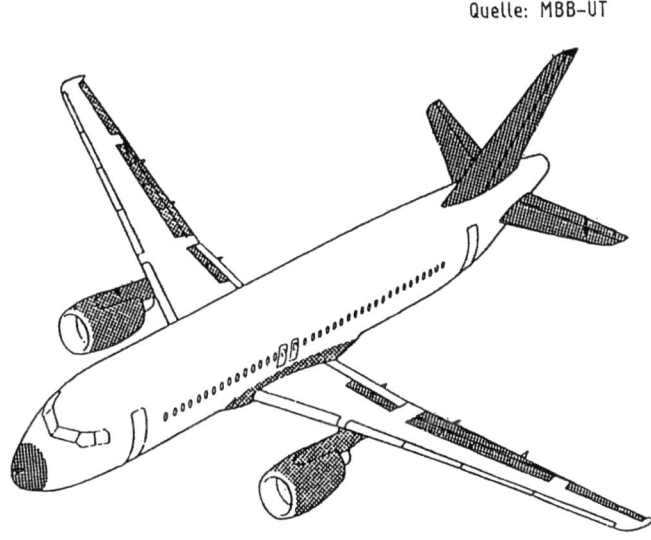

Quelle: MBB-UT

Bild 1.8. Verbundbauteile im Airbus

Angesichts der überzeugenden Vorteile der Verbundwerkstoffe nimmt es wunder, daß ihre Verbreitung nicht viel rasanter erfolgt. Die noch zurückhaltende Akzeptanz der Verbundbauweisen in den mittelständischen Industrien läßt sich im wesentlichen auf drei Gründe zurückführen:

- die hohen Kosten für hochwertige Verstärkungsfasern und Harzsysteme,
- eine noch unbefriedigende Beherrschung wirtschaftlicher Fertigungsverfahren und
- die überaus konservative Einstellung potentieller Anwender.

In bezug auf die Kosten ist im Falle von Kohlenstoffasern bei den prognostizierten weltweiten Produktionssteigerungen von 30-40% pro Jahr eventuell eine Preisgrenze von vielleicht 30 DM/kg zu erwarten [1.7]. Das ist im Vergleich zu den etwa 3 DM/kg für Stahl oder Aluminium immer noch ernüchternd hoch. Selbst unter dem Aspekt geringer Fertigungsverschnitte ist es also unwahrscheinlich, daß die konventionellen Werkstoffe auf breiter Ebene von den Verbundwerkstoffen verdrängt werden.

Bezüglich der Fertigungstechnik ist erkennbar, daß für viele Anwendungsmöglichkeiten bereits preisgünstige Fertigungsverfahren bestehen, die mit erträglichem Aufwand weiter verbessert werden können.

Die konservative Einstellung der Anwender ist nur schwer wägbar. Ein Schritt in die richtige Richtung ist die Entscheidung des Bundesministeriums für Forschung und Technologie, ab 1990 an mehreren Stellen der Bundesrepublik sogenannte Demonstrationszentren für Faserverbundtechnologie zu errichten mit dem Ziel, der mittelständischen Industrie durch Beratung, Demonstration und weitgehende technologische Unterstützung den Zugang zu Verbundbauweisen zu erleichtern.

Die weltweite Energiekrise wird ein weiterer Faktor für die steigende Bedeutung der Verbundbauweisen sein. Zum Beispiel ist der für die Produktion eines Aluminiumbauteils erforderliche Energieaufwand mehr als zweimal so hoch wie der für dasselbe Bauteil aus kohlenstoffaserverstärktem Epoxidharz. Die für die einzelnen Fertigungsschritte erforderlichen Energiemengen sind in Bild 1.9 aufgelistet [1.8].

Aluminiumlegierungen		Kohlenstoffaser-/Epoxidverbunde	
Prozeß	Energie (kWh/kg)	Prozeß	Energie (kWh/kg)
Erz ⟶ Rohblock	22	Precurser ⟶ Faser	28
Rohblock ⟶ Bleche, Platten	25	Faser ⟶ Prepreg	5
Einzelteile ⟶ Montage	50	Prepreg ⟶ Einzelteile	12
Montage ⟶ Endprodukt	7	Einzelteile ⟶ Endprodukt	5
	104		50

Quelle: [1.8]

Bild 1.9. Energieaufwand für Verbund- und Metallbauweisen

2 Verstärkungsfasern

Die Verstärkung von Matrixwerkstoffen kann mit einer Vielzahl von Fasern erfolgen, die sich durch ihre Eigenschaften und ihre Lieferformen unterscheiden. Abhängig von ihrem Ausgangszustand und ihrer Herstellungsweise lassen sich Verstärkungsfasern prinzipiell in vier Klassen unterteilen.

Die erste Klasse ist die der natürlichen organischen Fasern, die - wie Sisal oder Jute - pflanzlichen Ursprungs sind. Eine zweite Klasse umfaßt die natürlichen anorganischen Fasern aus mineralischen Materialien wie Asbest. Zur dritten Klasse gehören die synthetisch hergestellten organischen Fasern, denen sich neben Polyester- und Polypropylenfasern als prominenteste Vertreter auch Aramidfasern zugesellen. Die vierte Klasse der synthetischen anorganischen Fasern ist die bei weitem umfangreichste. Zu ihr gehören sowohl Glas- und Kohlenstoffasern als auch Fasern mit metallischen und keramischen Ausgangsmaterialien.

Von besonderer Bedeutung für Hochleistungsanwendungen sind Glas-, Aramid-, Bor- und Kohlenstoffasern, deren chemische Zusammensetzung und Herstellungsmethoden spezifischen Anforderungen angepaßt werden können. Während die Borfasern als relativ dicke Monofilamente erhältlich sind, werden die aus sehr dünnen Einzelfasern bestehenden Glas-, Aramid- und Kohlenstoffverstärkungen zu Faserbündeln oder Tauen (rovings) zusammengefaßt. Relativ dünne Rovings finden Anwendung in unidirektionalen Gelegen; dickere Rovings werden in Geweben verschiedener Art verwandt. Rovings sind auch das Ausgangsmaterial für Kurzfasern, die in vorgegebenen Längen durch Häckseln hergestellt werden. Über diese Fasern hinaus gibt es Verstärkungskomponenten aus anderen anorganischen Materialien. Repräsentativ dafür sind neben dünnen metallischen Drähten aus Stahl, Tantal oder Wolfram vor allem Fasern aus Siliziumkarbid (SiC) und Aluminiumoxid (Al_2O_3). Eine Neuentwicklung sind winzig dünne, nahezu einkristalline Verstärkungselemente (whiskers), die sich durch extrem hohe, an die theoretischen Grenzen heranreichende Festigkeiten auszeichnen.

2.1 Fasereigenschaften

Die mechanischen Eigenschaften der gebräuchlichen Verstärkungsfasern wurden in den vergangenen Jahren stetig verbessert. In ultrahochsteifen Kohlenstoffasern auf Pechbasis zum Beispiel sind bereits 80 % der theoretisch möglichen Elastizitätsmoduln erreicht worden. Weitere deutliche Verbesserungen sind unwahrscheinlich. Bezüglich der Zugfestigkeiten konnten bisher allerdings nur etwa 25 % der theoretisch möglichen Werte verwirklicht werden. Voraussetzungen für höhere Festigkeiten wären größere Reinheit der Ausgangsstoffe und weitere Faserverstreckung, weil sich bei kleineren Querschnitten die Anzahl der auftretenden Fehlstellen verringert. Die marginale Druck- und Schubbelastbarkeit sehr dünner Fasern macht es jedoch unwahrscheinlich, daß Faserdurchmesser von 5 µm unterschritten werden können [2.1].

Die experimentelle Bestimmung der Festigkeit und Steifigkeit auf der Basis von Einzelfasern ist wegen des hohen apparativen Aufwands unpraktisch. Außerdem ist der Bezug der Testergebnisse zur tatsächlichen Bauteilfestigkeit wegen der Unregelmäßigkeit der Faserquerschnitte fraglich. Selbst Durchschnittswerte von Faserbündeln mit einigen tausend Einzelfasern sind nicht genügend repräsentativ. Von größerer Aussagekraft sind Kennwerte, die über unidirektional verstärkte Laminate bestimmt werden und die direkt als Dimensionierungsparameter benutzt werden können. Selbst in diesem Fall weisen die Testergebnisse wegen der stochastischen Verteilung der Fehlstellen in den spröden Verstärkungsfasern erheblich größere Streuungen - allerdings auf weit höherem Festigkeitsniveau - als metallische Werkstoffe auf, deren Kennwerte auf Grund lokaler plastischer Verformungen nur zu relativ geringfügigen Abweichungen von einem Mittelwert führen.

Im wesentlichen ist das Spannungs/Dehnungs-Verhältnis fast aller Verstärkungsfasern linear bis zum Bruch, der bei Hochleistungsfasern aus Siliziumkarbid, Bor oder Kohlenstoff bei Dehnungen unterhalb von 1 %, bei Aramidfasern bei etwa 3 % und bei Glasfasern bei etwa 5 % eintritt.

Typische Spannungs/Dehnungs-Kurven sind in Bild 2.1 aufgetragen [2.2].

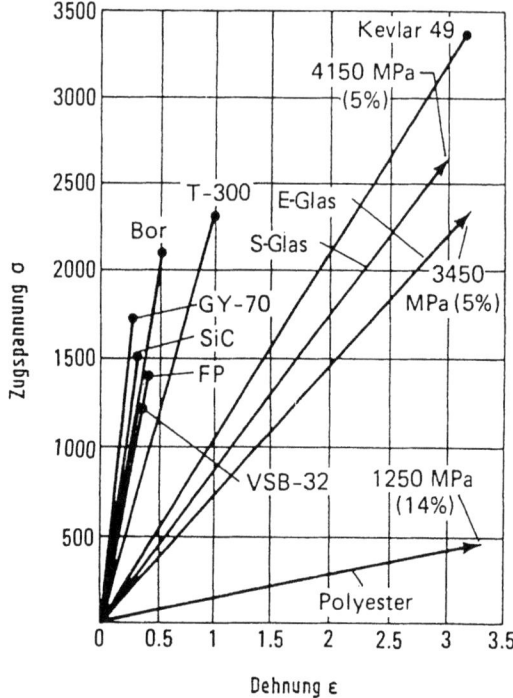

Bild 2.1. Spannungs/Dehnungs-Verhalten der Verstärkungsfasern

2.2 Grenzflächen und Beschichtungen

Man bezeichnet als Grenzfläche (interface) die Trennfläche zwischen zwei physikalisch unterschiedlichen Medien. In faserverstärkten Laminaten verlaufen solche Grenzflächen zwischen den Faseroberflächen und dem Matrixmaterial. Die Eigenschaften der Grenzflächen bestimmen die Qualität der Bindung, die die Spannungsübertragung zwischen Fasern und Matrix gewährleistet [2.3].

Die Faser/Matrix-Bindung läßt sich durch Oberflächenbehandlungen und durch Beschichtungen der Fasern mit geeigneten Materialien beeinflussen. Diese Begriffe werden häufig synonym gebraucht, obwohl - streng genommen - eine Oberflächenbehandlung eine gezielte chemische Modifikation der Faseroberflächen ist, die von einer Filmbildung begleitet sein kann, während unter Beschichtung die gezielte Erzeugung einer Schutzschicht verstanden wird, die unter Umständen auch chemisch mit der Faseroberfläche reagiert. Oberflächenbehandlungen und Beschichtungen können in verschiedener Form und für verschiedene Zwecke angewandt werden. Beispiele dafür sind

- filmbildende Polymere zum Schutz der Fasern während ihrer Herstellung, beim Transport und bei der Verarbeitung,
- Beschichtungen zur Förderung der Adhäsion zwischen Fasern und Matrix und
- chemische Modifikationen zur Verbesserung der Umweltverträglichkeit.

Auf dem amerikanischen Markt hat sich der Term "fiber sizing" etabliert, unter dem ganz allgemein jede Art von Oberflächenbehandlung verstanden wird, die die Fasern schützt, die Laminatfertigung erleichtert oder die mechanischen Eigenschaften der Laminate verbessert [2.4].

2.3 Glasfasern

Glasfasern waren in China bereits lange vor der Zeitenwende bekannt. Sie werden aus geschmolzenem Glas gezogen, dessen Schmelzpunkt von der Art des Ausgangsmaterials abhängt. Die Verwertung von Glasfasern als Verstärkung von Polymermatrizen begann um 1912, jedoch wurden größere Mengen für industrielle Anwendungen erst um 1950 produziert, als das Grenzflächenproblem durch geeignete Beschichtungen gelöst worden war.

Die Eigenschaften von Glasfasern sind unterschiedlich und sowohl von der chemischen Zusammensetzung der Schmelze als auch vom Herstellungsprozeß abhängig. Verstärkungsfasern für Polymermatrizen werden fast ausnahmslos aus sogenannten E-Gläsern hergestellt, die im wesentlichen aus Borsilikaten mit geringem Alkaligehalt bestehen. Der vornehmlich benutzte Herstellungsprozeß beginnt mit dem Schmelzen und Säubern des Rohmaterials in mehreren hintereinandergeschalteten Ofenkammern. Nach dem Ausziehen der Einzelfasern (filaments) durch eine Vielzahl von elektrisch aufgeheizten Nippeln (ϕ = 2 mm) am Boden der letzten Ofenkammer werden die Fasern zur Dissipierung der elektrischen Auflladung mit Wasser besprüht. Durch Verstreckung auf einen kleineren Durchmesser (ϕ = 9-14 µm) erzielt man die gewünschte hohe Festigkeit. Nach ihrer Beschichtung mit Siliziummethan werden die

Einzelfasern zu Garnen oder Faserbündeln (rovings) zusammengefaßt, die bis zu mehrere tausend Filamente enthalten. Der Ablauf der Glasfaserherstellung ist in Bild 2.2 schematisch dargestellt.

E-Glasfasern kommen als kontinuierliche Rovings oder in Form verschiedenartiger Gewebe auf den Markt. Ein sehr großer Anteil wird durch Häckseln in Kurzfasern überführt, die in Längen von 10 - 75 mm in ungerichteten Anordnungen zu Vliesen oder Matten verarbeitet werden. Glasfasern zeichnen sich durch niedrigen Preis, leichte Verarbeitbarkeit, hohe Festigkeit, gute Korrosionsbeständigkeit und niedrige elektrische Leitfähigkeit aus. Ein erheblicher Vorteil ist auch das Maß an Erfahrungswerten, die in bezug auf Fertigung und Betriebsverhalten in den vergangenen Jahrzehnten gesammelt wurden. Weniger überzeugend ist die geringe Steifigkeit der Glasfasern und ein unbefriedigendes Ermüdungsverhalten insbesondere in feuchter Umgebung, sowie eine nur mäßige Temperaturbeständigkeit.

Verbesserungen in bezug auf Festigkeit, Steifigkeit und Temperaturbeständigkeit bieten Fasern, die aus S- und R-Glas und - für Spezialanwendungen - aus Quarzglas hergestellt werden. Allerdings sind deren Kosten höher und mit denen für Kohlenstoff- und Aramidfasern vergleichbar. Bild 2.3 enthält die wichtigsten Eigenschaften verschiedener Glasfasern.

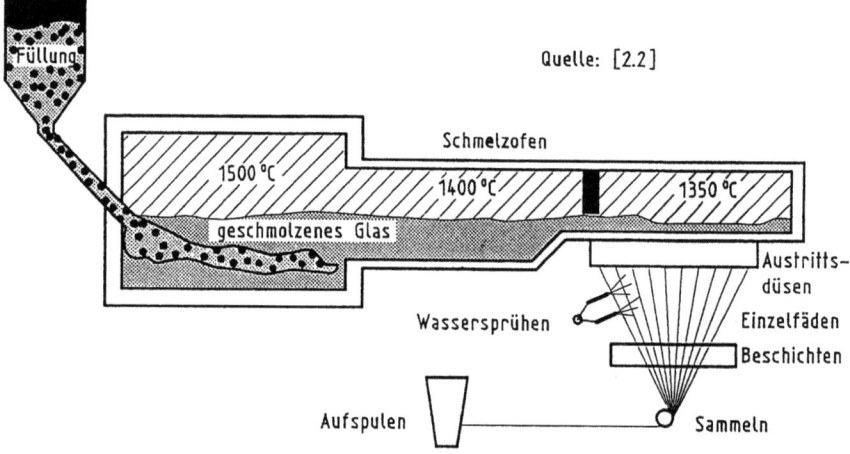

Bild 2.2. Herstellung der Glasfasern

Faser / Hersteller	Zugfestigkeit MPa	Zugmodul GPa	Bruch-dehnung %	Faserdichte g cm^{-3}	Faser-durchmesser µm
E-Glas / verschiedene	3600	77	4,7	2,54	–
R-Glas / Vetrotex	4400	86	5,1	2,55	9 bis 13
S2-Glas / Owens Corning	4600	88	5,2	2,49	9

Quelle: [2.5]

Bild 2.3. Kennwerte typischer Glasfasern

2.4 Borfasern

Borfasern werden durch chemische Gasphasenabscheidung auf einem Substratfaden hergestellt. Bei handelsüblichen Produkten wird dafür ein Wolframfaden von etwa 12 µm Durchmesser benutzt, so daß die spezifischen Eigenschaften des Bors nur bei größeren Faserdicken zum Tragen kommen können. Bei den üblichen Borfasern mit Dicken um 140 µm handelt es sich also mehr um dünne Drähte als um Fasern, die fast ausschließlich als Verstärkungen in Polymerprepregs mit paralleler Ausrichtung der Filamente zum Einsatz kommen. Borfasern haben den Kohlenstoffasern vergleichbare mechanische Eigenschaften, konnten sich aber wegen ihrer hohen Kosten und den durch ihre Biegesteifigkeit bedingten Verarbeitungsschwierigkeiten nur begrenzt durchsetzen. Nachteilig für manche Anwendung ist auch ihre hohe Wärmedehnung. Das Bestreben, die Dicke der Borfasern durch die Verwendung von Kohlenstoffasern als Substrat zu reduzieren, hat bisher zu keinen befriedigenden Lösungen geführt [2.6].

2.5 Aramidfasern

Die Bezeichnung Aramid ist eine Abkürzung für eine Klasse von synthetisch gefertigten, organischen Fasern, die aus aromatischen Polyamiden bestehen. Ausgangs der 60er Jahre wurden Fasern dieser Art zum erstenmal von Du Pont de Nemours & Co. als Kevlarfasern vorgestellt, deren spezifische Festigkeit die von Bor- und Kohlenstoffasern übersteigt [2.7].

Der Herstellungsprozeß beginnt mit dem Mischen von aromatischen Diaminen und Terephtalsäure als polymeren Ausgangsmaterialien mit

Schwefelsäure als Lösungsmittel. Aus dieser Mixtur werden Einzelfäden (ϕ = 12 μm) gezogen und zu Faserbündeln versponnen. Nach dem Auswaschen der Schwefelsäure und mehreren Neutralisierungsbädern werden die Faserbündel getrocknet und beschichtet. Eine darauf folgende Verstreckung bei etwa 500 °C ändert die Molekülanordnung der Fasern und verbessert damit ihre mechanischen Eigenschaften. Das Herstellungsprinzip von Aramidfasern ist in Bild 2.4 dargestellt.

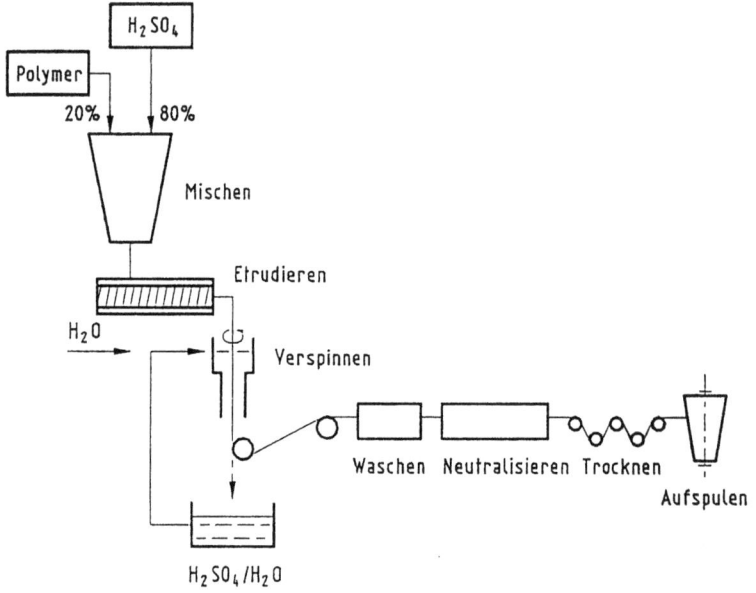

Bild 2.4. Herstellung der Aramid-Fasern

Die unter der Bezeichnung Kevlar bekannte Aramidfaser ist eine Hochmodulfaser, die durch ihre hervorragenden Eigenschaften neue Konstruktionsmöglichkeiten in einer Vielzahl von Anwendungsbereichen eröffnet. Der hervorstechende Vorteil der Kevlar-Faser ist ihr geringes spezifisches Gewicht, verbunden mit hoher Zugfestigkeit, hohem Elastizitätsmodul und völliger Unbrennbarkeit und Unschmelzbarkeit. Kevlar wird in zwei Ausführungen geliefert, wobei sich Kevlar 49 durch einen höheren E-Modul und Kevlar 29 durch eine höhere Arbeitsaufnahme auszeichnet. Mechanisch signifikante Kennwerte einiger Aramidfasern enthält Bild 2.5. Die Zugfestigkeiten und -steifigkeiten liegen erheblich über denen der E-Glasfasern. Ihre Feuchtigkeitsaufnahme ist zwar hoch, aber mehr als 80 % der Festigkeit trockener Fasern werden auch im gesättigten Zustand bei 180 °C beibehalten. Während Aramidfasern sich im Zugbereich linear-elastisch verformen, zeigen sie unter Druck ein nicht-lineares duktiles Verhalten, wobei schon bei Druckdehnungen um 0.5 % die Bildung von Defekten (kink bands) einsetzt. Die Verwendung von Aramidfasern für Bauteile, die hohen Druck- oder Biegebelastungen unterliegen, ist folglich beschränkt.

Faser	/ Hersteller	Zugfestigkeit MPa	Zugmodul GPa	Bruch-dehnung %	Faserdichte g/cm^3	Faserdurchmesser μm
Kevlar	/ DuPont	3620	124	2,75	1,45	11,9
Twaron HM	/ ENKA AG	3150	125	2,5	1,45	12,0

Quelle: [2.5]

Bild 2.5. Kennwerte typischer Aramid-Fasern

Die Nomex-Faser ist eine von Kevlar verschiedene thermisch hochwertige Faser, die sich seit Jahren bewährt hat. Sie wird vor allem in der Elektrotechnik sowie bei hohen Betriebstemperaturen eingesetzt. Da sie ein Substitut für die inzwischen verpönte Asbestfaser ist, wird ihre Bedeutung in Zukunft weiter zunehmen.

Das Bruchverhalten der Aramidfasern ist, anders als bei Glas- oder Kohlenstofffasern, ein duktiles, so daß sie tolerant gegenüber Impakt- oder Kerbeinwirkungen sind. Aramidfasern sind elektrisch isolierend und haben in Längsrichtung einen leicht negativen Wärmeausdehnungskoeffizienten. Ihre chemische Struktur verleiht ihnen eine sehr gute Korrosionsbeständigkeit; andererseits sind sie empfindlich gegenüber Strahlungseinflüssen, neigen zur Feuchtigkeitsaufnahme und haben eine relative geringe Temperaturbeständigkeit. Ihre Zähigkeit stellt hohe Anforderungen an die Bearbeitungswerkzeuge.

Aramidfasern werden als Garne oder Rovings mit bis zu 10 000 Einzelfäden geliefert, die insbesondere in zugbelasteten Bauteilen zur Verwendung kommen. Ein großer Teil wird zu Geweben verschiedener Art verarbeitet, die überwiegend in Strukturen mit komplexer Geometrie eingesetzt werden. Auch Aramidkurzfasern finden zunehmende Verwendung.

2.6 Kohlenstoffasern

Kohlenstoffasern sind die zur Zeit am weitesten verbreiteten Verstärkungen für Hochleistungsbauteile und kommen in Kunststoff-, Metall-, Keramik- und Kohlenstoffmatrizen zur Anwendung. Sie werden auf synthetischem Wege durch stufenweises Verkoken organischer Ausgangsstoffe hergestellt. Die Endprodukte sind Modifikationen fast reinen Kohlenstoffs und werden insofern als anorganisch bezeichnet [2.8].

Die erste praktische Anwendung einer Kohlenstoffaser erfolgte um 1890 durch Edison, der pyrolysierte Bambusfasern als Glühfäden für elektrische Birnen benutzte. Spätere Entwicklungen mit anderen Ausgangsmaterialien führten zu Fasern, die zunächst nur unbefriedigende mechanische Eigenschaften aufwiesen. Der eigentliche Durchbruch gelang in den 60er Jahren, als Kohlenstoffasern mit gezielt gerichteten Kristallanordnungen im Royal Aircraft Establishment und im US Airforce Materials Laboratory entstanden. Fasern dieser Art wurden in den darauffolgenden Jahren kontinuierlich verbessert und sind heute in vielen Variationen erhältlich.

Die Herstellung moderner Kohlenstoffasern basiert nach wie vor auf der Pyrolyse organischer Ausgangsstoffe. Die Eigenschaften der Fasern werden bestimmt durch den Faserrohstoff, die Qualität der Ausgangsfaser und die Herstellungstechnologie. Der Großteil aller Hochleistungsfasern wird zur Zeit aus Polyacrylnitril (PAN) gefertigt, das Ähnlichkeit mit dem bekannten Orlon hat, während für Fasern minderer Festigkeit Rayon oder Petroleum- und Kohlenpeche bevorzugt werden. Die Herstellung wird geleitet von den Erfordernissen, daß die Fasern während des thermischen Abbaus nicht schmelzen dürfen, daß der Kohlenstoffgehalt nach der Pyrolyse möglichst hoch sein soll, und daß das Kohlenstoffgerüst eine geordnete und längs zur Faserachse ausgerichtete Kristallitstruktur aufweisen muß.

Das Fließschema der Faserherstellung mit PAN und Pech als Ausgangsstoffen ist in Bild 2.6 dargestellt, in dem sich drei Verfahrensstufen unterscheiden lassen. In der ersten Stufe werden die Ausgangsfasern nach dem Spinnen verstreckt und durch chemische Vernetzungsreaktionen bei 200 - 300 °C in eine unschmelzbare Form überführt. Hierbei wird die Textur der Polymerfasern durch das Anlegen von Zugspannungen erhalten oder weiter verstärkt. In der zweiten Stufe werden die so stabilisierten Fasern durch Festphasenpyrolyse in

Kohlenstoffasern umgewandelt. Bei Glühbehandlungstemperaturen um 1600 °C entstehen HT-Kohlenstoffasern (high tension) mit hoher Festigkeit. In der dritten Stufe erreicht man bei Glühbehandlung mit Temperaturen bis 3000 °C kristallisationsähnliche Umordnungsvorgänge, die durch eine gleichzeitige weitere Faserstreckung verstärkt werden können. Durch diese sogenannte Graphitierung werden die HT-Fasern in HM-Fasern (high modulus) beziehungsweise UHM-Fasern (ultra high modulus) mit entsprechenden Elastizitätsmoduln umgewandelt. Die Temperaturbehandlung bestimmt also wesentlich die mechanischen Eigenschaften: Der Elastizitätsmodul nimmt mit steigender Glühtemperatur stetig zu, während die Zugfestigkeit ein Maximum zwischen 1200 - 1600 °C durchläuft (Bild 2.7). Es ist also nicht möglich, die Extremwerte beider Eigenschaften in einer Faser zu vereinigen [2.9].

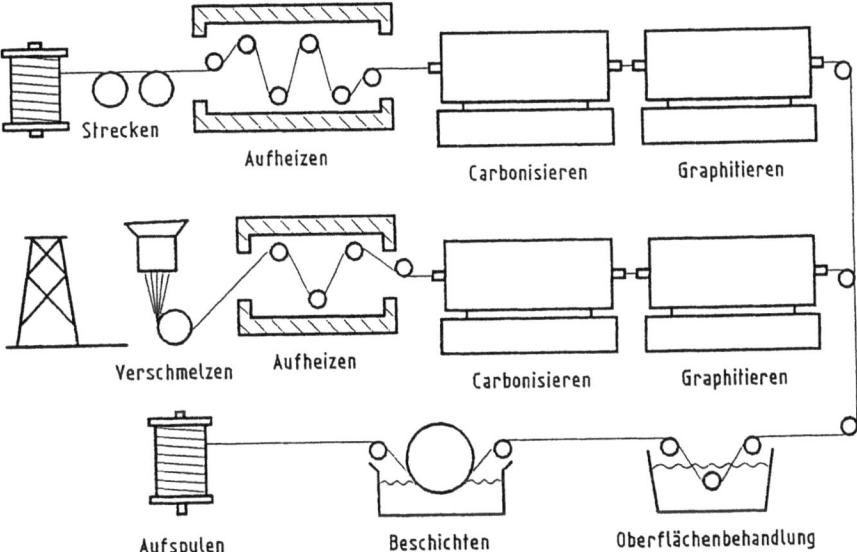

Bild 2.6. Herstellung der Kohlenstoffasern

Modifikationen des Herstellungsablaufs führen zu Fasern mit besonderen Charakteristiken wie HS-Fasern (high strain) mit hoher Dehnung oder IM-Fasern (intermediate modulus), die einen Kompromiß zwischen maximaler Festigkeit und Steifigkeit darstellen. Abschließend werden die dünnen Einzelfäden (ϕ = 6 - 8 µm) zu Faserbündeln zusammengefaßt und oberflächenbehandelt beziehungsweise beschichtet. Wegen ihrer

Feinheit sind Kohlenstoffasern sehr flexibel und lassen sich wie Textilfasern handhaben.

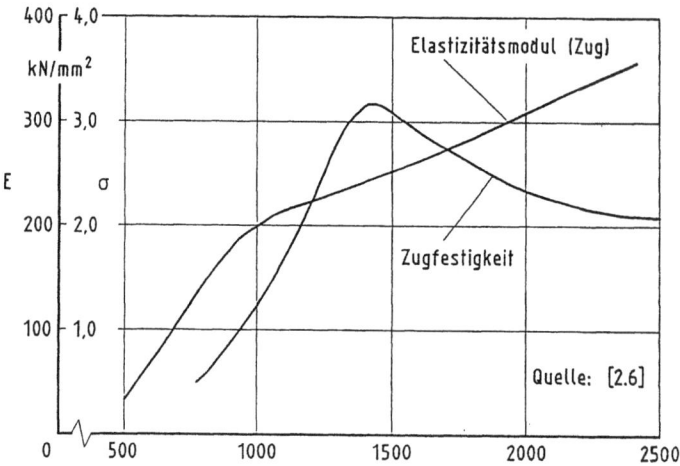

Bild 2.7. Einfluß der Behandlungstemperatur

Insbesondere Kohlenstoffasern auf PAN-Basis zeichnen sich durch gute mechanische Eigenschaften bei statischen und bei Schwingbelastungen aus, haben hohe Korrosionsresistenz, in Richtung der Faserachse eine leicht negative Thermaldehnung und gute thermische und elektrische Leitfähigkeit. Bild 2.8 enthält eine Zusammenstellung wichtiger Kennwerte für typische HT-, HM- und IM-Fasern.

Die Eigenschaften von Kohlenstoffasern auf Pechbasis sind abhängig von der Art der Peche und ihrer Verarbeitung. Besonders hervorzuheben ist ihre außerordentlich hohe elektrische Leitfähigkeit, die die von Kupfer übersteigt [2.10]. Die erzielbaren Festigkeiten und Steifigkeiten der isotropen Pechfasern sind dagegen nur mäßig. Durch aufwendige Spezialbehandlungen sind auch Fasern mit anisotroper Struktur herstellbar, die sehr hohe Steifigkeit bei allerdings geringer Festigkeit haben.

Das Leistungsniveau der Kohlenstoffasern ist in den vergangenen Jahrzehnten stetig angehoben worden. Weitere Verbesserungen der Festigkeits- und Steifigkeitswerte sind zu erwarten. Eine Begrenzung für die Anwendung bei hohen Temperaturen ist die mit Gewichtsverlusten

verbundene hohe Reaktivität der Kohlenstoffasern, die jenseits von
600 °C ihren Einsatz in Metall- oder Keramikmatrizen erschwert.

Faser / Hersteller	Zugfestigkeit MPa	Zugmodul GPa	Bruch- dehnung %	Faserdichte g cm^{-3}	Faser- durchmesser µm
T 300 / Toray	3530	235	1,50	1,76	7,0
AS-6 / Hercules	4100	248	1,65	1,83	7,0
T 400 / Toray	4120	235	1,75	1,80	7,0
Celion ST / Celanese	4300	234	1,84	1,77	7,0
Apollo HS / Hysol Grafil	5000	245	2,0	-	-
M-40 / Toray	2450	392	0,63	1,81	6,5
Apollo HM / Hysol Grafil	3400	390	0,85	-	-
GY-70 / Celanese	1860	517	0,36	1,96	6,4
G40-600 / Celanese	4300	300	1,43	1,78	-
Apollo IM / Hysol Grafil	4000	275	1,5	-	-
T 800 / Toray	5586	294	1,9	1,8	-
IM 7 / Hercules	5518	303	1,86	1,78	5,0

Quelle: [2.5]

Bild 2.8. Kennwerte typischer Kohlenstoffasern

2.7 Andere Verstärkungselemente

Neben den den Markt beherrschenden Glas-, Bor-, Aramid- und
Kohlenstoffasern kommen für Hochleistungsanwendungen eine Reihe
anderer Verstärkungselemente in Betracht. Dazu zählen in erster Linie
Langfasern aus Siliziumkarbid und Aluminiumoxid sowie sogenannte
Einkristalle, die sich allerdings noch weitgehend im Entwicklungs-
stadium befinden.

Siliziumkarbid (SiC) als anorganischer Hartstoff weist ähnlich dem
elementaren Bor hohe Materialfestigkeit und Unschmelzbarkeit auf und
ist gegen Oxidation bei hohen Temperaturen außerordentlich resistent.
SiC-Fasern können als drahtförmige Monofilamente auf ähnliche Weise
wie Borfasern mit Wolfram oder Kohlenstoff als Trägerfaden hergestellt
werden. Alternativ kann man aber auch dünne SiC-Schichten auf den
Kohlenstoffgarnen abscheiden und erhält damit flexible Faserbündel mit

SiC-Oberflächen um jedes einzelne Monofilament. SiC-Fasern dieser Art zeichnen sich durch gute Festigkeit, Steifigkeit und durch Temperaturbeständigkeit bis etwa 1200 °C aus. Sie eignen sich folglich als Verstärkungen in hohen Temperaturen ausgesetzten Keramikbauteilen. Als Nachteile gelten neben hohen Kosten ihre geringe Dehnbarkeit, ihre erhebliche Dichte und ein noch sehr begrenzter Erfahrungshorizont [2.6].

Aluminiumoxidfasern (Al_2O_3) entstehen als Spinnfäden aus Aluminiumsalzlösungen, die anschließend durch Erhitzung in Aluminiumoxide umgewandelt werden. Ähnlich den SiC-Fasern ist ihre Steifigkeit und Wärmebeständigkeit hoch und ihre Bruchdehnung und Festigkeit niedrig. Auch hier stellen hohe Kosten und geringe Erfahrung deutliche Nachteile dar.

Bei Partikelverstärkungen liegt die Absicht weniger in der Optimierung einer bestimmten Eigenschaft als darin, ein preiswertes Material für verschiedene Anwendungen anzubieten. Zum Beispiel führt der Einschluß von SiC- oder Al_2O_3-Partikeln in Aluminiumlegierungen zu besseren mechanischen Eigenschaften, größerer Wärmebeständigkeit und verbessertem Verschleißverhalten.

Faserart	Durchmesser µm	Festigkeit bei RT GPa	Elastizitätsmodul GPa	Wärmedehnung 10^{-6} °C	Maximale Betriebstemp. °C	Kosten $/kg
Al_2O_3 (mx)	250	2,8	480	8,8	1450	25000
Al_2O_3 (px)	20	1,4	380	9	<1100c	1000
Al_2O_3/ZrO_2(px)	20	2,1	380	9	1100c	1000
B	100-200	2,75	400	8	700-1000	1000
C	7-10	1,4-5,5	200-700	0	2200	25-5000
Mullite (px)	10-12	1,9	220	5-6	<1100c	1000
SiO_2	10	1,4	70	0,5	1000	200
CVD	140	3,45	425	4,5	1250±100c	5000
Lange Whisker	1-10	5,10	600	4,5	>1600	Exptl.
Kurze Whisker	0,2-1	---	---	4,5	>1600	1000
Polymerbasis	10-15	2,46	190	3	1100-1300	1000

Quelle: [2.11]

Bild 2.9. Kennwerte von Hochleistungsfasern

Einkristalle (whiskers) aus Siliziumkarbid und Aluminiumoxid mit Längen im Millimeter-, bzw. Zentimeterbereich sind Neuentwicklungen, die auf Grund ihres hohen Schlankheitsgrades und der damit verbundenen Defektfreiheit als die derzeit festesten Materialien überhaupt gelten. Die Kristalle weisen einen äußerst hohen Grad von Anisotropie auf und bilden sich sehr langsam aus einer Gasphase unter komplizierten Prozeßbedingungen in Hochtemperaturöfen. Das wünschenswerte Ziel einer ergiebigen Produktion fester und sauberer Einkristalle auf preiswertem Wege ist noch nicht erreicht worden [2.11].

Einen Überblick über die sich zur Zeit in den USA in der Erprobung befindlichen Fasern und Einkristalle mit relevanten Abmessungen und Eigenschaften gibt Bild 2.9.

3 Matrixwerkstoffe

Die Fertigung faserverstärkter Verbundbauteile kann mit verschiedenen Faserarten und Matrixwerkstoffen erfolgen. Die Festigkeits- und Steifigkeitseigenschaften solcher Bauteile hängen zwar im wesentlichen von den Fasern ab, jedoch spielt auch die Matrix, die den Zusammenhalt zwischen den Fasern und die Formhaltigkeit der Bauteile gewährleisten muß, eine wichtige Rolle. Die Wahl geeigneter Matrixwerkstoffe wird vorwiegend von den Einsatzbedingungen der Verbundbauteile diktiert. Bei vergleichenden Bewertungen der Matrixeigenschaften steht neben den mechanischen Leistungsprofilen häufig die thermische Belastbarkeit im Vordergrund. Dabei muß unterschieden werden zwischen der Grenztemperatur, bei der eine irreversible Zersetzung beginnt, und der über einen vorgegebenen Zeitraum aushaltbaren maximalen Betriebstemperatur, die als Temperaturbeständigkeit bezeichnet wird.

In bezug auf die verfügbaren Klassen von Matrixwerkstoffen wird differenziert zwischen Polymermatrizen, Metallmatrizen, Glasmatrizen, Keramikmatrizen und Kohlenstoffmatrizen mit in dieser Reihenfolge steigenden Temperaturbeständigkeiten. Die folgenden Ausführungen befassen sich vornehmlich mit synthetisch erzeugten Polymermatrizen.

3.1 Polymere Werkstoffe

Man versteht unter der Bezeichnung polymere Werkstoffe makromolekulare Substanzen von zumindest vorwiegend organischer Art. Solche Werkstoffe werden im Gegensatz zu Naturstoffen auch als Kunststoffe bezeichnet, die durch geringes Gewicht, Isolatorwirkung, chemische Beständigkeit und oft auch durch einfache Verarbeitbarkeit und niedrigen Preis natürlichen Werkstoffen wie Holz, Glas oder Metall überlegen sind.

Polymerwerkstoffe werden entweder auf halbsynthetischem Wege durch chemische Änderungen natürlicher Stoffe wie Kautschuk oder Zellulose, oder vollsynthetisch durch multiple chemische Bindungen niedermolekularer Basiselemente, sogenannter Monomere, erzeugt. Diese Monomere, deren Hauptbestandteile Kohlenstoff, Wasserstoff, Sauerstoff und Stickstoff sind, müssen wenigstens zwei reaktive Endgruppen haben, um größere Moleküle bilden zu können. Die entstehenden Polymere können Tausende von Monomeren enthalten und haben entsprechend hohe Molekulargewichte.

Chemische Reaktionen, die zur Bildung von Polymeren führen, werden als Polyreaktionen bezeichnet. Abhängig von der Art des Reaktionsmechanismus kann die Synthese der Polymere durch Polymerisation, Polyaddition oder Polykondensation erfolgen [3.1, 3.2].

Bei der *Polymerisation* werden Doppelbindungen gleichartiger Monomere aufgespalten und reaktionsfähig gemacht. Der Polymerisationsprozeß beginnt mit einer Startreaktion, durchläuft eine Wachstumsreaktion und endet mit einer Abbruchreaktion. Wenn die aktivierten Monomere zwei reaktionsfähige Endgruppen haben, ergeben sich linienförmige Makromoleküle. Bei mehreren freien Valenzen bilden sich dagegen netzartige Makromoleküle.

Gleichung 3.1 stellt eine typische Polymerisationsreaktion mit bifunktionellen Monomeren dar. Darin bezeichnet der Term R ein Atom oder eine Atomgruppe, die die Reaktion unverändert durchläuft. Wenn R = H ist, entsteht beispielsweise aus Ethylenmolekülen Polyethylen, während mit R = (C_6H_5) aus Styrolmolekülen Polystyrol wird.

$$n \cdot \begin{bmatrix} H & H \\ | & | \\ C = C \\ | & | \\ R & R \end{bmatrix} \Longrightarrow \begin{bmatrix} H & H \\ | & | \\ C - C \\ | & | \\ R & R \end{bmatrix}_n$$

Gleichung 3.1. Polymerisation

Bei der *Polyaddition* reagieren zwei Gruppen von Monomeren miteinander. Durch die Wanderung von Wasserstoffatomen von einer Monomerart zur anderen werden Valenzen frei, die die beiden Monomere miteinander verbinden. Bei bifunktionellen Monomeren bilden sich Kettenmoleküle und bei trifunktionellen entstehen raumvernetzte Strukturen. Beispiele für Polyadditionsprodukte sind Epoxidharze, Polyurethan und Polysiloxan (Silikon).

Gleichung 3.2 beschreibt den Ablauf einer Polyadditionsreaktion, in der relativ große Moleküle miteinander vernetzt werden. Die Bindung erfolgt durch die Wanderung der Wasserstoffatome in dem zweiten Monomer. R_1 und R_2 sind wieder unveränderbare Atomgruppen, während X eine Hydroxyl- oder Carboxylgruppe oder ein Halogenatom sein kann.

$$n \cdot \begin{bmatrix} H & & H \\ | & & | \\ C - R_1 - C \\ \| & & \| \\ X & & X \end{bmatrix} + n \cdot \begin{bmatrix} H - R_2 - H \end{bmatrix}$$

$$\Longrightarrow \begin{array}{c} H \\ | \\ C - R_1 \\ \| \\ X \end{array} \begin{bmatrix} H & & H \\ | & & | \\ C - R_2 - C - R_1 \\ | & & | \\ XH & & XH \end{bmatrix}_{n-1} \begin{array}{c} H \\ | \\ C - R_2 - H \\ \diagdown \\ XH \end{array}$$

Gleichung 3.2. Polyaddition

Bei der *Polykondensation* erfolgt keine Atomwanderung im obigen Sinne. Bi-, tri- oder mehrfunktionelle Monomere werden unter Abspaltung niedermolekularer Reaktionsprodukte wie Wasser oder Methanol und unter Energieabgabe miteinander verbunden. Beispiele für Polykondensationsprodukte sind Polyimid, Polyamid und Polycarbonat.

Gleichung 3.3 kennzeichnet den Ablauf einer Polykondensation, in der verschiedene Monomere ohne Wanderung von Wasserstoffatomen unter Freisetzung von niedermolekularen Reaktionsprodukten verknüpft werden. Wenn X = HO ist, entsteht als Nebenprodukt Wasser.

$$n \cdot \left[H - R_1 - H \right] + n \cdot \left[X - R_2 - X \right]$$

$$\Longrightarrow H \left[R_1 - R_2 \right]_{n-1} R_1 - R_2 - X + \overbrace{(2n-1)\ H - X}^{\text{flüchtig}}$$

Gleichung 3.3. Polykondensation

Die Eigenschaften der so entstandenen synthetischen Werkstoffe sind unterschiedlich. Sie hängen von der Struktur der Makromoleküle, von der Art der Spurenelemente an deren Kettenenden, von der räumlichen Anordnung der Moleküle und von der Art ihrer Bindungen ab. Entlang einer Molekülkette wirken stets Hauptvalenzkräfte, die einen starken Zusammenhang zwischen den Atomen zur Folge haben. Senkrecht zu den Molekülketten wirken dagegen nur Nebenvalenzkräfte.

Bei metallischen Werkstoffen führen unterschiedliche thermische und mechanische Vorbehandlungen zu verschiedenen Texturen und damit zu verschiedenen Eigenschaften. Das ist bei synthetischen Werkstoffen in viel größerem Ausmaß der Fall, weil die Molekülketten in diesen Stoffen mannigfaltige Formen mit einer Vielzahl von unterschiedlichen Strukturen annehmen können. Auf Grund dessen lassen sich Polymerwerkstoffe fast jedem technischen Problem gezielt anpassen. Zum Beispiel verlangt die Erzeugung eines Werkstoffes, der in einer bestimmten Richtung eine besonders hohe Festigkeit aufweisen soll, daß durch geeignete Vorbehandlungen die Molekülketten möglichst gut in diese Richtung orientiert sind.

In bezug auf ihren chemischen Aufbau werden Polymerwerkstoffe in drei Gruppen unterteilt: Duromere, Elastomere und Thermoplaste.

Duromere können aus verschiedenen flüssigen oder verflüssigbaren Vorprodukten hergestellt werden, die, miteinander vermengt, erst während des Aushärtungsprozesses chemisch reagieren und amorphe dreidimensionale Vernetzungen eingehen. Diese Vernetzungen sind kovalente Bindungen, die einen so starken Zusammenhalt der Moleküle untereinander bewirken, daß ihr Schmelzpunkt höher liegt als ihre Zersetzungstemperatur. Bei zunehmender Temperatur reduziert sich zwar die Steifigkeit des Molekülverbandes, aber auch bei sehr hohen Temperaturen erfolgt keine Zustandsänderung. Die enge Molekülbindung macht Duromere auch resistent gegenüber gebräuchlichen Lösungsmitteln. Im Vergleich zu Thermoplasten sind die mechanischen Eigenschaften von Duromeren im allgemeinen höher, ihre Dehnbarkeit dagegen ist erheblich niedriger.

Eine besondere Art von Duromeren sind *Elastomere*, deren molekularer Aufbau sich nur dadurch unterscheidet, daß die räumlichen Vernetzungen weitmaschiger sind. Daraus folgt, daß Elastomere über einen weiten Temperaturbereich flexibler sind und gummiartige Eigenschaften aufweisen.

Thermoplaste bestehen aus kettenähnlichen Anordnungen von Molekülen, die entweder einen völlig amorphen oder einen teilkristallinen Aufbau haben. Innerhalb der einzelnen Ketten werden die Moleküle durch Hauptvalenzbindungen zusammengehalten, während die Ketten untereinander nur durch van-der-Waals-Kräfte verbunden sind. Diese Bindungen sind schwach, so daß bei genügend hohen Temperaturen Thermoplaste vom ursprünglich festen in einen kautschukartigen und dann in einen flüssigen Zustand übergehen. Dieser Prozeß ist reversibel, das heißt, bei ihrer Abkühlung verfestigen sich die Thermoplaste wieder und nehmen ihre ursprünglichen Eigenschaften an. Thermoplaste sind also schweißbar und beliebig oft umformbar. Als Konsequenz ihrer losen Struktur haben sie verhältnismäßig hohe Bruchdehnungen und sind in vielen Lösungsmitteln löslich.

Die Anordnung der Raumnetzmoleküle in Duromeren und der Fadenmoleküle in Thermoplasten geht aus Bild 3.1 hervor. Die Unterscheidung von Polymeren in Duromere und Thermoplaste hängt weitgehend von ihrer Herstellung ab. Von der Verfahrenstechnik her können mit entsprechenden Ausgangsstoffen auch Polymere erzeugt werden, die Mischungen aus Duromeren und Thermoplasten sind, wobei diese oder jene Art überwiegen kann.

Aus praktischer Sicht ist eine durch geeignete Verfahrensschritte erreichbare Unterscheidung zwischen kristallinen und amorphen Molekülgefügen mindestens von ebenso großer Wichtigkeit. Auch hier sind Zwischenstufen im Sinne von teilkristallinen Anordnungen möglich. Amorphe Thermoplaste (wie PVC) verhalten sich oberhalb ihrer Glasübergangstemperatur, T_g, zunächst thermoelastisch; bei weiterer Erwärmung werden sie weich und plastisch verformbar. Bei teilkristallinen

Thermoplasten (wie Polyamid oder Polyethylen) sind oberhalb von T_g die amorphen Bereiche verformbar, die kristallinen Anteile bewirken jedoch durch ihren festen Zusammenhalt ein zäh-elastisches Verhalten bei unveränderter Formbeständigkeit.

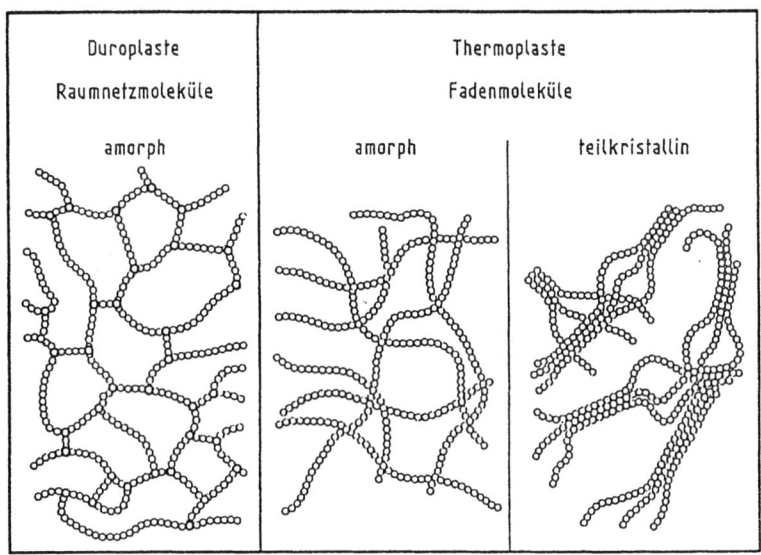

Bild 3.1. Anordnung der Molekülverbände

Da Polymere im weiteren Sinne zur Klasse der Harze zählen, werden sie häufig auch so benannt. Entsprechend ist auch die Bezeichnung Matrixharze gebräuchlich. Die Variationsmöglichkeit ihrer chemischen Zusammensetzung führt zu einer Vielzahl von kommerziell erhältlichen Produkten, deren Gliederung aus Bild 3.2 ersichtlich ist [3.3].

Im Gegensatz zu den Thermoplasten, deren Herstellungsprozeß bereits zu völlig polymerisierten Produkten führt, bedürfen die Duromere einer nachträglichen Vernetzung. Im Zusammenhang damit versteht man unter dem Begriff *Reaktionsharze* Kunstharze, die auf Grund ihres chemischen Aufbaus mit oder ohne Reaktionsmittel in der Lage sind, zu festen Stoffen zu vernetzen. *Reaktionsmittel* sind Stoffe, die die Vernetzung der Reaktionsharze auslösen oder beschleunigen (Härter, Katalysatoren), und *Reaktionsharzmassen* sind verarbeitungsfertige Mischungen aus Reaktionsharzen und Reaktionsmitteln mit oder ohne Zusatzstoffe.

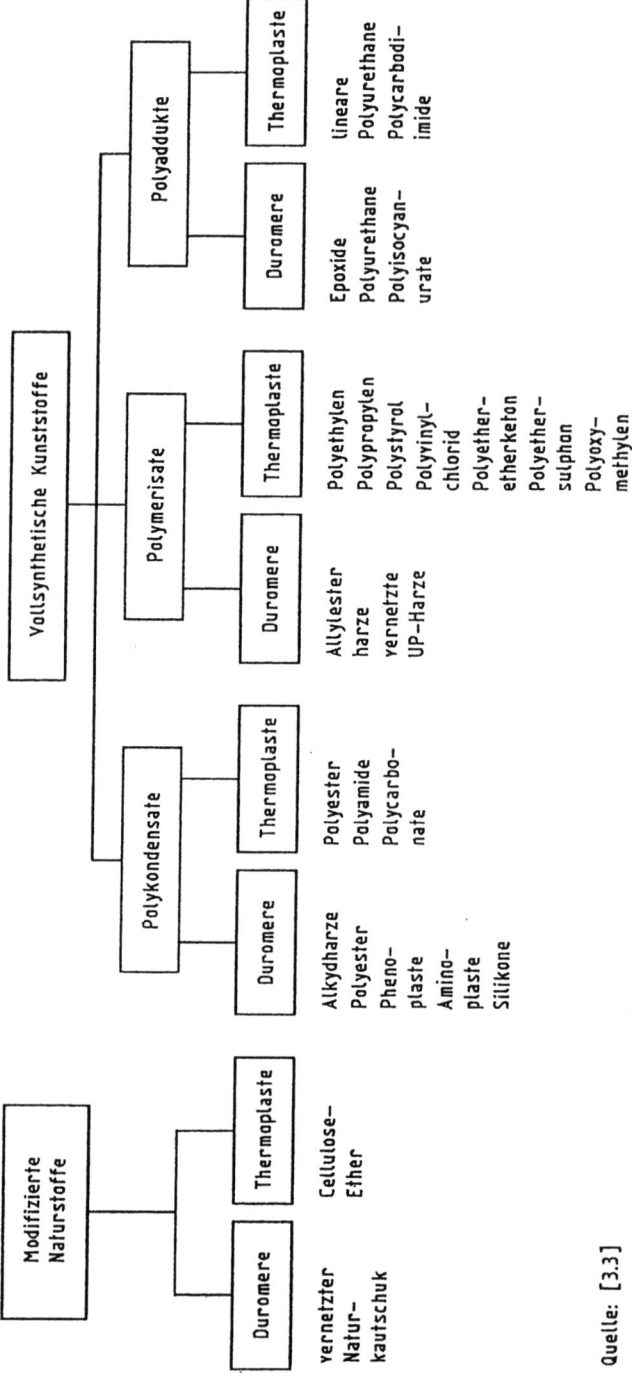

Bild 3.2. Gliederung der Kunststoffe

3.2 Duromere Matrixharze

Bereits in prähistorischen Zeiten wurden Naturharze als Leime, Kitte und Bindemittel für Farben gebraucht. In der Neuzeit begann die Chemie der Kunstharze am Ende des 19. Jahrhunderts mit der Entdeckung der Phenolharze. Als erstes technisch brauchbares Produkt kam um 1910 Bakelit auf den Markt. In den 30er Jahren folgte dann die Entwicklung der Polyester- und Epoxidharze, und in den späten 50er Jahren die der temperaturbeständigeren Polyimid- und Bismaleinimidharze. Die neuesten Matrixformulierungen sind für Einsatztemperaturen geeignet, die bisher metallischen Werkstoffen vorbehalten waren.

Die folgenden Beschreibungen der für Faserverbundwerkstoffe wichtigen Harzsysteme beschränken sich auf Phenolharze, Polyesterharze, Epoxidharze, Polyimidharze und Bismaleinimidharze, die in vielen Variationen erhältlich sind. Bild 3.3 ist eine Zusammenstellung der physikalischen Eigenschaften dieser Harzsysteme.

Eigenschaften bei Raumtemperatur	Einheit	Harzsysteme				
		Polyester	Phenole	Epoxide	Bismalein-imide	Polyimide
Dichte	g/cm^3	1,1–1,46	1,3–1,32	1,15–1,35	1,2–1,3	1,35–1,45
Biegefestigkeit	N/mm^2	80–150	77–120	60–180	80–160	~100
Druckfestigkeit	N/mm^2	90–180	85–105	10–200		>170
Zugfestigkeit	N/mm^2	35–92	42–63	40–140	60–90	~75
Bruchdehnung	%	2–4	1,5–2	2–10	2–3	1–7
Elastizitätsmodul (Zug)	N/mm^2	1500–2000	2800–3500	3000–4500	3000–4000	3500–4500
Elastizitätsmodul (Biegung)	N/mm^2	2000–4500			3000–5000	3200
Schubmodul	N/mm^2	1400–1600		1300		1200
Wärmedehnungskoeffizient	$10^{-6} \frac{m}{m\,k}$	80–150	80	60	60–80	50–65
Wärmeformbeständigkeit nach Martens	°C	40–130	200–250	40–180	250–320	280–450
Viskosität des ungehärteten Harzes	cP	300–1800		100–2000	400–3000	

Quelle: [1.2]

Bild 3.3. Eigenschaften typischer Matrixharze (Orientierungswerte)

Welches Harzsystem für eine bestimmte Anwendung vorteilhaft ist, hängt ab

- von den gewünschten mechanischen, thermischen, elektrischen, gewerbehygienischen und brandtechnischen Eigenschaften des Bauteils,
- vom vorgesehenen Fertigungsverfahren (z. B. Hochdruck- oder Niederdruckpressen, Autoklavverfahren, Pultrusion oder Faserwickeln) und
- von den wirtschaftlichen Gegebenheiten, die die Kosten der Vorprodukte und der Fertigungsschritte einschließen.

So kann zum Beispiel der Vorteil einer kurzen Härtezeit durch geringe Lagerstabilität des Vorproduktes oder durch hohe Nachbearbeitungskosten des Halbfertigteils aufgehoben oder ins Gegenteil verkehrt werden. Verläßliche Aussagen, welches Harzsystem für welchen Zweck eingesetzt werden sollte, lassen sich auf Grund der Gestaltungsvielfalt polymerer Werkstoffe nur schwer machen [3.4, 3.5, 3.6].

3.2.1 Phenolharze

Phenolharze sind seit langem kommerziell erhältlich und gehören zu den preisgünstigsten der temperaturbeständigen Matrixharze. Sie sind leicht verarbeitbar und werden in großem Umfang in der elektrischen und in der Bauindustrie eingesetzt.

Phenolharze sind von ihrem chemischen Aufbau her Mischungen von Phenolen und Aldehyden und werden genauer auch Phenolformaldehydharze (PF) genannt. Ihre Aushärtung erfolgt durch Kondensationsreaktionen unter Freisetzung erheblicher Mengen von Wasserdampf. Die sich damit verbindende Lunkerbildung von bis zu 20 Volumenprozent beeinträchtigt die Werkstoffeigenschaften, kann aber durch Aufbringung hoher Drücke während des Aushärtungsprozesses auf ein akzeptables Maß reduziert werden. Die Aushärtungsreaktion ist langsam, nur geringförmig exotherm und von 2 - 4 % Schwund begleitet.

Die entstehende Matrix hat einen hohen Vernetzungsgrad, der sich nur begrenzt modifizieren läßt. Bauteile aus Phenolharzen sind entsprechend spröde, resistent gegen chemische Einwirkungen, haben gute Oberflächenhärte und sind temperaturbeständig bis über 250 °C. Nachteilig für manche Anwendung ist die intensive Freisetzung von Rauch und Giftstoffen bei der Verbrennung von Phenolharzen.

Weiterentwicklungen der Phenolharze mit verbesserten Eigenschaften beruhen auf der Verwendung von Novolac-Harzen.

3.2.2 Polyesterharze

Polyester sind in verschiedenen Ausführungen schon seit vielen Jahren auf dem Markt. Für Verbundbauweisen werden vor allem ungesättigte Polyesterharze (UP) verwendet, die sich durch leichte Verarbeitbarkeit und geringe Kosten auszeichnen.

Polyesterharze sind lagerfähig und polymerisieren erst nach Zusatz eines Härters (z. B. Styrol), wobei bei moderaten Temperaturen kurze Aushärtungszeiten bis zu wenigen Minuten einstellbar sind. Der Reaktionsverlauf ist extrem exotherm und kann bei Bauteilen mit dicken Querschnitten wegen der Schwierigkeit der Wärmeableitung zu Problemen führen. Der Vernetzungsgrad der Molekülstruktur ist sehr hoch, so daß die Bauteile spröde sind, aber auch noch bei hohen Temperaturen formhaltig bleiben. Polyesterharze haben im Vergleich zu anderen Matrixharzen nur mäßige mechanische Eigenschaften und geringe chemische und hydrolytische Resistenz. Ihre Temperaturbeständigkeit kann die Aushärtungstemperatur übersteigen und liegt im Bereich von 100 - 150 °C.

Nachteilig für viele Anwendungen ist ein Reaktionsschwund von 5-10 % und die durch eine geringe Zwischenfaserbindung bedingte niedrige Ermüdungsfestigkeit der Bauteile. Der Einsatz ungesättigter Polyesterharze bietet sich also dann an, wenn ihre begrenzten mechanischen Eigenschaften mit entsprechend geringen Anforderungsprofilen in Einklang gebracht werden können. Das bedeutet, daß Polyesterharze meist mit langen oder kurzen Glasfasern und nur selten mit hochwertigen Aramid- oder Kohlenstoffasern verstärkt werden.

Neuere Entwicklungen sind Vinylesterharze mit höherer Bruchdehnung, besserer Zwischenfaserbindung und höherer Temperaturbeständigkeit.

3.2.3 Epoxidharze

Epoxidharze tragen ihren Namen nach dem wichtigsten Bestandteil ihrer Ausgangsstoffe, dem Epoxidring. Sie sind unter den bekannten Matrixharzen die anpassungsfähigsten und den Polyester- und Phenolharzen in vielen Beziehungen überlegen. Gebräuchliche Ausgangsstoffe für die Herstellung von Epoxidharzen (EP) sind Bisphenol-A und Epichlorhydrin, aus denen sich Diglycidylether bzw. höhere Derivate bilden.

Epoxidharze haben sich im Verlauf der letzten 30 Jahre in vielen Einsatzbereichen einen festen Platz erobert und sich insbesondere als Matrixharze für verschiedene Verstärkungsfasern bewährt. Viele anpassungsfähige Epoxidformulierungen mit verschiedenen chemischen und mechanischen Eigenschaften sind kommerziell erhältlich, die für alle gängigen Tränkungs- und Fertigungsverfahren verwendbar sind. Die entsprechend unterschiedlichen Molekülstrukturen haben Konsistenzen, die zwischen niedrig viskos und fast fest liegen.

Der Aushärtungsprozeß kann bei verschiedenen Temperaturen erfolgen und erfordert die Zumischung von Härtern. Übliche Härter sind aliphatische oder aromatische Amine für kalt-, und saure Anhydride für warmaushärtende Harzsysteme. Kalte Aushärtungen implizieren langsame Reaktionsabläufe und niedrige Vernetzungsgrade, und warme Aushärtungen umgekehrt kurze Reaktionen und hohe Vernetzungen. Eine Beschleunigung der Aushärtung ist möglich durch den Zusatz eines Katalysators, beispielsweise Borfluorid.

Gute mechanische Eigenschaften und hohe Temperaturbeständigkeit verlangen hohe Vernetzungsgrade, so daß Matrixharze für anspruchsvollere Bauteile in der Regel bei 120 °C oder bei 180 °C ausgehärtet werden. Nachhärtungen bei etwa 20 °C höheren Temperaturen verbessern die Temperaturbeständigkeit auf Kosten einer reduzierten Duktilität. Die Nachhärtung kann im Formwerkzeug oder außerhalb dessen erfolgen, sollte aber möglichst kurz nach der Aushärtung stattfinden, um den Reaktionsprozeß nicht neu anstoßen zu müssen. Typische Gebrauchstemperaturen für Epoxidharze sind 80 - 130 °C bei 25 000 Stunden Einwirkungszeit, beziehungseise 140 - 250 °C bei 200 Stunden.

Wegen der Ausgewogenheit ihrer Charakteristiken haben Epoxidharze Aufnahme in vielen Industrien und insbesondere in der Luft- und Raumfahrt gefunden. Ihre wesentlichen Vorteile liegen in der einfachen

Verarbeitbarkeit bei moderaten exothermen Reaktionen mit geringer Verzugsgefahr für das Bauteil, der sehr guten Adhäsion zu den meisten Verstärkungsfasern und ihrer hohen Korrosionsbeständigkeit. Nachteilig wirken sich eine relativ hohe Sprödigkeit, eine die Temperaturbeständigkeit beeinflussende beträchtliche Feuchtigkeitsaufnahme und die Freisetzung toxischer Substanzen bei Brand aus.

Den Nachteilen kann zu einem gewissen Grad durch Beimischung von Additiven begegnet werden. Dabei läßt sich das primäre Ziel einer Erhöhung der Bruchdehnung durch den Einbau reaktiver Molekülgruppen (z. B. langkettige Alkohole) oder durch nichtreaktive "Weichmacher" (z. B. Gummipartikel oder Öle) erreichen. Die so modifizierten Harzsysteme werden in den USA als "toughened epoxies" bezeichnet. Dabei gilt jedoch wie bei anderen Polymeren, daß die gezielte Verbesserung einer Eigenschaft in der Regel mit der Verschlechterung einer anderen erkauft wird.

In der Summe ihrer Vor- und Nachteile bieten Epoxidharze in bezug auf Kosten, Handhabbarkeit, Flexibilität der Aushärtungsprozeduren und mechanische und thermische Eigenschaften eine fast unschlagbare Kombination.

3.2.4 Polyimidharze

Die Entwicklung von Polyimiden als Matrixharze erfolgte vor allem unter dem Aspekt einer erhöhten Temperaturbeständigkeit. Mit dieser Zielsetzung wurden bereits 1970 Bauteile aus faserverstärkten Polyimidharzen für den Temperaturbereich von 180 - 240 °C bei 25 000 Stunden, und 300 - 350 °C bei 200 Stunden Betriebsszeit gefertigt. Allerdings läßt sich nicht verkennen, daß die erhöhte oxidative Stabilität eine schwierigere Verarbeitung bedingt und von einer inhärenten hohen Sprödigkeit begleitet ist.

Von ihrem chemischen Aufbau her bestehen die meisten Polyimidharze (PI) aus Mischungen mit duromeren und thermoplastischen Bestandteilen. Modifikationen der ursprünglichen Kondensationspolyimide gingen überwiegend in Richtung auf Additionspolyimide mit verringerter Freisetzung flüchtiger Stoffe. Die beiden gebräuchlichsten Arten sind PMR 15 (polymerized monomeric reactants) und die Familie der "pyromellitic dianhydride/oxyanaline polymers". Beide Arten sind in ihrem Lieferzustand hochviskos, können aber durch den Zusatz von Konditionsmitteln weich und formbar gemacht werden.

Allen Polyimidharzen gemein ist eine zweistufige Aushärtung mit einer langsam ablaufenden Vorhärtung bei etwa 140 °C und 10 bar (Kondensationsphase) mit folgender Abkühlung und einer Nachhärtung bei 300 °C und 10-20 bar (Additionsphase). Die Verarbeitung von Polyimidharzen erfolgt meist in Autoklavtechnik, möglich ist aber auch die Fertigung in Preßformen oder im Pultrusionsverfahren. Die dabei auftretenden Reaktionen sind moderat exotherm und verursachen nur geringen Schwund. Die Parameter des idealen Fertigungsablaufs sind nicht standardisiert und müssen empirisch ermittelt werden. Dabei besteht die Gefahr, daß bei nicht ganz exaktem Ablauf der Aushärtung Laminate minderer Qualität entstehen können. Nachteilig ist auch, daß wegen der hohen Viskosität der Polyimidharze und zur Unterbindung der Lunkerbildung durch Kondensationsprodukte extrem hohe Drücke erforderlich sind, die die Fertigung von Bauteilen mit großen Abmessungen aufwendig machen.

Neben ihrer Temperaturbeständigkeit zeichnen sich Polyimidharze durch gute mechanische Eigenschaften, hohe Resistenz gegenüber organischen Lösungsmitteln und geringe Feuchteabsorption aus. Der sehr hohe Vernetzungsgrad bedingt aber auch eine ausgeprägte Sprödigkeit mit entsprechend geringen Bruchdehnungen.

Die Sprödigkeit läßt sich durch den Einbau aromatischer Diamide mindern, allerdings nur unter Reduzierung der Temperaturbeständigkeit, die bei kurzfristigem Einsatz etwa 350 °C und bei langfristigem Betrieb etwa 230 °C beträgt.

3.2.5 Bismaleinimidharze

Die inhärenten Fertigungsschwierigkeiten der Polyimide führten zur Entwicklung der duktileren Bismaleinimide mit Temperaturbeständigkeiten bis 220 °C. Erste Versuche mit einfachen Bismaleinimiden (BI) wurden bereits Ende der 60er Jahre durchgeführt. Die ursprünglichen Probleme der Verarbeitung und der Sprödigkeit konnten weitgehend ohne Verlust des positiven Brandverhaltens und der Eignung für hohe Betriebstemperaturen gelöst werden. Allerdings ist nur eine begrenzte Zahl solcher Harzsysteme auf dem Markt erhältlich; die am weitesten verbreiteten enthalten als Basisblock Diphenylmethan.

Ähnlich wie die Polyimide sind auch die Bismaleinimide Hybride aus duromeren und thermoplastischen Komponenten und somit chemisch verwandt. Ihre Grundstruktur ähnelt der der Epoxide, hat aber andere funktionelle Endgruppen. Dementsprechend kommen Bismaleinimide für Temperaturbereiche in Frage, die zwischen denen der üblichen Epoxide und Polyimide liegen.

Die Verarbeitung erfolgt wie bei warm aushärtenden Epoxidharzen mit niedrigen Drücken bei allerdings höheren Aushärtungstemperaturen. Die Additionsreaktionen verlaufen mit sehr geringer oder gänzlich ohne Freisetzung flüchtiger Stoffe und somit ohne Lunkerbildung.

Zu den Vorteilen der Bismaleinimidharze gehören ihre Anpassungsfähigkeit für einen weiten Bereich gewünschter Eigenschaften, gute Festigkeit und Steifigkeit auch bei hohen Temperaturen, hohe Lösungsmittelresistenz, Alterungsbeständigkeit und ungiftige Verbrennung. Sie sind trotz relativ hoher Feuchtigkeitsaufnahme mit nicht ganz vernachlässigbarem Festigkeitsverlust gut geeignet für Bauteile in feuchtheißer Umgebung.

Die ursprünglich zur Sprödigkeit neigenden Bismaleinimidharze konnten im Laufe der Zeit so modifiziert werden, daß ein ausgewogenes Verhältnis zwischen Vernetzungsgrad und Bruchdehnung besteht. Der Trend der Weiterentwicklung geht in Richtung auf Bismaleinimid/Triazin-Harzformulierungen (BT).

3.3 Thermoplastische Matrixharze

Die zum Teil bereits auf dem Markt eingeführten und zum Teil noch in der Entwicklung befindlichen Thermoplaste stellen eine interessante Alternative zu den bisher in Faserverbundwerkstoffen überwiegend eingesetzten duromeren Matrixharzen dar. Trotz der erzielten Fortschritte bei den Duromeren lassen sich gewisse Unzulänglichkeiten wie begrenzte Lagerfähigkeit, geringe Zähigkeit, langwierige mehrstufige Verarbeitungsprozesse und Feuchteempfindlichkeit nicht beseitigen. Ausreichende Zähigkeit und geringer Zeitaufwand für die Fertigung sind jedoch wichtige Voraussetzungen in vielen Einsatzbereichen.

Die ständige Suche nach verbesserten Matrixharzen hat in neuerer Zeit zu temperaturbeständigen Thermoplasten geführt, die sowohl von den Werkstoffeigenschaften her als auch bezüglich ihrer Verarbeitbarkeit in gewissen Bereichen Vorteile bieten. Ein wesentliches Charakteristikum der Thermoplaste ist, daß sie voll polymerisiert geliefert werden. Sie müssen folglich während ihrer Verarbeitung erweicht und in beheizbaren Formwerkzeugen umgeformt werden. Je nach der Harzformulierung sind dafür Temperaturen von 300 - 400 °C und Drücke von 3 - 10 bar nötig. Neben guten mechanischen Eigenschaften sind Temperaturbeständigkeiten bis 250 °C und eine geringe Oxidationsempfindlichkeit hervorzuheben. Mit den jetzigen Formulierungen ist das Potential der Thermoplaste als Konstruktionswerkstoff für hochbelastbare Verbundbauteile längst nicht ausgeschöpft. Angestrebte Verbesserungen erstrecken sich vor allem auf

- weitere Steigerung der Temperaturbeständigkeit,
- verbesserte mechanische Eigenschaften,
- höhere Resistenz gegenüber Umgebungseinflüssen und
- einfachere und kostengünstigere Verarbeitung.

Eigenschaften	Poly-carbonat	Poly-sulfon	Poly-acrylat	Polyamid-imid	Polyphenylensulfid	Polyetheretherketon
Wärmestandfestigkeit, °C	133	175	174	274	137	148
Zugmodul, MPa	50,3	52,5	42,3	106,4	70,0	-
Zugfestigkeit, MPa	1,31	1,49	1,53	3,92	1,57	2,04
Bruchdehnung, %	6,8	50-100	8	12	1,3	150
Biegemodul, MPa	49,6	56,9	-	96,8	96,2	82,4
Biegefestigkeit, MPa	1,97	2,25	1,60	4,48	2,92	-
Druckfestigkeit, MPa	1,82	-	1,88	5,83	2,33	-
Dichte, g/cm³	1,2	1,2	1,2	1,4	1,3	-

Quelle: Herstellerangaben

Bild 3.4. Eigenschaften typischer Matrixharze

In der Luft- und Raumfahrt ist das Kriterium bei der Entwicklung thermoplastischer Matrixharze ein in der Summe der Eigenschaften hohes Leistungsniveau, wobei eine Temperaturbeständigkeit vorausgesetzt wird, die der von Epoxidharzen entspricht oder ihnen überlegen ist. Dieses Kriterium grenzt die Wahl der in Frage kommenden und relativ teuren Thermoplaste stark ein. Polyetheretherketon (PEEK), Polyphenylensulfid (PPS) oder Polyetherimid (PEI) sind gebräuchliche Harzsysteme, die auch in Form von Gelege- oder Gewebeprepregs lieferbar sind, und deren mechanische und thermische Kenndaten aus Bild 3.4 hervorgehen. Polysulfon (PSU) und Polyphenylensulfon (PPSU) sind zwar wärmebeständig, ihre mechanischen Eigenschaften und ihre Chemikalienbeständigkeit werden jedoch als unzureichend betrachtet [3.7, 3.8, 3.9].

In bezug auf ihre mechanischen Eigenschaften sind die teils amorphen, teils teilkristallinen Thermoplaste den Hochleistungsepoxidharzen in den meisten Belangen vergleichbar. Ihre Druckfestigkeit ist ein wenig geringer, dafür aber zeichnen sie sich durch ihre bessere Bruchdehnung und Feuchteresistenz aus. Die überlegene Bruchdehnung der Thermoplaste kommt auch in der guten Schlagzähigkeit daraus gefertigter Verbundbauteile zum Tragen. Die Forderung nach hoher Beständigkeit gegenüber Umwelteinflüssen favorisiert den Gebrauch teilkristalliner Thermoplaste, da die amorphen Systeme nur begrenzte Lösungsmittelresistenz haben.

3.4 Andere Matrixwerkstoffe

Der Großteil der gebräuchlichen Matrixwerkstoffe ist polymeren Ursprungs mit begrenzter Temperaturbeständigkeit. Für über diese Grenzen hinausgehende Anforderungen kommen metallische, gläserne, keramische und Matrizen aus Kohlenstoff in Betracht [3.10].

Metallische Matrixwerkstoffe zeichnen sich neben ihren generell guten mechanischen Eigenschaften durch einfache Formgebung und einfache Verbindungsmöglichkeit aus. Dazu treten hohe Duktilität, Korrosionsbeständigkeit und geringer Festigkeits- und Steifigkeitsabfall bei erhöhten Temperaturen. Mit Bor-, Kohlenstoff-, Siliziumkarbid- oder Aluminiumoxidfasern verstärkte Aluminium- und Titanmatrizen haben sich bei Betriebstemperaturen bewährt, die beträchtlich über denen der unverstärkten Metalle liegen. So sind mit Aluminiummatrizen Betriebstemperaturen um 300 °C und mit Ti-6Al-4V-Matrizen solche um 650 °C erreichbar. Noch in der Entwicklung befindliche NiAl- und TiAl-Matrizen haben eine darüber hinausgehende Temperaturbeständigkeit. Voraussetzung für ein gutes Leistungsprofil ist in allen Fällen eine ausreichende Faser/Matrix-Haftung.

Mit Kohlenstoff- oder Siliziumkarbidfasern verstärkte *Glasmatrizen* aus Borsilikaten entwickeln bei Raumtemperaturen zwar nur etwa 2/3 der Festigkeit und Steifigkeit ähnlich verstärkter Polymermatrizen, behalten diese Werte aber bis mindestens 500 °C bei. Aus Alumino- oder Lithium/Alumino-Silikaten bestehende Glasmatrizen sind sogar bis 1100 °C belastungsfähig.

Im Vergleich zu Metallen und Gläsern haben *keramische Matrizen* bei einer Temperaturbeständigkeit bis 1400 °C hohe chemische Stabilität und nur geringe Wärmeleitung und Wärmedehnung. Ihr großer Nachteil ist ihre außerordentlich geringe Bruchdehnung, die nur zum Teil durch Faserverstärkungen aus Siliziumkarbid oder Kohlenstoff verbessert werden kann. Die Suche nach geeigneten Matrixausgangsstoffen konzentriert sich im wesentlichen auf Siliziumkarbid- und Siliziumnitridverbindungen, die sich durch besonders hohe thermische Oxidationsbeständigkeit auszeichnen.

Als Ausgangsmaterial für *Kohlenstoffmatrizen* kommen Polymere, Pech und Ethan- bzw. Methangas zur Verwendung, die durch geeignete Prozesse in Kohlenstoff überführt werden. Die Verstärkung solcher Matrizen erfolgt in der Regel mit Kohlenstoffasern. Die Eigenschaften der Verbunde hängen von der Art des Matrixausgangsmaterials und der Methode seiner Verdichtung ab. Die thermische Oxidationsresistenz kann durch eine Vorbehandlung der Fasern und des Matrixwerkstoffes und durch eine Beschichtung der Laminatoberflächen mit Siliziumkarbid so verbessert werden, daß eine Temperaturbeständigkeit von 1200 °C auch über längere Zeiträume erreichbar ist. Betriebstemperaturen von kurzer Dauer über 2000 °C hinaus sind des öfteren demonstriert worden.

4 Fasern und Matrix im Verbund

Die in der Praxis gebräuchlichsten Faser/Matrix-Verbunde sind mit Langfasern verstärkte Laminate. Sie bestehen aus einer Anzahl von Einzelschichten, die mit vorgegebenen Faserwinkeln miteinander verbunden werden. Eine solche Einzelschicht wird alternativ als Lage oder Lamina und der Prozeß ihres Zusammenfügens als Laminieren bezeichnet. Weit verbreitet ist auch die Verwendung von Einzelschichten mit in ihrer Ebene liegenden Kurzfasern. Abgesehen von den Laminierverfahren ist der Gebrauch von Kurzfasern in Preßmassen möglich, wobei gerichtete oder ungerichtete zwei- oder dreidirektionale Faseranordnungen als Verstärkungen in flächigen oder räumlichen Bauteilen zum Einsatz kommen.

Für mit Glas-, Aramid- oder Kohlenstoffasern verstärkte Kunststoffe sind die Abkürzungen GFK, AFK und CFK üblich. In der letzteren wird aus normungstechnischen Gründen Kohlenstoff mit seinem chemischen Symbol C bezeichnet.

4.1 Lieferformen der Vorprodukte

Die für die Fertigung von Laminaten erforderlichen Vorprodukte werden in verschiedenen Formen geliefert. Die Verstärkungsfasern sind als aufgespulte Langfasern oder als gehäckselte Kurzfasern sowie als Vliese, Matten, Gewebe, Gestricke, Geflechte oder Gelege erhältlich. Bild 4.1 zeigt einige bekannte Verstärkungsformen auf Langfaserbasis. In allen Fällen besteht die Möglichkeit, verschiedene Faserarten miteinander zu vermischen.

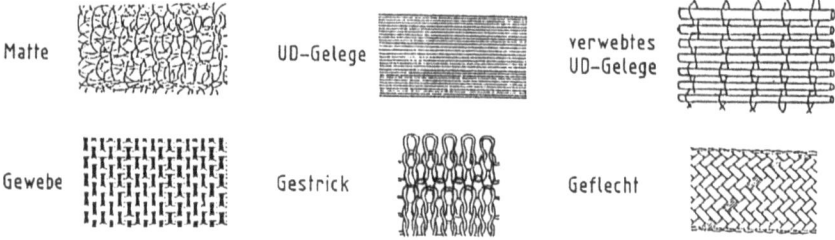

Bild 4.1. Lieferformen der Langfasern

Vliese und *Matten* werden mit ungerichteten oder prozentual gerichteten Lang- oder Kurzfasern gefertigt, die durch Steppen verbunden oder durch Bindemittel miteinander verklebt sind. Der verwendete Binder muß mit dem später einzubringenden Imprägnierharz verträglich sein.

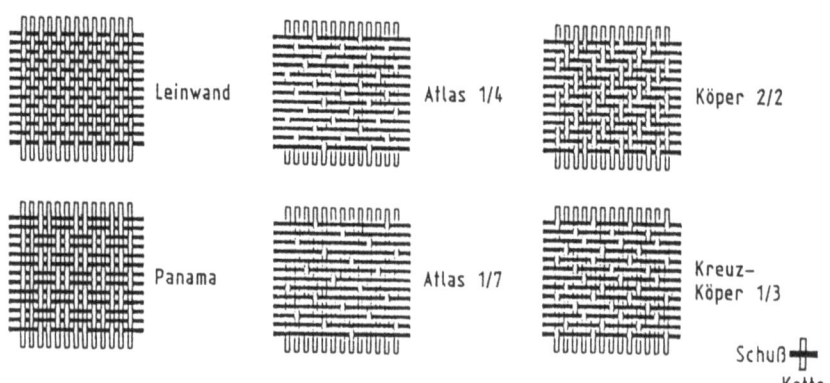

Bild 4.2. Standard-Gewebearten

Gewebe werden auf modifizierten Webstühlen mit verschiedenen Dicken, Breiten, Flächengewichten und Webarten hergestellt. Die Leinwandbindung (taft) ist die einfachste Grundbindung mit abwechselnd unter- und übereinanderliegenden Kett- und Schußfäden. Diese Webart ist preisgünstig, hat aber nur mittelmäßige mechanische Eigenschaften. Bei Köperbindungen (crowfoot) flottieren die Garne über zwei oder mehrere sich kreuzende Fäden derart, daß eine diagonale Verschiebung der Verkreuzungen entsteht. Dies bedeutet weniger ausgeprägte Krümmungen der Fasern und damit bessere Festigkeit und Steifigkeit des Laminats sowie gute Verformbarkeit und Drapierfähigkeit der Gewebe. Mehrere Gewebearten, unter denen die Atlasgewebe (satin) die höchsten Streckungsgrade aufweisen, sind in Bild 4.2 erkennbar. Auch dicke unidirektionale Faserbündel, die durch wenige Quergarne zusammengehalten werden, gelten als Gewebe.

Gestricke werden auf abgewandelten Flach- oder Rundstrickautomaten hergestellt. Der Vorteil der Maschenware gegenüber den Geweben liegt in ihrer sphärischen Verformbarkeit bei der Ablage auf den Formwerkzeugen.

Eine dritte Textiltechnik ist das Flechten von Faserbündeln, das sich als besonders praktisch für rohrförmige Bauteile erweist. *Geflechte* entstehen, wenn die Faserbündel nach dem Prinzip des Maibaumflechtens in Form einer Spirale mit abwechselnd geändertem Drehsinn gewunden werden, die untereinander ähnlich wie die Faserbündel in Geweben verbunden werden.

Unidirektionale *Gelege* mit definierter Breite und Dicke werden aus einer exakt gesteuerten Vielzahl von Einzelrovings vorgebildet und sofort imprägniert. Der Vorteil der UD-Gelege gegenüber den Geweben, Gestricken oder Geflechten liegt in der gestreckten Ausrichtung kontinuierlicher Fasern im Bauteil, die wesentlich bessere Festigkeitswerte aufweisen. Die Vorprodukte bestehen meist aus nur einer Faserart, möglich sind aber auch definierte Gemische aus Glas-, Aramid- und Kohlenstofffasern.

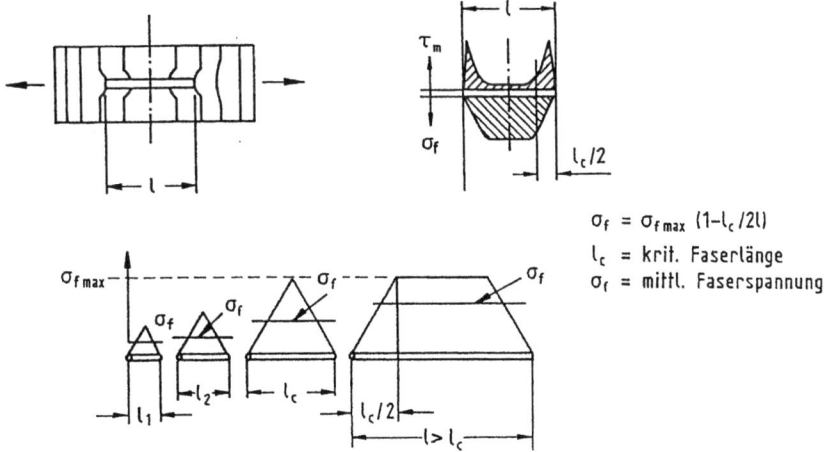

$\sigma_f = \sigma_{f\,max}\,(1 - l_c/2l)$
l_c = krit. Faserlänge
σ_f = mittl. Faserspannung

Bild 4.3. Mindestlängen der Kurzfasern

Im Gegensatz zu Langfasern wird bei **Kurzfasern** der Kraftfluß ständig unterbrochen und muß durch Schubübertragung jeweils wieder in die Fasern eingeleitet werden. Je kürzer die Faserlänge ist, um so niedriger wird die realisierbare Faserspannung und damit die Tragfähigkeit des Verbundes. Die für eine effiziente Ausnutzung erforderliche Fasermindestlänge wird als kritische Länge l_c bezeichnet (Bild 4.3). Sie kann mit elastischen oder elastoplastischen Matrixstoffgesetzen errechnet werden.

Parallel zu den Fasern müssen die Komponenten des Matrixwerkstoffes beschafft werden, die getrennt als Harze, Härter und Zuschlagstoffe geliefert und vom Verbraucher vor Beginn der Fertigung in vorgegebenen Proportionen vermischt werden.

Alternativ sind Fasern und Matrixwerkstoffe auch als **Prepregs** in Form von Bändern, Gelegen oder Geweben erhältlich. Der Ausdruck Prepreg ist eine Kurzform des englischen Begriffs "preimpregnated sheet material". Bei der Herstellung von Prepregs mit duromerer Matrix werden unterschiedlich breite Gelege- oder Gewebebahnen entschlichtet, mit einem Haftvermittler versehen und dann durch eine Tränkwanne geführt, die die Matrixkomponenten in gelöster Form enthält. Nach dem Abwalzen des Harzüberschusses werden die Lösungsmittel in Trockenkammern entfernt und die getränkten Faserbahnen durch Zufuhr von Energie von ihrem Ausgangszustand (A-stage) mit niedriger bis mittlerer Viskosität in einen Zustand mittlerer bis hoher Viskosität (B-stage) überführt. Dabei wird aus dem fast flüssigen bis schwach klebrigen Harz ein stark klebriges bis fast trockenes Harz, das sich aber noch im reaktiven Zustand befindet. Der B-Zustand umfaßt einen weiten Bereich, so daß die Einstellung des Harzsystems den Weiterverarbeitungsbedingungen angepaßt werden kann. Bild 4.4 zeigt den Querschnitt eines Prepregs, das - beidseitig durch Schutzfilme abgedeckt - in verschiedenen Abmessungen lieferbar ist.

Durch die Umwandlung in den B-Zustand lassen sich Prepregs mühelos transportieren und verarbeiten. Sie müssen jedoch tiefgekühlt gelagert werden, um die kontinuierlich fortschreitende Härtung zu verlangsamen. Die Haltbarkeitsdauer ist somit begrenzt; sie liegt normalerweise unter einem Jahr. Je nach Art der Prepregs kann die zur Überführung der noch niedermolekularen und schmelzbaren Harze in den hochmolekularen und unschmelzbaren C-Zustand notwendige Aushärtungszeit zwischen Stundenbruchteilen und mehreren Stunden liegen.

Die wesentlichen Vorteile der Prepregs liegen in ihrem chemisch optimierten Ausgangszustand und ihrer einfachen Handhabung, die sich durch leichten Zuschnitt, Haftung (tacking) bei der Ablage und durch das Vermeiden von Hautkontakt ergibt. Problematisch dagegen können mögliche Faserwelligkeiten beim Auf- und Abspulen, Quell- und Schrumpfbewegungen der Schutzfilme und das Verbleiben von Filmresten in den Laminaten sein.

Querschnitt durch eine Prepreg-Lage

Dicke: Gelege: 0,02 - 0,25mm, Gewebe: 0,15 - 2,00mm

Breite: 75 - 600mm

Länge: bis 250m, auf Spulen gewickelt

Matrixgehalt: 34 - 37% warmhärtendes Harz-Härtergemisch

Bild 4.4. Aufbau eines Prepregs

4.2 Auswahlkriterien

Welche Arten und Lieferformen von Fasern und Matrixwerkstoffen für einen bestimmten Anwendungsfall zu wählen sind, hängt ab

- von den angestrebten Eigenschaften des Fertigteils unter Berücksichtigung der auftretenden Beanspruchungen,
- vom vorgesehenen Verarbeitungsverfahren und
- von den wirtschaftlichen Gegebenheiten.

Allgemeingültige Regeln für eine geeignete Materialwahl lassen sich wegen der Vielzahl der Möglichkeiten kaum aufstellen, so daß der jeweilige Einzelfall einer kritischen Betrachtung bedarf. Im Vordergrund steht dabei meist die Forderung nach möglichst hohen mechanischen und thermischen Leistungsprofilen.

Aus den Spannungs/Dehnungs-Beziehungen der Komponenten eines typischen mit Langfasern verstärkten Epoxidharzes in Bild 4.5 geht hervor, daß sich die Fasern bis zum Bruch linear-elastisch verhalten. Das Dehnungsverhalten der Matrix ist dagegen nicht-linear und die Bruchdehnung selbst ist beträchtlich größer als die der Fasern. Das heißt nicht, daß ein Faser/Matrix-Verbund bis an die Grenze der Faserbruchdehnung belastbar ist, denn die Matrix erreicht durch Vorspannungen, lokale Spannungskonzentrationen und ihren geringen Volumenanteil im Laminat schon früh ihre Dehngrenze, wobei Schäden durch Ablösungen und Rißbildungen auftreten. Die Dimensionierungswerte für einen Faser/Matrix-Verbund liegen daher weit unter der Faserbruchdehnung. Das Betreben muß folglich dahin gehen, den Erfordernissen der Fasern angepaßte Matrixwerkstoffe zu verarbeiten, die neben guten mechanischen Eigenschaften ein möglichst hohes Maß an Duktilität aufweisen. Darüber hinaus muß die Forderung nach Resistenz gegenüber Umgebungseinflüssen gestellt werden.

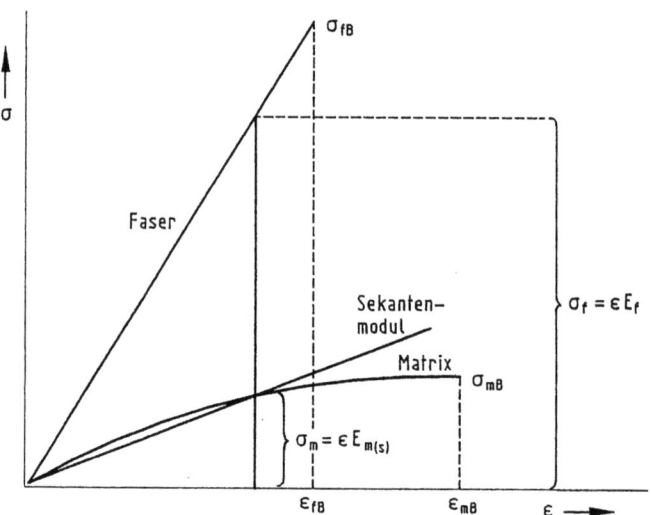

Bild 4.5. Spannungs/Dehnungs-Beziehungen zwischen Fasern und Matrix

4.3 Laminataufbauten

Der Hauptvorteil laminierter Verbundstrukturen liegt darin, daß die Einzelschichten beliebig orientiert werden können. Damit besteht die Möglichkeit, die Richtungen der Fasern den Kraftrichtungen anzugleichen, beziehungsweise Fasern dort einzusparen, wo keine oder nur geringe Kräfte wirken. Abhängig von den Faserrichtungen der Schichten lassen sich Laminate unterteilen in

- unidirektionale Laminate, in denen alle Fasern die gleiche Richtung haben, die entweder mit der Hauptrichtung des Laminats übereinstimmt (on-axis laminates) oder nicht übereinstimmt (off-axis laminates),
- bidirektionale Laminate mit frei wählbaren $\pm\alpha$-Anordnungen (angle-plied laminates) und
- multidirektionale Laminate mit Schichtanordnungen in beliebigen Richtungen.

In bezug auf die Schichtenanordnung unterscheidet man weiter zwischen

- symmetrisch aufgebauten Laminaten, in denen die Faserrichtungen oberhalb und unterhalb der Laminatmittelfläche korrespondieren,
- ausgewogen aufgebauten Laminaten, in denen jeder Einzelschicht mit dem Winkel $+\alpha$ eine andere Einzelschicht mit dem Winkel $-\alpha$ zugeordnet ist (bei $\alpha = 0°$ und $\alpha = 90°$ entfällt diese Forderung) und
- Kombinationen aus beiden Merkmalen.

Um die Fertigung eines Laminats mit einer vorgegebenen Geometrie zu ermöglichen, muß der Aufbau des Laminats eindeutig beschrieben werden. Dazu gehört neben der Faserrichtung auch die Angabe der Position jeder Einzelschicht in Dickenrichtung des Laminats. Die Sequenz der Schichtenfolge wird üblicherweise zwischen eckige Klammern geschrieben, beginnend mit dem Winkel der Einzelschicht, die als erste abgelegt werden soll. Bei übereinander liegenden Schichten mit der gleichen Faserrichtung wird der Winkel mit einem Index versehen, der die Anzahl solcher Schichten angibt. Benachbarte Schichten mit unterschiedlichen Richtungen werden durch einen Strich oder durch ein Komma getrennt. Ein Index t hinter der schließenden Klammer zeigt an, daß der gesamte Aufbau angegeben ist, während ein Index s einen symmetrischen Aufbau markiert, der nur zur Hälfte dargestellt und spiegelbildlich zu ergänzen ist. Ein Index ns bedeutet, daß das Spiegeln an den jeweiligen Symmetrieebenen n mal erfolgen soll. In symmetrischen Laminaten mit nur einer mittig liegenden 0°- oder 90°-Einzelschicht wird diese mit einem Querstrich versehen.

4.4 Mischungsregeln

Laminate bestehen aus Fasern und Matrixwerkstoffen, die in bezug auf Volumenanteile, Festigkeit und Steifigkeit in einem bestimmten Verhältnis zueinander stehen. Diese Beziehungen lassen sich über sogenannte Mischungsregeln quantifizieren [4.1].

Unter der Voraussetzung intakter Faser/Matrix-Grenzflächen sind die Längsdehnungen ε_x der Fasern und der Matrix an jeder Stelle eines Laminats gleich. Das gilt nicht für die Spannungen, die in der Form

$$\sigma_x = \frac{P}{A}$$

mit P als Längskraft und A als Laminatquerschnitt Durchschnittsspannungen sind. Eine präzise Darstellung der Spannungen ergibt sich aus

$$\sigma_f = E_f \varepsilon_x \quad und \quad \sigma_m = E_m \varepsilon_x$$

worin die Indices f und m Fasern und Matrix kennzeichnen. Da aber

$$P = \sigma_f A_f + \sigma_m A_m$$

ist, folgt

$$\sigma_x A = E_f \varepsilon_x A_f + E_m \varepsilon_x A_m$$

oder

$$E_x A = E_f A_f + E_m A_m$$

mit E_x als effektivem Elastizitätsmodul des Querschnitts.

Die Einführung der Begriffe Faservolumenanteil und Matrixvolumenanteil

$$V_f = \frac{A_f}{A} \quad \text{und} \quad V_m = \frac{A_m}{A}$$

und ihre Substitution führt auf

$$E_x = E_f V_f + E_m V_m .$$

Mit $V_m = (1 - V_f)$ erhält man schließlich eine Beziehung zwischen dem effektiven Elastizitätsmodul und dem Faservolumenanteil

$$E_x = E_f V_f + E_m (1 - V_f) .$$

Der theoretisch erreichbare Faservolumenanteil ist bei kreisrunden Fasern $V_f = \pi / 2\sqrt{3} \sim 0{,}91$. Realisierbar sind mit Strangzieh- oder Wickelverfahren Werte von $V_f \sim 0{,}80$, während bei Prepregverfahren der Faservolumenanteil normalerweise $V_f \sim 0{,}60 - 0{,}65$ beträgt. Da bei faserverstärkten Harzsystemen das Verhältnis E_f / E_m zwischen *10* und *100* liegt, kann der Elastizitätsmodul eines unidirektionalen Laminats E_x den Wert *0,9* E_f nicht übersteigen.

Auf ähnliche Weise lassen sich die Beziehungen

$$\frac{1}{E_y} = \frac{V_f}{E_f} + \frac{V_m}{E_m} \quad , \quad \frac{1}{G_{xy}} = \frac{V_f}{G_f} + \frac{V_m}{G_m}$$

und

$$\upsilon_{xy} = V_f \upsilon_f + V_m \upsilon_m$$

ableiten.

Die obigen Grundgleichungen sind im Laufe der Zeit durch Modifikationen und Ergänzungen besonderen Bedürfnissen angepaßt worden.

5 Eigenschaften von Laminaten mit duromeren Matrizen

Die Anwendung von Werkstoffen jeder Art setzt die Kenntnis ihrer mechanischen Eigenschaften voraus, die als materialabhängige Parameter experimentell ermittelt werden müssen. Bei Faserverbunden mit polymeren Matrizen ist der Aufwand dafür hoch, weil die benötigten Kennwerte umfangreich sind. So müssen zur Bestimmung des Laminatverhaltens zahlreiche Versuche bei tiefen und hohen Temperaturen, in trockener und feuchter Atmosphäre und unter statischen und dynamischen Belastungen durchgeführt werden, wobei sich der Umfang der Untersuchungen nach dem Verwendungszweck des zu dimensionierenden Bauteils richtet. Im Interesse konsistenter Aussagen bedient man sich dazu standardisierter Testverfahren.

5.1 Testverfahren

Mechanische Prüfungen von Laminaten können unter verschiedenen Belastungsarten durchgeführt werden. Die folgenden Ausführungen beschränken sich auf die Bestimmung der mechanischen Eigenschaften von Gelege- und Gewebelaminaten, die Zug-, Druck- und Schubbelastungen in der Laminatebene ausgesetzt sind. Dafür verwendete Probestabformen und Testvorrichtungen gehen aus Bild 5.1 hervor. Die bei solchen Versuchen registrierbaren Meßgrößen sind die Bruchspannungen, Bruchdehnungen, Elastizitätsmoduln und Querkontraktionen [5.1].

Der Großteil aller *Zugprüfungen* erfolgt nach Richtlinien, in denen die Ermittlung sowohl statischer als auch dynamischer Eigenschaften niedergelegt ist. Bild 5.1a zeigt einen typischen Probestab mit Aufleimern an beiden Enden, der für unidirektionale und multidirektionale Laminate verwendet werden kann.

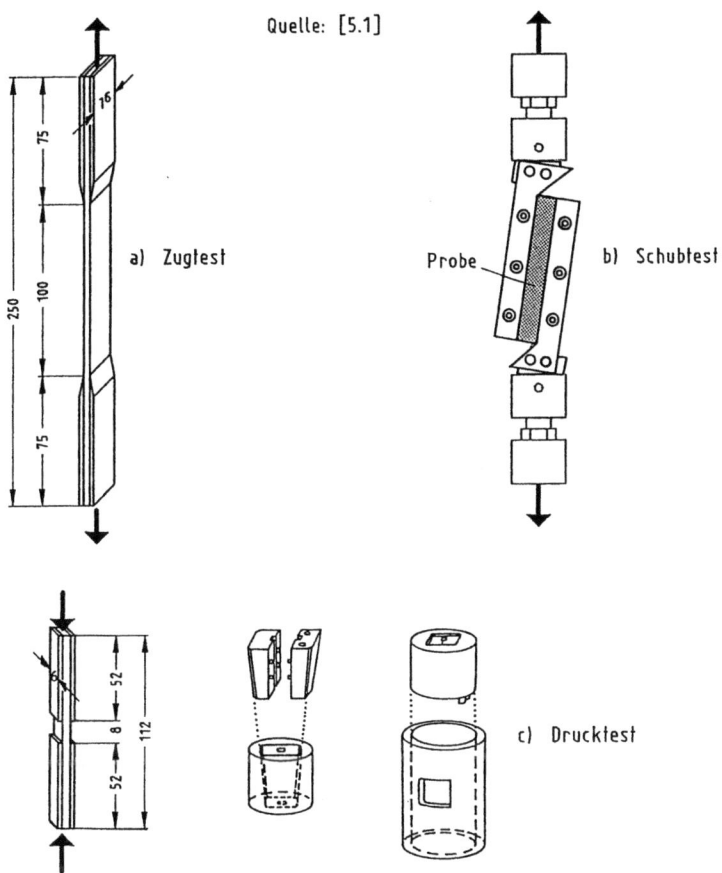

Bild 5.1. Probeformen und Testvorrichtungen für Laminate

Prüfungen zur präzisen Ermittlung der *Schubeigenschaften* eines Laminats sind außerordentlich schwierig. Üblicherweise werden sie durch Zugversuche ersetzt, die brauchbare Näherungen liefern. Dafür sollten Gelege- oder Gewebeproben mit ±45°-Laminataufbau bevorzugt werden, aus denen sich der Gleitmodul und eine angenäherte Schubbruchspannung ableiten lassen. Die in Bild 5.1b dargestellte "rail shear"-Testmethode wertet zum Beispiel die Koppelbeziehungen zwischen Zug-

und Schubbeanspruchung aus. Sie kann auch mit unidirektionalen Laminaten erfolgen, bei denen die Richtung der Fasern um einen kleinen Winkel von der Zugachse abweicht, oder mit ±45°-Gewebelaminaten.

Druckprüfungen sind notwendig, weil im Gegensatz zu zahlreichen anderen Werkstoffen die Druckeigenschaften der Faserverbundwerkstoffe gegenüber ihren Zugeigenschaften sehr unterschiedlich sein können. Die Durchführung ist auf Grund der Knickgefahr der Proben nicht einfach. Verschiedene Prüfvorrichtungen, in denen die Probe mit Hilfe von Knickstützen möglichst reibungslos geführt wird, sind verfügbar. Für Proben mit sehr kurzen Testfeldern kommt die in Bild 5.1c gezeigte ASTM-Prüfmethode zur Anwendung. Analog zu den Zugversuchen werden Druckversuche mit 0°- und 90°-Laminaten sowie mit multidirektionalen Laminaten mit und ohne Aufleimer durchgeführt.

5.2 Statische Festigkeit

Die mechanischen Eigenschaften faserverstärkter Laminate sind von vielen Parametern abhängig. Dazu zählen die Art der verwendeten Fasern und Matrixwerkstoffe, der volumetrische Faseranteil, der Aufbau des Laminats und der Einfluß der Umgebungsbedingungen. Die mechanischen Eigenschaften unidirektionaler oder einfacher Kreuz- und Winkelverbände sind weitgehend bekannt und in Bild 5.2 beispielsweise für ein BSL 914/T300-Material zusammengestellt.

Die Bestimmung der Laminateigenschaften auf experimentellem Wege ist immer möglich und besonders dann angebracht, wenn nur wenige unterschiedliche Laminatkonfigurationen vorliegen. Bei komplexeren Entwürfen, in denen die Laminataufbauten den Gegebenheiten angepaßt und optimiert werden müssen, ist dieses Vorgehen jedoch aus wirtschaftlichen und zeitlichen Gründen zu aufwendig. Daraus folgt das Bestreben, für die Bestimmung der Kenngrößen multidirektionaler Laminate mit beliebigem Aufbau andere Wege zu finden [5.2].

Ein solcher Weg beginnt mit der Reduzierung der Anzahl zulässiger Faserrichtungen. Die Beschränkung auf Laminate vom Typ $[0°_i, \pm 45°_j, 90°_k]_{ns}$ mit i, j und k als Prozentsätzen beinhaltet bei genügend großen Schichtanzahlen keine wesentliche Einbuße an Festigkeit oder Steifigkeit. Die Wahl dieser Winkel bietet sich ohnehin aus Fertigungsgründen an, zumal dann, wenn mit Geweben gearbeitet wird.

Eigenschaften	Einheit	Harzsystem BSL 914	Laminate 0°	90°	0/90°	±45°
Faservolumenanteil	Vol %	0	60	60	60	60
Dichte	g/cm^3	1,2 - 1,3	1,5	1,5	1,5	1,5
Zugfestigkeit	N/mm^2	60 - 80	1600	60	700	180
Elastizitätsmodul (Zug)	kN/mm^2	3,5	130	9	70	23
Biegefestigkeit	N/mm^2	80 - 120	1700	100	600	-
Elastizitätsmodul (Biegung)	kN/mm^2	3,5	120	9,5	60	-
Interlaminare Schubfestigkeit	N/mm^2	-	90	10	40	-
Druckfestigkeit	N/mm^2	90	1200	220	700	180
Elastizitätsmodul (Druck)	kN/mm^2	3,5	130	9	70	23
Schubfestigkeit	N/mm^2	35	90	90	-	-
Schubmodul	kN/mm^2	1,3	5 - 6	5 - 6	5 - 6	30 - 35
Bruchdehnung	%	-	1,1	0,6	1,0	5 - 6
Wärmedehnungskoeffizient	10^{-6}/K	40 - 60	-0,5 - 0	30 - 50	0,8 - 2,0	3 - 5

Quelle: [1.2]

Bild 5.2. Eigenschaften eines kohlenstoffaserverstärkten Kunststoffs

Die Auswertung einer begrenzten Anzahl von Testergebnissen von unterschiedlich aufgebauten [0°$_i$, ±45°$_j$, 90°$_k$]$_{ns}$-Laminaten erlaubt Rückschlüsse auf die mechanischen Eigenschaften beliebig geschichteter Laminate dieser Art. Dazu werden die Testergebnisse durch Inter- und Extrapolationen zu Liniendiagrammen (carpet plots) erweitert, aus denen Bruchfestigkeiten, Steifigkeiten und andere gemessene Eigenschaften als Funktionen der Laminatzusammensetzung ersichtlich sind. Ein typisches Liniendiagramm zeigt Bild 5.3, aus dem zum Beispiel die Zugfestigkeit eines [0°$_{50\%}$, ±45°$_{20\%}$, 90°$_{30\%}$]$_{ns}$-Laminats mit rund 900 MPa ablesbar ist. Die Zuverlässigkeit solcher Daten steigt mit der Anzahl der Testergebnisse; sie bleibt jedoch gewissen Einschränkungen unterworfen, so daß die Diagramme vorwiegend in der Vorentwurfsphase gebraucht werden. Die Kenngrößen der im Detailentwurf als kritisch erkannten Laminate verlangen letztlich ihre experimentelle Bestätigung.

Eine andere Möglichkeit der Voraussage liegt in der rechnerischen Synthese des Verhaltens beliebig geschichteter Laminate über experimentell zu bestimmende Kenngrößen typischer Einzelschichten. Ein Vergleich der mittels der Schichtentheorie berechneten Spannungs- oder Dehnungsverteilungen in den Einzelschichten eines Laminats mit empirisch bestimmten Bruchspannungen und Bruchdehnungen erlaubt sowohl die Voraussage des sukzessiven Versagens der Einzelschichten als auch die der Bruchlast des Laminats.

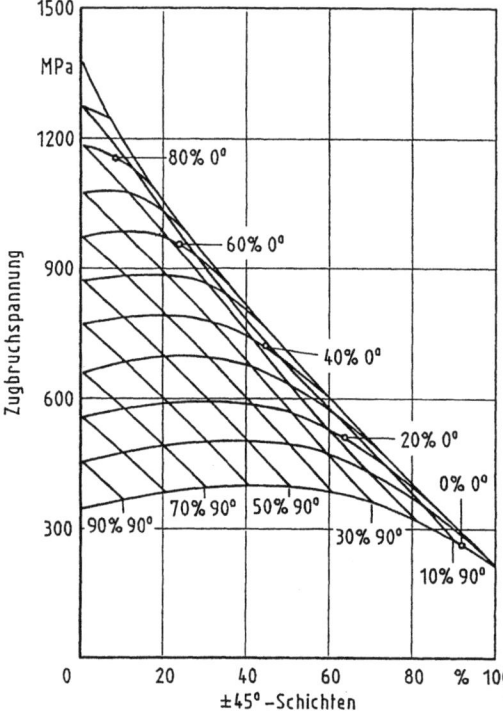

Bild 5.3. Typisches Liniendiagramm

5.3 Schwingfestigkeit

Während bei statischen Belastungen das Festigkeits- und Steifigkeitsverhalten multidirektionaler Laminate zumindest annähernd voraussagbar ist, entfällt diese Möglichkeit bei schwingender Belastung zur Zeit völlig. Voraussagbar sind allenfalls pauschale Verhaltensweisen auf Grund experimentell gewonnener Erkenntnisse.

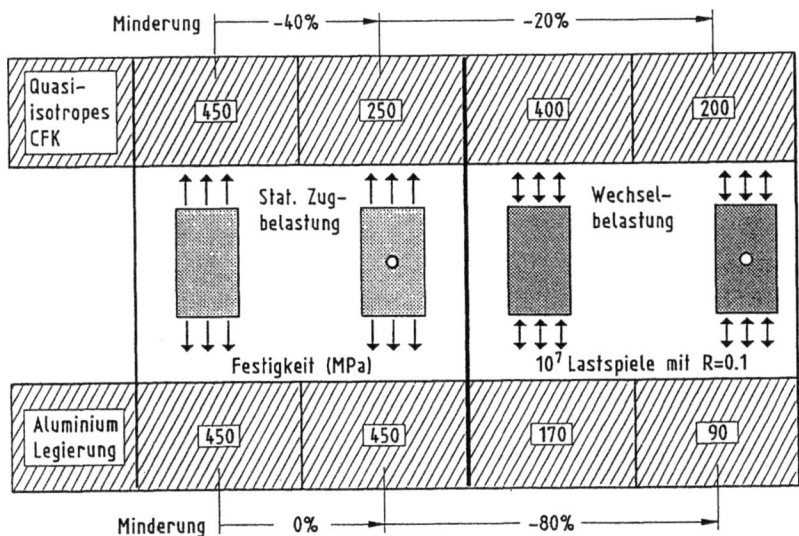

Bild 5.4. Festigkeitsvergleich von CFK und Aluminium

Zu diesen Erkenntnissen gehört in erster Linie, daß Kohlenstoffasern als tragendes Element der Laminate im besten Sinne des Wortes nicht ermüdbar sind, und daß das Bruchphänomen letztlich immer auf ein Versagen der Matrix oder der Faser/Matrix-Bindung zurückführbar ist. Darin liegt die Erklärung dafür, daß die Schwingfestigkeiten von CFK-Laminaten denen von Metallen weit überlegen sind. Bild 5.4 zeigt als Beispiel einen Vergleich der statischen Festigkeit und der Schwingfestigkeit von glatten und gelochten Proben eines quasi-isotropen CFK-Laminats und einer Aluminiumlegierung. Das frühzeitige Versagen des gelochten CFK-Laminats bei statischer Bruchbelastung ist auf lokal begrenzte Spannungskonzentrationen am Lochrand zurückzuführen, die bei Anwesenheit von 0°-Schichten höher sind als in metallischen Werkstoffen. Andererseits sind die Schwingfestigkeiten sowohl glatter als auch gelochter CFK-Laminate erheblich besser, weil - bei unterhalb der Bruchspannung liegenden Spannungsniveaus - Schädigungsmuster in Form von Matrixrissen, Mikrodelaminationen und Faserbrüchen die Spannungsspitzen umverteilen und damit die Lebensdauer eines Laminats erheblich verlängern. Mit anderen Worten: die Bruchenergie von CFK-Laminaten ist weit höher als die von Metallen, in denen normalerweise die Ausbreitung eines einzigen Risses zum Versagen führt. Diese Bruchenergie wird an vielen Stellen eines Laminats dissipiert, deren stochastische Verteilung von Fall zu Fall ein anderes Bruchbild erzeugt. Es kann also nicht überraschen, daß Testergebnisse an CFK-Laminaten - allerdings auf einem hohen Festigkeitsniveau - mit erheblichen Streuungen behaftet sind.

Die bei praktischen Anwendungen bevorzugten Laminate mit orthotropem Aufbau erweisen sich als weit schwingfester als das in Bild 5.4 gezeigte quasi-isotrope Laminat. Die Überlegenheit von "faserdominierten" Laminaten, in denen die 0°-Schichten überwiegen, im Vergleich zu einem "matrix-dominierten" ±45°-Laminat, in dem in erster Linie die Matrix beansprucht wird, ist in der Tat frappierend (Bild 5.5).

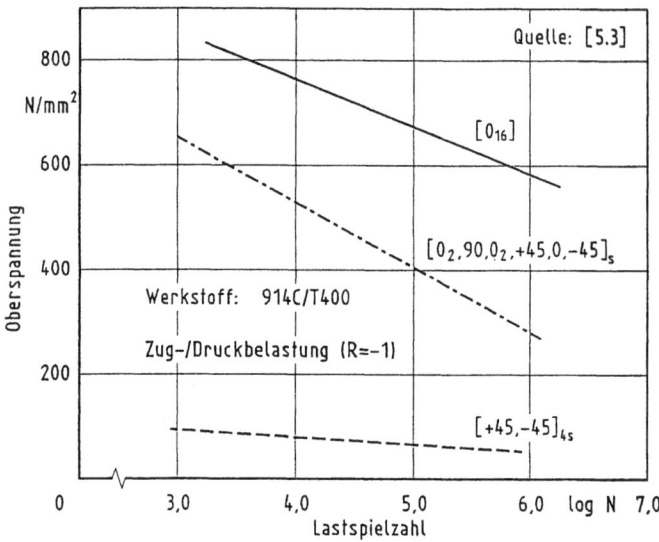

Bild 5.5. Schwingfestigkeit verschiedener Laminatkonfigurationen

Abgesehen vom Laminataufbau wird die Schwingfestigkeit multidirektionaler Laminate erheblich von der Art der Belastung beeinflußt. Bei zu hoher Frequenz der Lastspiele besteht die Gefahr eines Temperaturanstiegs durch viskoelastische Effekte im Inneren des Laminats, so daß bei Schwingfestigkeitsprüfungen eine den tatsächlichen Gegebenheiten angepaßte Testfrequenz benutzt werden muß. In bezug auf die Belastungsrichtung reagieren CFK-Laminate im Gegensatz zu Metallen, deren kritische Schwingbelastung im Zugschwellbereich liegt (z.B. R = 0,1), empfindlicher im Druckschwellbereich (z.B. R = 10) und am empfindlichsten unter Wechselbelastung (z.B. R = -1), wie Bild 5.6 erkennen läßt [5.3].

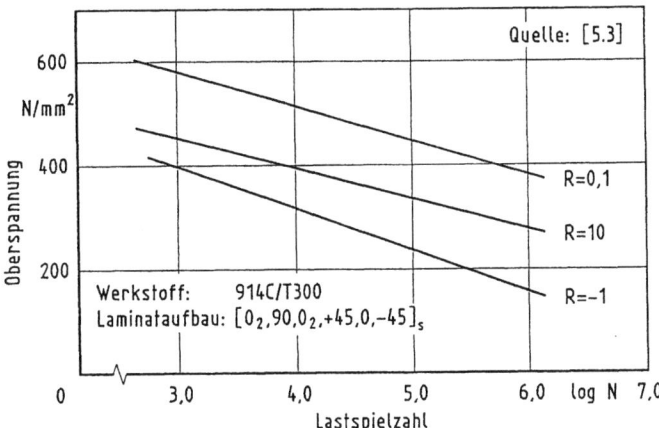

Bild 5.6. Einfluß des Spannungsverhältnisses auf die Schwingfestigkeit

5.4 Umgebungseinflüsse

Technische Erzeugnisse unterliegen während ihrer gesamten Lebensdauer einer Vielzahl von natürlichen Einflüssen, die aus der mittelbaren Umgebung stammen und die sich auf physikalische, chemische oder andere Weise manifestieren. So erhöht sich bei steigender Temperatur ganz allgemein die Duktilität eines Werkstoffs, während niedrige Temperaturen zur Versprödung führen. Ein anderes Beispiel sind durch aggressive Medien wie Feuchtigkeit oder Säuren hervorgerufene Korrosionserscheinungen. Solche Einwirkungen beeinflussen die Zuverlässigkeit und Lebensdauer von Bauteilen und sind somit von hoher technischer und wirtschaftlicher Bedeutung. Daraus folgt die Forderung, Verbundbauteile so zu konstruieren, daß sie den vorgegebenen Belastungen auch unter negativen Umgebungseinflüssen standhalten können.

Bauteile aus faserverstärkten Matrixharzen werden in weit höherem Maße als Metalle durch Temperatur, Feuchtigkeit und Strahlung beeinflußt, wobei weniger die Fasern als die Matrix und die Faser/Matrix-Grenzflächen betroffen sind. Die Sortierung dieser Einflüsse nach ihren Wirkungsmechanismen führt auf das Schema in Bild 5.7. Die quantitative Erfassung der Degradationen verlangt Testprogramme, die unter realistisch simulierten Umgebungsbedingungen durchgeführt werden müssen. Dabei spielen die künstliche Alterung und die Zeitraffung eine bedeutsame Rolle [5.4]. Der Begriff der Alterung (aging) hat keine spezifische Bedeutung, sondern umfaßt die Summe der irreversiblen physikalischen oder chemischen Änderungen als Funktion der Zeit.

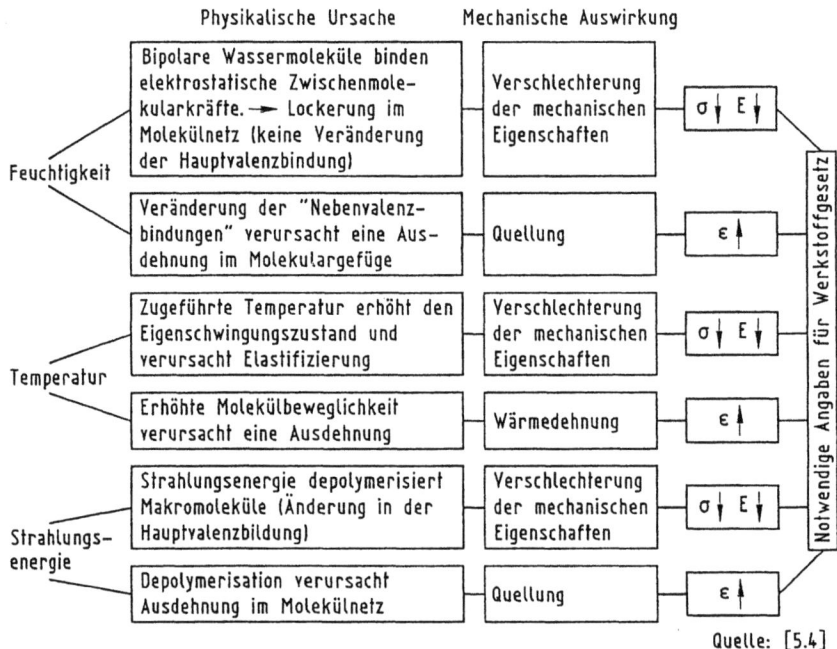

Bild 5.7. Auswirkung von Umgebungseinflüssen

5.4.1 Einfluß der Temperatur

Temperaturwechsel nehmen direkten Einfluß auf den Verformungszustand eines Werkstoffs. Bei erhöhten Temperaturen führt die größere Beweglichkeit der Atome zu Wärmedehnungen und steigender Duktilität, während bei niedrigen Temperaturen die reduzierte molekulare Beweglichkeit eine von Sprödigkeit begleitete Kontraktion hervorruft. Das Maß für die thermal verursachten Verformungen ist der Wärmeausdehnungskoeffizient α_T, der die Dehnung pro Grad Temperaturunterschied angibt. In anisotropen Werkstoffen, die einer Temperaturänderung von ΔT ausgesetzt sind, treten also richtungsabhängige Dehnungen vom Betrage

$$\varepsilon_T = \alpha_T \Delta T$$

auf. Der Index T wird eingeführt, um den Wärmeausdehnungskoeffizienten von dem später in ähnlicher Weise zu definierenden Quellausdehnungskoeffizienten zu unterscheiden.

In homogenen Werkstoffen verursachen thermale Dehnungen keine Zwänge. In faserverstärkten Verbundwerkstoffen sind die Auswirkungen von Temperaturänderungen komplexer, weil die orthotropen Fasern und die isotrope Matrix unterschiedliche Wärmedehnungen erfahren. Dadurch entstehen notwendigerweise Eigenspannungen, deren Richtung und Intensität von den Werkstoffeigenschaften und vom Temperaturunterschied abhängen und die bei jedem Temperaturwechsel das Spannungsfeld im Laminat ändern. Schon bei unidirektional kohlenstoffaserverstärkten Polymermatrizen ist dieses Problem kritisch, weil wegen der unterschiedlichen Kontraktionen der Fasern und der Matrix während der Abkühlphase der Fertigung Eigenspannungen auftreten, die die Faser/Matrix-Bindung beanspruchen. Bei multidirektionalen Laminaten tritt hinzu, daß die unterschiedlichen Wärmedehnungen der Einzelschichten Spannungen aufbauen, die bei niedrigen Temperaturen zur Rißbildung der Matrix in den querliegenden Schichten führen können, wie es Bild 5.8 für ein [0°, 90°$_4$, 0°]-Laminat zeigt. Die thermal induzierten Spannungen beeinflussen die Grenzen der mechanischen Belastbarkeit, wobei dieser Einfluß - abhängig von der Lastrichtung - positiv oder negativ sein kann. Richtwerte für Wärmeausdehnungskoeffizienten und für Elastizitätsmoduln gebräuchlicher Werkstoffe enthält Bild 5.9.

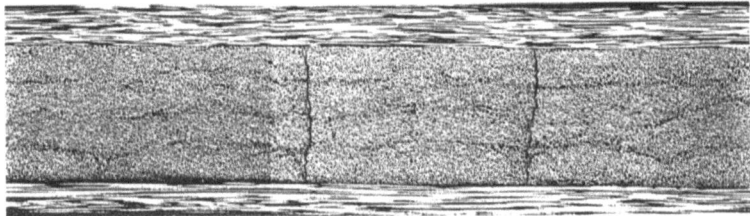

Bild 5.8. Typische Matrixrisse

Abgesehen von den durch hohe Temperaturen induzierten Spannungen tritt in organischen Werkstoffen eine Schwächung der molekularen Bindungen auf, die die Temperaturbeständigkeit der Verbundbauteile reduziert. Das wirkt sich besonders bei druckbelasteten Verbunden negativ aus, weil jenseits einer kritischen Temperatur bei gleichzeitiger mechanischer Belastung die Matrix auf Grund ihrer verminderten Stützwirkung für die Fasern die Form des Bauteils nicht mehr zu halten vermag. Für die Festlegung dieser Temperaturgrenze gibt es eine Reihe genormter Prüfmethoden. In der Martens-Methode zum Beispiel wird als Wärmeformbeständigkeit die Temperatur definiert, unter der sich ein mit einem konstanten Biegemoment belasteter Probekörper bei zunehmender Erwärmung um einen bestimmten Betrag durchbiegt [5.5].

Eigenschaften	Dimension	Epoxidharz	E-Glasfaser	A-Glasfaser	R.S-Glasfaser	Kohlenstoffaser mit hohem Elastizitätsmodul	Kohlenstoffaser mit hoher Zugfestigkeit	Aramidfaser mit hohem Elastizitätsmodul
$\alpha_{\parallel}$	$10^{-6} \cdot K^{-1}$	40 - 60	5.3	9.0	4	-1,5	-0.5	-6
$\alpha_{\perp}$	$10^{-6} \cdot K^{-1}$	40 - 60	5.3	9.0	4	30	5.5	17
$E_{\parallel}$	$10^3 \, N/mm^2$	3 - 5	74	71	86	500	240	130
$E_{\perp}$	$10^3 \, N/mm^2$	3 - 5	74	71	86	5,7	16	5,4

Bild 5.9. Wärmeausdehnungskoeffizienten

Eine andere Art des Temperatureinflusses ist die bei polymeren Werkstoffen auftretende Gefahr oxidativer Massenverluste bei langer Einwirkung hoher Temperaturen. Bild 5.10 zeigt die bei kohlenstofffaserverstärkten Epoxidharzen zu erwartenden prozentualen Massenänderungen [5.6].

Das Thermalproblem gewinnt besondere Bedeutung bei Raumfahrtstrukturen, die auf ihren Umlaufbahnen Tausenden von thermischen Zyklen mit Amplituden zwischen -150 °C und 100 °C ausgesetzt sind. Untersuchungen mit ±45°-Laminaten aus verschiedenen Werkstoffen haben gezeigt, daß die statischen Restfestigkeiten von der Anzahl der thermischen Zyklen abhängen.

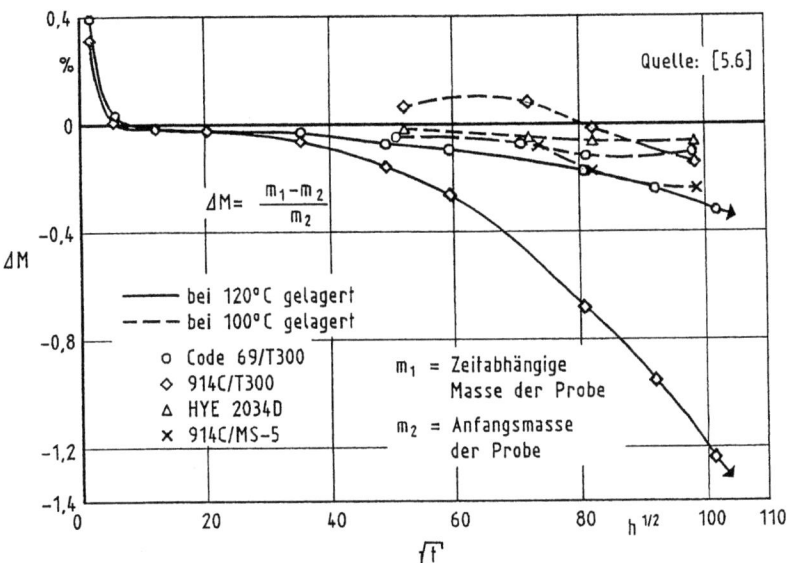

Bild 5.10. Massenverluste durch Oxidation

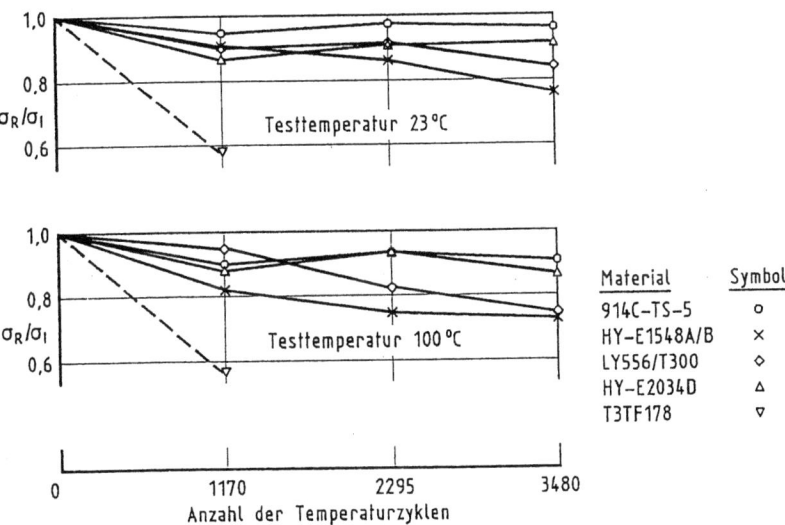

Bild 5.11. Restzugfestigkeit von ±45°-Laminaten nach thermischer Wechselbelastung

Während die Festigkeitsverluste bei spröden Polyimidlaminaten erheblich waren, hielten sie sich bei den meisten der geprüften Epoxidlaminate in tolerierbaren Grenzen (Bild 5.11). Allerdings traten in allen Laminaten innere Schäden in Form von Matrixrissen auf, die sich in Steifigkeitsminderungen auswirkten [5.7]. Typische Rißbildungen, die stets von den Laminatoberflächen ausgehen und sich mit zunehmender Thermalzyklenzahl nach innen fortsetzen, sind in Bild 5.12 gezeigt. Es ist zu erwarten, daß Rißmuster dieser Art auch Einfluß auf die Wärmedehnung und Wärmeleitung nehmen.

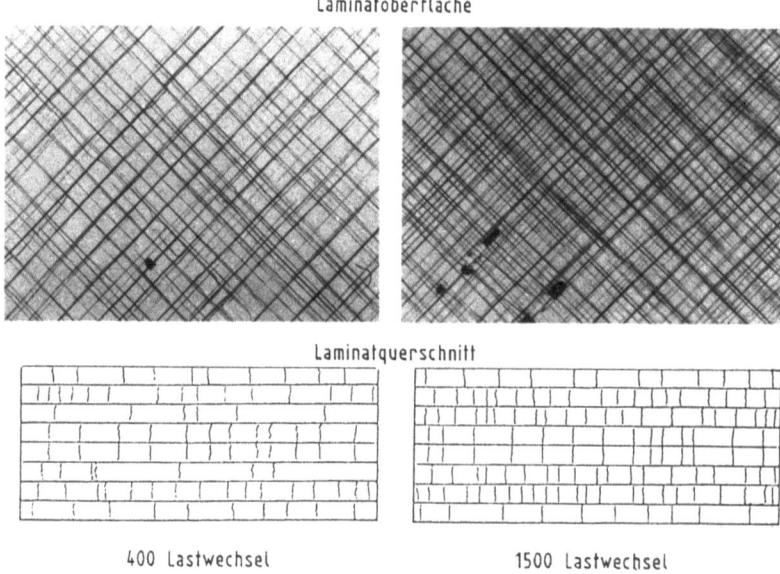

Bild 5.12. Matrixrißbildung in Compimid 65 FWR/IM6-Laminaten

5.4.2 Einfluß der Feuchtigkeit

Bei metallischen Werkstoffen stellt die Umgebungsfeuchtigkeit lediglich ein Oberflächenproblem dar. Bei polymeren Werkstoffen hat die Feuchtigkeit eine wesentlich größere Bedeutung, weil die Wasserdampfmoleküle in das Polymer eindringen, sich an Molekülgruppen anlagern und durch die Schwächung der Nebenvalenzbindungen den Molekülverband lockern. Die Menge der aufgenommenen Feuchtigkeit und ihre Verteilung im Innern des Polymers hängen vom Feuchtigkeitsgehalt der Luft und den Diffusionskoeffizienten des Werkstoffs ab. Die von der Luft aufnehmbare Höchstmenge an Wasserdampf ist eine

Funktion der Temperatur. Sie beträgt bei 0 °C ca. 4,8 g/m³ und bei 30 °C ca. 30,2 g/m³. Unter relativer Feuchtigkeit versteht man das in Prozenten ausgedrückte Verhältnis der tatsächlich vorhandenen Feuchtigkeitsmenge, F_1 in g, zur aufnehmbaren Höchstmenge, F_2 in g, bei einer vorgegebenen Temperatur:

$$\text{Relative Luftfeuchtigkeit} = F_1 / F_2 \times 100\ \%.$$

Dieser Wert ist in der Atmosphäre beträchtlich hoch und kann im Jahresmittel 50 - 90 % erreichen.

Die Feuchtigkeitsaufnahme von Polymerwerkstoffen beginnt an den Oberflächen und erstreckt sich im Laufe der Zeit über das gesamte Volumen. Sättigung liegt vor, wenn bei einer konstanten relativen Luftfeuchtigkeit im Werkstoff selbst keine Konzentrationsunterschiede mehr bestehen. Epoxidharze vermögen bei 100 %iger Umgebungsfeuchtigkeit 6 % und mehr ihres Trockengewichtes zu absorbieren. Im Gegensatz dazu nehmen die Verstärkungsfasern keine oder nur geringe Feuchtigkeit auf. Kohlenstofffaserverstärkte Epoxidmatrizen mit dem üblichen volumetrischen Faseranteil von ca. 65 % können also um 2 % ihres Trockengewichts an Feuchtigkeit enthalten [5.8].

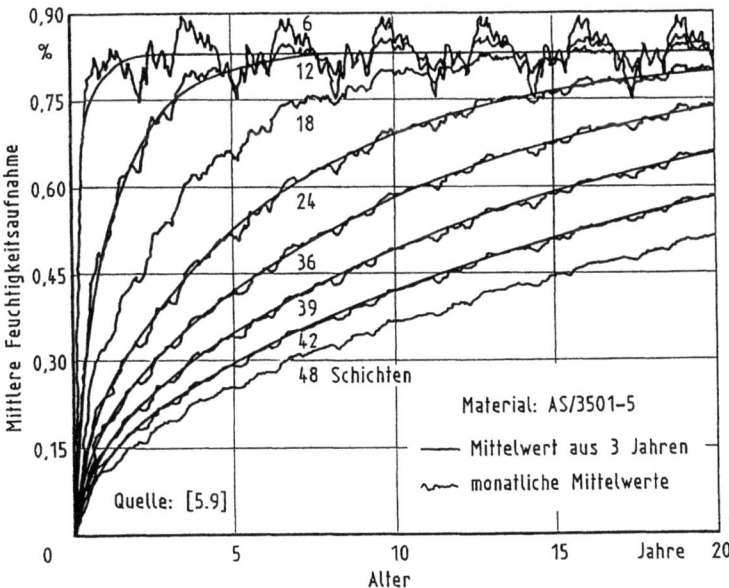

Bild 5.13. Mittlere Feuchtigkeitsaufnahme an US-Ostküste

Die Diffusionskoeffizienten des Werkstoffs sind in hohem Maße temperaturabhängig. Bei Laminatdicken von einigen Millimetern tritt eine völlige Sättigung erst nach Wochen oder Monaten ein. Die Feuchtigkeitsaufnahme ist reversibel, das heißt, nach der Desorption der Feuchtigkeit in trockener Umgebung, die durch Wärmezufuhr beschleunigt werden kann, stellt sich der ursprüngliche Zustand des Werkstoffs wieder ein. Daraus folgt, daß sich bei längerem Verweilen in der Atmosphäre mit wechselnden Temperaturen und Feuchtigkeitsgraden eine Art von Gleichgewicht ergibt, das ortsabhängig ist und als mittlere Feuchtigkeitsaufnahme bezeichnet wird (Bild 5.13) [5.9].

Die Feuchtigkeitsaufnahme hat für die Bauteilkonstruktion wichtige Konsequenzen:

- die chemische Änderung des Werkstoffs erhöht seine Duktilität, senkt aber gleichzeitig die Glasübergangstemperatur T_g und damit die Temperaturbeständigkeit;
- das sich durch die Feuchtigkeitsaufnahme vergrößernde Volumen der Matrix verursacht Quelldehnungen von ähnlicher Größenordnung wie Thermaldehnungen.

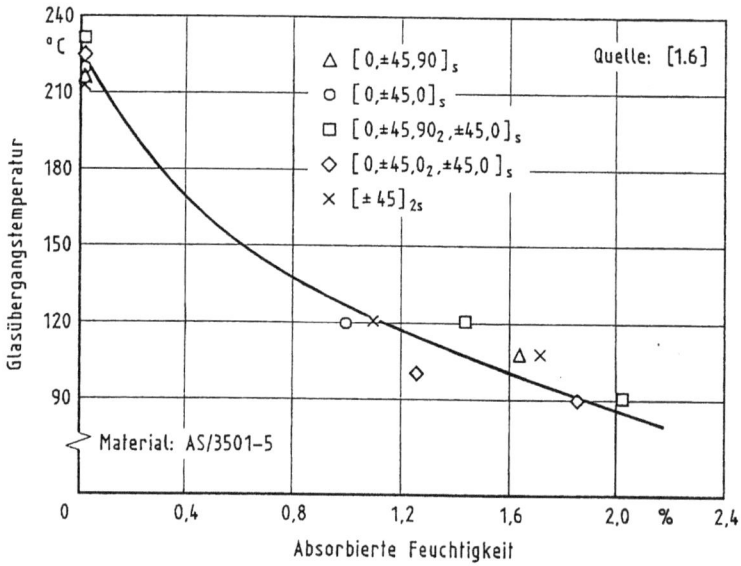

Bild 5.14. Absenkung der Glasübergangstemperatur

Die Absenkung der Glasübergangstemperatur ist eine direkte Folge der Lockerung des Molekülgefüges des Werkstoffs und kann nur experimentell bestimmt werden. Das Ausmaß ihrer Absenkung in typischen kohlenstoffaserverstärkten Laminaten geht aus Bild 5.14 hervor.

Die Quelldehnung ist auf die durch die Feuchtigkeitsaufnahme vergrößerte Masse der Matrix zurückzuführen. In Anlehnung an die Definition des Wärmeausdehnungskoeffizienten wird der Quellausdehnungskoeffizient α_F als die Dehnung je Gewichtsprozent der Feuchtigkeitsaufnahme eingeführt, so daß

$$\varepsilon_F = \alpha_F \, \Delta F.$$

In Faserverbunden behindern die Fasern die Quelldehnung der Matrix. Es entstehen Eigenspannungen, die sich aus der Höhe der Dehnungsdifferenz und den Elastizitätsmoduln der Komponenten berechnen lassen und die zu Dimensionsänderungen des Faser/Matrix-Verbundes führen. Die Auswirkung der Quelldehnungen in multidirektionalen Verbunden läßt sich nach ähnlichen Gesetzmäßigkeiten erfassen wie die der Wärmedehnungen. Sie entsprechen in voll gesättigten Kreuzverbänden der bei einer Temperaturdifferenz von 250 °C auftretenden Wärmedehnung und sind somit nicht vernachlässigbar [5.10].

5.4.3 Einfluß von Temperatur und Feuchtigkeit

Unter normalen Einsatzbedingungen sind sowohl die Temperatur als auch die relative Luftfeuchtigkeit variabel. Damit stellt sich die Frage nach dem Verhalten faserverstärkter Polymermatrizen bei gleichzeitigem Einwirken von Temperatur und Feuchtigkeit. Die Erfahrung zeigt, daß die Änderung der mechanischen Kenngrößen nicht einer simplen Überlagerung beider Einflüsse entspricht, sondern daß ein Synergismus auftritt, der experimentell charakterisiert werden muß. Die folgenden Ausführungen beziehen sich auf 914C/T300-Laminate, können aber als typisch für kohlenstoffaserverstärkte Epoxidharze angesehen werden [5.11].

Unidirektionale Laminate unter statischer Zugbelastung

Bild 5.15 zeigt, daß geringe Temperaturerhöhungen die Zugfestigkeit in Faserrichtung kaum beeinträchtigen. Das erklärt sich durch die Verringerung der beim Aushärten entstandenen Vorspannungen und durch eine ansteigende Duktilität des Harzes. Temperaturen über 80 °C jedoch erhöhen die Duktilität des Harzes so sehr, daß die Fähigkeit zur Schubübertragung verringert wird und damit auch die Zugfestigkeit abnimmt.

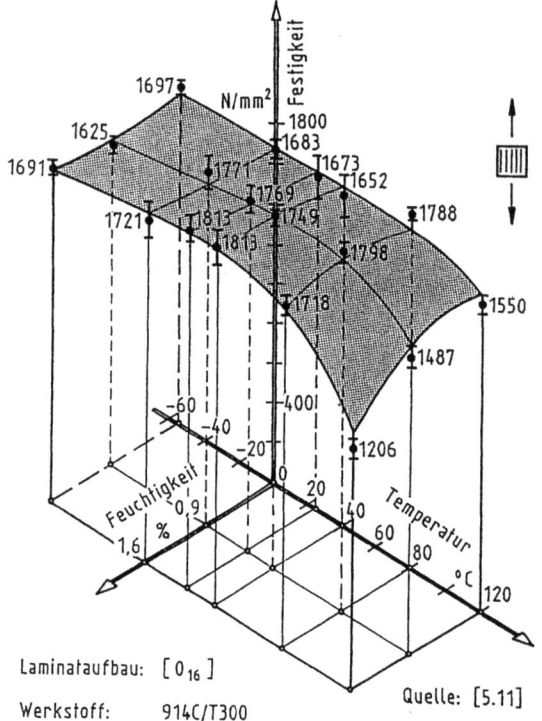

Bild 5.15. Zugfestigkeit in Faserrichtung

Die Absorption von Feuchtigkeit bei mittleren Temperaturen erhöht die Zugfestigkeit in Faserrichtung. Hier verringert die Quellung die durch die Aushärtung hervorgerufenen Vorspannungen, und die Plastifizierung des Harzes begünstigt eine bessere Spannungsverteilung zwischen den Fasern.

Das gleichzeitige Auftreten hoher Temperaturen und hoher Feuchtigkeit bewirkt einen deutlichen Festigkeitsabfall. Dieses Verhalten kann auf eine zu stark verminderte Fähigkeit zur Schubübertragung zurückgeführt werden.

Bild 5.16 enthält Meßergebnisse aus Zugversuchen senkrecht zur Faserrichtung. Man erkennt, daß eine Temperaturerhöhung die Festigkeit leicht mindert. Das gleichzeitige Einwirken hoher Temperatur und hoher

Feuchtigkeit beeinträchtigt die Faser/Matrix-Bindung mit einer entsprechenden Reduktion der Festigkeit. Tiefe Temperaturen dagegen verspröden die Matrix und fördern damit die Bildung von Matrixrissen.

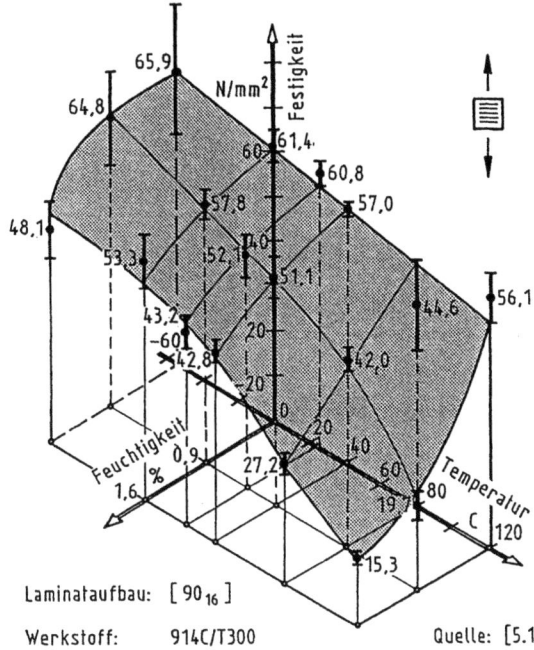

Laminataufbau: [90₁₆]
Werkstoff: 914C/T300
Quelle: [5.11]

Bild 5.16. Zugfestigkeit senkrecht zur Faserrichtung

Unidirektionale Laminate unter statischer Druckbelastung

Die Bestimmung der Druckfestigkeit faserverstärkter Laminate ist komplizierter als die Messung ihrer Zugfestigkeit, weil unter Druckbelastung eine Reihe unterschiedlicher Versagensformen entstehen können.

Kurzwelliges Faserknicken kann auftreten, wenn der Faservolumenanteil sehr niedrig ist oder wenn bei hohem Faservolumenanteil die Matrix sehr spröde ist. Bild 5.17 zeigt in einer REM-Aufnahme, wie beim Schubversagen der Matrix die Fasern in Bändern brechen. Unter Druckbelastung kann auch die Bindung zwischen Fasern und Matrix beeinträchtigt werden, so daß die Fasern nicht mehr ausreichend gestützt werden und ebenfalls kurzwellig ausknicken. Diese Versagensform, die besonders bei duktilen Matrixwerkstoffen auftritt, ist in Bild 5.18 erkennbar. Eine weitere Art des Versagens kann entstehen, wenn erhöhte Temperatur und Feuchtigkeit die Steifigkeit des Harzes so verringern, daß die gesamte Faserverstärkung ausknickt.

500fache Vergrößerung

Bild 5.17. Kurzwelliges Ausknicken der Fasern durch Schubversagen der Matrix

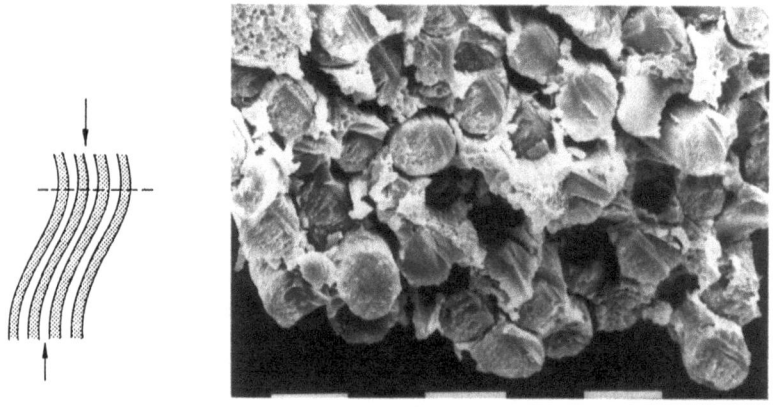

1500fache Vergrößerung

Bild 5.18. Kurzwelliges Ausknicken der Fasern durch Versagen der Faser/Matrix-Bindung

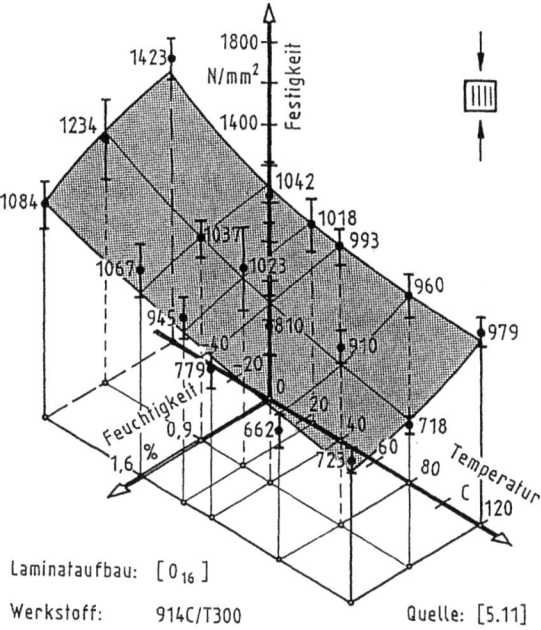

Bild 5.19. Druckfestigkeit in Faserrichtung

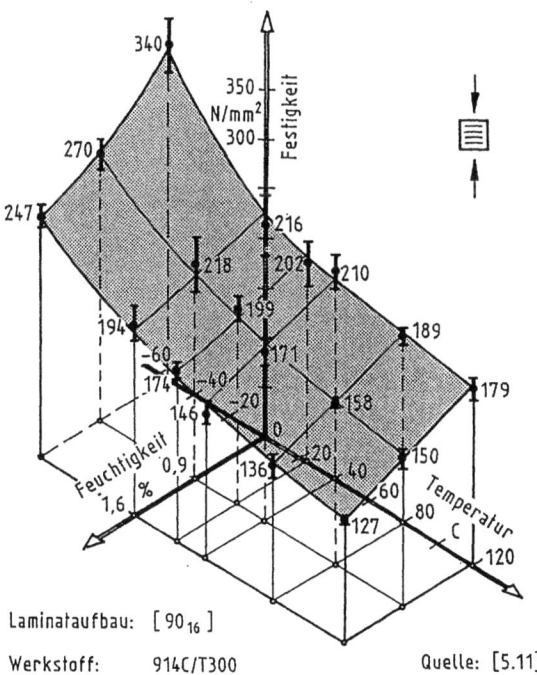

Bild 5.20. Druckfestigkeit senkrecht zur Faserrichtung

Der Vielfalt der Versagensformen bei Druckbelastung in Faserrichtung ist gemein, daß nicht die eigentliche Druckfestigkeit des Verbundwerkstoffs, sondern die Stabilitätsgrenzen der Fasern kritisch sind. Versuchswerte, die den Verlauf der Druckfestigkeit über Temperatur und Feuchte angeben, sind in Bild 5.19 aufgetragen. Senkrecht zur Faserrichtung werden Druckfestigkeiten erreicht, die vier- bis achtmal höher liegen als die entsprechenden Zugfestigkeiten. Bild 5.20 zeigt, daß die höchsten Werte bei Trockenheit und tiefen Temperaturen auftreten. Anders als in den Zugversuchen sind die Versagensflächen bei Druckbeanspruchung unter 45° zur Lastrichtung geneigt und lassen auf einen Versagensmechanismus schließen, der wesentlich durch Schub bedingt ist.

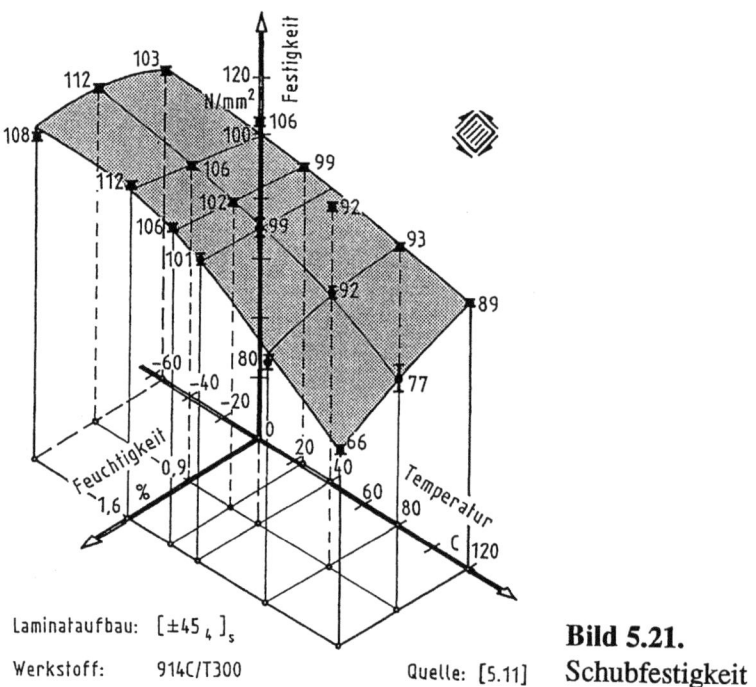

Bild 5.21. Schubfestigkeit

Unidirektionale Laminate unter statischer Schubbelastung

Es gibt keine Schubfestigkeitsversuche, in denen unidirektionale Laminate allein durch Schubspannungen belastet sind. Deshalb wird die Schubfestigkeit als die Schubspannung definiert, die in hauptsächlich auf Schub beanspruchten Proben beim Versagen vorhanden ist. Die in Bild 5.21 aufgetragenen Meßwerte sind an [±45°]$_s$-Laminaten unter einachsiger Zugbelastung ermittelt worden. Es zeigt sich auch hier, daß die

Festigkeit bei mäßiger Temperatur und Feuchtigkeit nur geringfügig abfällt, während das Zusammenwirken hoher Temperaturen und Feuchtigkeiten die Schubfestigkeit erheblich reduzieren.

Multidirektionale Laminate unter Wechselbelastung

Erwartungsgemäß wirken sich Temperatur und Feuchtigkeit auch auf die Schwingfestigkeit aus. Im Falle matrix-dominierter Laminate sind diese Einflüsse erheblich (Bild 5.22). Bei faser-dominierten Laminaten dagegen ist ein negativer Einfluß im Zugschwellbereich kaum festzustellen, während quasi-isotrope Laminate eine etwas größere Empfindlichkeit aufweisen. Solche Trends sind bei Zug/Druck-Wechselbelastungen etwas ausgeprägter, erscheinen aber auch hier als tragbar (Bild 5.23).

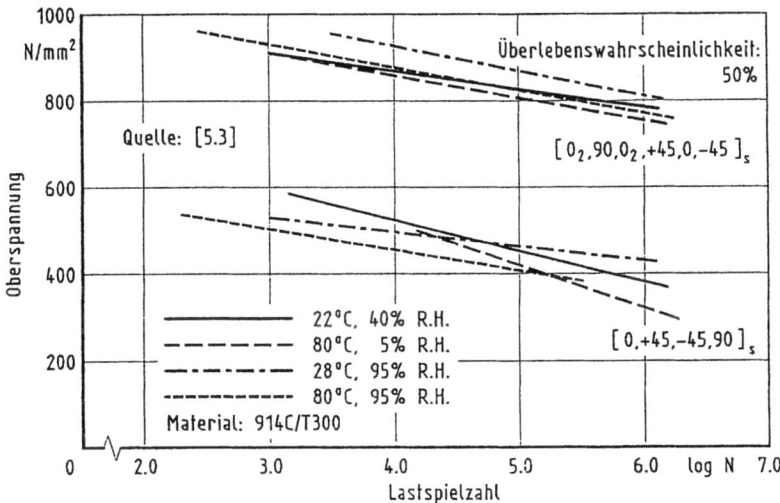

Bild 5.22. Einfluß von Temperatur und Feuchtigkeit auf die Schwingfestigkeit bei R = 0,1

Die Testergebnisse in den obigen Bildern führen zu dem Schluß, daß bei normalen Einsatzbedingungen die Absorption von Feuchtigkeit weder bei statischer noch bei Schwingbelastung die überaus kritische Rolle spielt, die ihr häufig unterstellt wird.

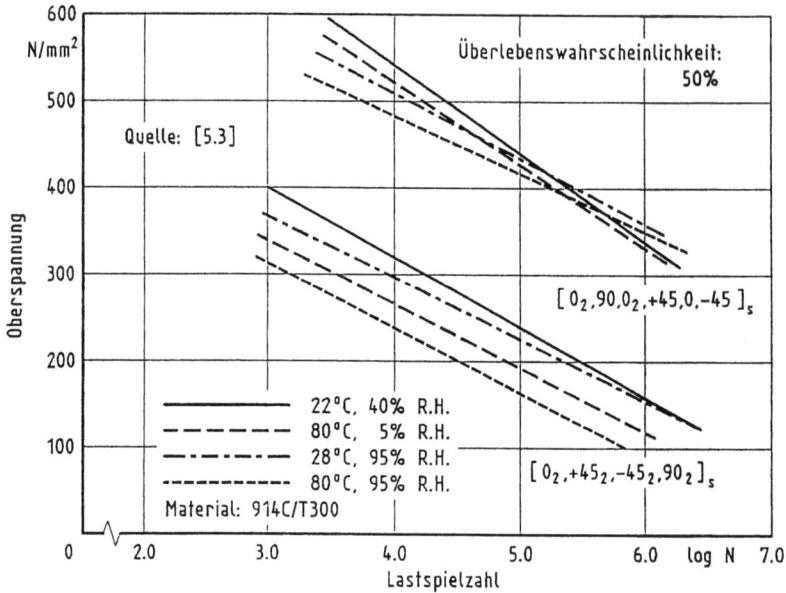

Bild 5.23. Einfluß von Temperatur und Feuchtigkeit auf die Schwingfestigkeit bei R = -1

5.4.4 Strahlungs- und andere Einflüsse

Faserverstärkte organische Werkstoffe können durch Strahlungen und andere Effekte auf verschiedene Weise geschädigt werden.

In erdnahen Regionen ist die Auswirkung ultravioletter Strahlung zu berücksichtigen, die eine Depolymerisierung der Makromoleküle der Matrix verursacht. Bei längerer Sonneneinstrahlung ist auch eine Schädigung von Glas- und Kevlarfasern zu erwarten. Bei Verstärkungen mit Kohlenstoffasern dagegen beschränkt sich die Beschädigung auf die exponierte Laminatoberfläche, ohne die Faserstruktur in Mitleidenschaft zu ziehen. Bild 5.24 zeigt die Auswirkungen einer mehrjährigen Sonnenbestrahlung auf die Restfestigkeit faserverstärkter Epoxidmatrizen.

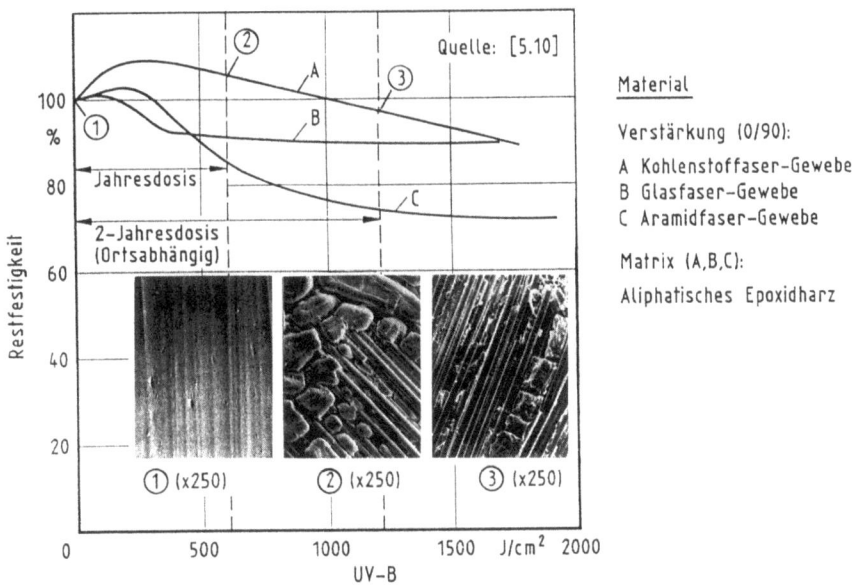

Bild 5.24. Auswirkung der Sonnenbestrahlung

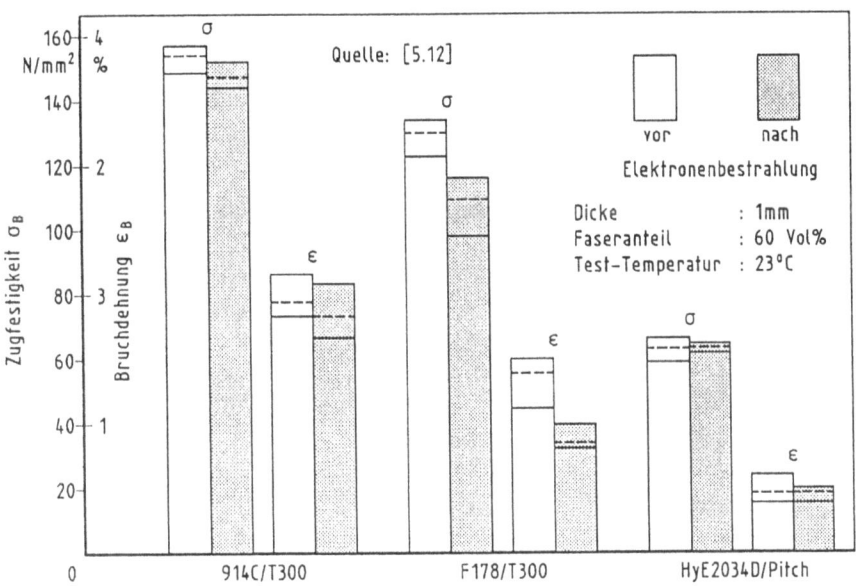

Bild 5.25. Schädigung eines ±45°-Laminates nach 3×10^8 rad Elektronenbestrahlung

Bei Raumfahrtanwendungen müssen Elektronen- und Protonenstrahlen in Betracht gezogen werden. Während Protonen lediglich auf die Oberflächen polymerer Werkstoffe einwirken und damit nur optische oder thermische Parameter verändern, vermögen Elektronen in das Innere der Werkstoffe einzudringen. Die bisher gesammelten Erfahrungen weisen aus, daß der Einfluß von Elektronenstrahlen bei Epoxidharzen geringer als bei Polyimidharzen und bei faser-dominierten Laminaten niedriger als bei matrix-dominierten Laminaten ist. Bild 5.25 enthält einen Vergleich der Bruchfestigkeiten und Bruchdehnungen von ±45°-Laminaten aus verschiedenen Materialsystemen vor und nach intensiver Elektronenbestrahlung [5.12].

Sehr viel kritischer sind die Auswirkungen atomaren Sauerstoffs, der sich als ein Bestandteil der dünnen Atmosphäre in niedrigen Umlaufbahnen anfindet. Während die Kollision der hochreaktiven Sauerstoffatome mit den sich mit großer Geschwindigkeit bewegenden Orbitalstrukturen bei metallischen Werkstoffen kaum zu Schäden führt, erfahren organische Werkstoffe Abtragungen ihrer Oberflächen. Amerikanische Untersuchungen zeigen, daß diese Abtragungen im Laufe mehrerer Jahre bei Epoxidharzen 0,3 mm und bei Polyimidharzen 0,5 mm betragen können [5.13]. Die Verwendung solcher Materialien für Raumstationen, deren Betriebsdauer für Jahrzehnte vorgesehen ist, setzt folglich das Anbringen von Schutzschichten voraus.

Kohlenstoffaserverstärkte Harzmatrizen sind anfällig für Schäden durch Blitzschlag. Experimentelle Untersuchungen zeigen, daß die elektrische Leitfähigkeit in der Faserrichtung eines Laminates zwei- oder dreimal niedriger ist als in Aluminium. Das bedeutet, daß ein Stromfluß von einigen Ampere die nichtleitende Matrix überhitzen und damit die Tragfähigkeit der Struktur lokal beeinträchtigen kann, so daß Schutzmaßnahmen gegen Blitzschlag angebracht sind. In die Laminate eingebaute Aluminiumdrähte oder nachträglich aufgesprühte Metallfilme haben sich des öfteren bewährt [5.14].

6 Eigenschaften von Laminaten mit nicht-duromeren Matrizen

Die Weiterentwicklung der Kohlenstoffasern hat unter anderem zu einer Erhöhung ihrer Bruchdehnung geführt. Um das Leistungspotential solcher Fasern in einem Verbundwerkstoff ausnutzen zu können, sind Matrixsysteme mit möglichst hoher Duktilität erforderlich. Dafür bieten sich im Rahmen der Kunststoffe Thermoplaste an, die sowohl von der Werkstoffseite her als auch bezüglich ihrer Verarbeitung vorteilhaft erscheinen. Die Temperaturbeständigkeit faserverstärkter Thermoplaste ist jedoch beschränkt.

Sehr hohen Betriebstemperaturen ausgesetzte Bauteile sind mit polymeren Werkstoffen nicht erstellbar. Raumfahrzeuge, Hyperschalltransportflugzeuge und leistungsfähige Antriebe beispielsweise verlangen den Einsatz von Metall-, Glas-, Keramik- oder Kohlenstoffmatrizen mit geeigneten Faserverstärkungen. Die Hauptanforderungen an solche Werkstoffe schließen hohe spezifische Festigkeit und Steifigkeit unter extremen Bedingungen und möglichst geringe Thermalverformung ein.

Solchen Ansprüchen genügende Verbundwerkstoffe befinden sich in einem zum Teil bereits erprobten Entwicklungszustand. Die folgenden Betrachtungen beschränken sich im wesentlichen auf mechanische Eigenschaften und maximale Betriebstemperaturen. Probleme wie Oxidationsbeständigkeit, Wasserstoffversprödung, thermale und mechanische Ermüdung oder das Bruchverhalten solcher Verbundwerkstoffe können mangels verläßlicher Daten nicht angesprochen werden. Die Grenzen der Einsatztemperaturen von Laminaten mit polymeren, metallischen, gläsernen, keramischen und Kohlenstoff-Matrizen sind in Bild 6.1 gekennzeichnet [6.1].

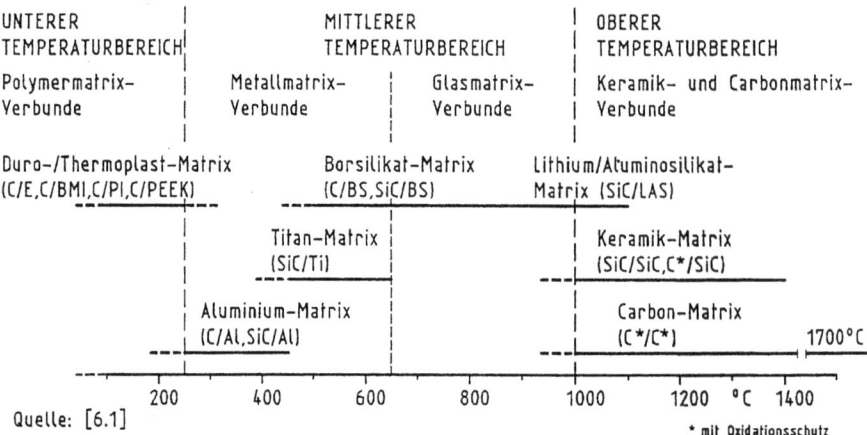

UNTERER TEMPERATURBEREICH	MITTLERER TEMPERATURBEREICH		OBERER TEMPERATURBEREICH
Polymermatrix-Verbunde	Metallmatrix-Verbunde	Glasmatrix-Verbunde	Keramik- und Carbonmatrix-Verbunde

Duro-/Thermoplast-Matrix (C/E, C/BMI, C/PI, C/PEEK)
Borsilikat-Matrix (C/BS, SiC/BS)
Lithium/Aluminosilikat-Matrix (SiC/LAS)
Titan-Matrix (SiC/Ti)
Keramik-Matrix (SiC/SiC, C*/SiC)
Aluminium-Matrix (C/Al, SiC/Al)
Carbon-Matrix (C*/C*)   1700 °C

Quelle: [6.1]   * mit Oxidationsschutz

Bild 6.1. Temperaturbereiche der Verbundwerkstoffe

Eigenschaften	CFK mit Thermoplastmatrix (PEEK)	Duromermatrix (Epoxidharz)
Zugfestigkeit	++	++
Druckfestigkeit	O	+
E-Modul	+	+
Bruchdehnung	++	O
Schlagzähigkeit	++	O/+
Temperaturbeständigkeit	+	+
Feuchteresistenz	++	O
Kriechverhalten	O	+

++ :sehr gut, + :gut, O :mäßig,   Quelle: [6.2]

Bild 6.2. Vergleich von CFK-Laminaten

Eigenschaften in Faserrichtung	Zug	Druck	Schub
Faservolumen, %	54	54	54
Testtemperatur, °C	23	23	23
Festigkeit, N/mm²	1830	1000	105
Modulus, kN/mm²	122	120	
Bruchdehnung, %	1,41	1,10	
Querkontraktion, ν	0,31		

Quelle: ICI

Bild 6.3. Eigenschaften unidirektionaler C/PEEK-Laminate

6.1 Laminate mit Thermoplastmatrizen

Abgesehen von den mechanischen und thermischen Eigenschaften sind beim Einsatz polymerer Matrixwerkstoffe auch ihre Resistenz gegen Feuchtigkeit und andere Medien und ihre Faser/Matrix-Haftung zu berücksichtigen. Thermoplastmatrizen befriedigen manche dieser Kriterien [6.2, 6.3].

Eine Gegenüberstellung und Bewertung von Verbundwerkstoffen mit duromeren und thermoplastischen Matrizen enthält Bild 6.2. Daraus ist ersichtlich, daß ein mit Kohlenstoffasern verstärkter Thermoplast (PEEK) einem entsprechend verstärkten Epoxidharz mit Ausnahme der Druckfestigkeit und des Kriechverhaltens zumindest ebenbürtig und in bezug auf Bruchdehnung, Schlagzähigkeit und Feuchteresistenz überlegen ist. Mechanische Kennwerte enthält Bild 6.3. Die Meßkurven in Bild 6.4 zeigen den Verlauf des Schubmoduls in Abhängigkeit von der Temperatur im trockenen und feuchtegesättigten Zustand, woraus ein nennenswerter Einfluß der Konditionierung nicht erkennbar ist.

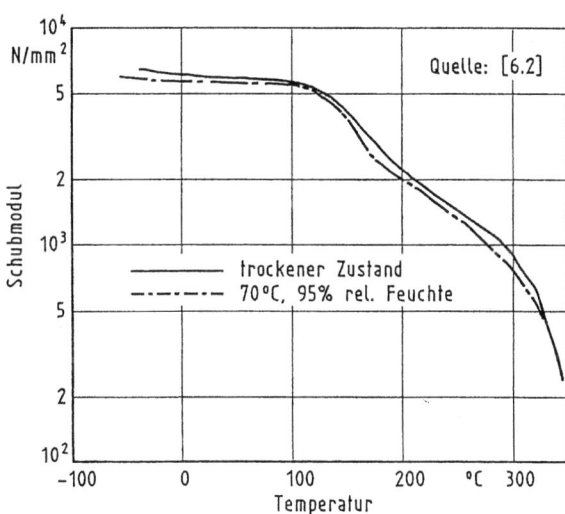

Bild 6.4. Schubmodul eines C/PEEK-Laminates über der Temperatur

6.2 Laminate mit Metallmatrizen

Metallmatrixverbunde sind mit verschiedenen Matrixwerkstoffen und verschiedenen Verstärkungen herstellbar. Die Leistungsfähigkeit faserverstärkter Metallegierungen hängt maßgeblich von der Qualität der

Faser/Matrix-Haftung ab. Bei guter Haftung zeichnen sich Metallverbunde durch Eigenschaften aus, die sie zu attraktiven Strukturwerkstoffen machen. Abhängig von der Wahl der Faserart und des Matrixwerkstoffes lassen sich hohe Festigkeiten und Steifigkeiten, hohe Bruchdehnung, hohe Riß- und Schlagzähigkeit sowie hohe elektrische und thermische Leitfähigkeit verwirklichen [6.4].

Metallmatrixverbunde haben eine den Polymerverbunden ähnliche Vielseitigkeit und erlauben andererseits Umformungs- und Verbindungstechniken, die denen reiner Metalle ähneln. Dazu tritt eine beachtliche Querzugfestigkeit und die Beibehaltung guter mechanischer Eigenschaften auch bei hohen Betriebstemperaturen. Außerdem sind sie fast undurchlässig für Gase und Flüssigkeiten [6.5]. Neben diesen Vorteilen haben Verbundwerkstoffe mit Metallmatrix den Nachteil hoher Dichte und komplizierter Herstellungsverfahren.

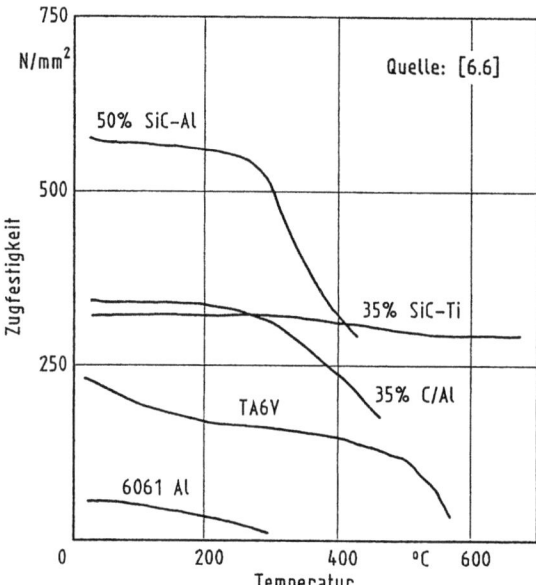

Bild 6.5. Zugfestigkeit von UD-Laminaten mit metallischen Matrizen

Für den Temperaturbereich von 250 - 650 °C sind mit Kohlenstoff oder Siliziumkarbid verstärkte Aluminium- und Titanmatrizen besonders attraktiv, zumal bei Anwendung pulvermetallurgischer Fertigungstechniken. Die Faservolumenanteile solcher Verbunde liegen üblicherweise zwischen 30 - 50 %. Typische Werte für die Längszugfestigkeit sind in Bild 6.5 aufgetragen [6.6]. Aus den Kennlinien geht hervor, daß die Verbunde temperaturbeständiger sind als unverstärkte Metallegierungen. Mit noch in der Entwicklung befindlichen faserverstärkten intermetallischen Matrizen aus Titan/Aluminiden (Ti_3Al) werden Temperaturbeständigkeiten bis 1000 °C erwartet.

6.3 Laminate mit Glasmatrizen

Verschiedene Glasarten lassen sich erfolgreich mit hochfesten Fasern verstärken. Das Interesse an solchen Verbunden beruht auf ihren guten mechanischen Eigenschaften bei Temperaturen, die weit jenseits derer von Polymerwerkstoffen liegen, und ihrer Widerstandsfähigkeit gegenüber aggressiven Medien. Die mechanischen Kennwerte von mit Kohlenstoffasern verstärkten Borsilikatgläsern betragen bei Raumtemperatur zwar nur 2/3 der von Polymerverbunden, doch werden diese Werte bis über 500 °C hinaus beibehalten (Bild 6.6). Mit Siliziumkarbidfasern verstärkte Glasmatrizen erlauben wegen der besseren Oxidationsbeständigkeit der Fasern weit höhere Betriebstemperaturen. Im Verbund mit Lithium/Alumino-Silikaten zum Beispiel sind Temperaturbeständigkeiten von über 1000 °C noch bei guten mechanischen Kennwerten realisierbar [6.6].

Eigenschaften	C / Borsilikat		SiC / Borsilikat	
Faservolumen, %	62–66		55–65	
Dichte, g/cm^3	~2		~2	
	23 °C	500 °C	23 °C	500 °C
Biegefestigkeit, N/mm^2	1240	1237	970	847
Biegemodul, kN/mm^2	158	154	130	136

Quelle: [6.6]

Bild 6.6. Mechanische Kennwerte faserverstärkter Borsilikat-Matrizen

6.4 Laminate mit Keramikmatrizen

Keramische Werkstoffe sind wegen ihrer mit guter Wärmeleitfähigkeit und geringer Wärmedehnung gekoppelten Temperaturbeständigkeit, ihrer chemischen Resistenz und ihres geringen Verschleißes für viele Anwendungen unentbehrlich geworden. Ihr Einsatz als hochfeste Konstruktionswerkstoffe leidet unter dem fundamentalen Nachteil der

Sprödigkeit. Ein erfolgversprechendes Konzept, diesen Nachteil zu mindern, ist die Verstärkung keramischer Werkstoffe mit Kurz- oder Langfasern, die einerseits den Lastspannungen entgegengesetzte Eigenspannungen induzieren können, und die andererseits Energie zu absorbieren vermögen [6.7].

In Matrizen aus Siliziumkarbid eingebettete Kohlenstoff- oder Siliziumkarbidfasern sind die gebräuchlichsten Keramikverbunde. Daraus gefertigte Bauteile sind bei sehr hohen Temperaturen einsatzfähig, sind unempfindlich gegenüber Oxidation und anderen Umgebungseffekten und haben gute Formbeständigkeit. In Bild 6.7 sind mechanische Kennwerte von zwei Verbunden bei verschiedenen Temperaturen dargestellt, deren Faservolumenanteile zwischen 40 und 45 % liegen [6.8].

Eigenschaften	C / SiC 0/90° (2D)			SiC / SiC 0/90° (2D)		
Faservolumen, %	45			40		
Dichte, g/cm³	2,1			2,5		
Porosität	10			10		
	23°C	1000°C	1400°C	23°C	850°C	1200°C
Zugfestigkeit, MPa	350	350	300	280	290	290
Bruchdehnung, %	0,8	0,8	0,8	0,6	0,7	0,7
Zugmodul, GPa	90	100	100	220	200	200
Druckfestigkeit, MPa	580	600	700	600	600	
Querkontraktion, ν	0			0,1		
Wärmedehnung, $10^{-6}/K°$	3			3		Quelle: [6.8]

Bild 6.7. Mechanische Kennwerte faserverstärkter Siliziumkarbid-Matrizen

6.5 Laminate mit Kohlenstoffmatrizen

Mit Kohlenstoffasern verstärkte Kohlenstoffmatrizen haben unter den Strukturwerkstoffen die höchste Wärmefestigkeit. Die spezifischen Eigenschaften solcher Verbunde hängen von der Art der Verstärkungsfaser, deren räumlichen Anordnungen, den Ausgangsstoffen für die Matrix und der Verdichtungstechnik ab. Das Hauptproblem ist die mit der Temperatur ansteigende hohe Oxidationsrate des Kohlenstoffs. Mit

Oberflächenschutzschichten aus Siliziumkarbid sind jedoch Betriebstemperaturen von 1400 °C auch über längere Zeiträume und Kurzzeitbeanspruchungen bis 2800 °C erreichbar. Die Wärmeleitfähigkeit des Verbundes ist hoch und die Wärmedehnung gering, so daß Rißbildungen in der Matrix selbst bei intensiven Wärmestößen kaum auftreten.

Unidirektionale Kohlenstoffverbunde entwickeln bei Raumtemperatur ähnliche mechanische Eigenschaften wie Verbunde mit Polymermatrizen, behalten diese aber auch bei hohen Temperaturen. Bis 1500 °C steigen die Festigkeiten und Steifigkeiten sogar etwas an, um dann bis 2500 °C geringfügig abzufallen. Bei noch höheren Temperaturen beginnt sich der Verbundwerkstoff plastisch zu verformen, behält aber ein gewisses Maß an struktureller Belastbarkeit bis 3500 °C.

Die Herstellung von Kohlenstoffmatrix-Verbunden in größerem Rahmen konzentriert sich auf wenige Firmen in Frankreich und den USA, die mit der Preisgabe präziser Angaben zurückhaltend sind.

7 Fertigung von Verbundbauteilen mit duromeren Matrizen

Die Fertigung faserverstärkter Verbundbauteile mit duromeren Matrizen hat sich in weniger als dreißig Jahren von bescheidenen Laborversuchen bis zu Standardverfahren für die Serienproduktion großer Bauteile aus Hochleistungswerkstoffen entwickelt. Die jetzt übliche Fertigungstechnologie geht in ihren Ursprüngen auf Erfahrungen der Luft- und Raumfahrt zurück, die um 1960 Laminate aus glasfaserverstärkten Polyesterharzen einführte. Sie fußt nach mannigfachen Verbesserungen auch heute noch auf mehreren klar trennbaren Verfahrensschritten:

- Erstellung von Formwerkzeugen,
- Zuschnitt und Ablage der Vorprodukte,
- Aushärtung des Harzsystems,
- Nachbearbeitung des Bauteils.

Jeder dieser Schritte läßt sich auf verschiedene Weise ausführen, so daß es eine Vielzahl von Fertigungsverfahren gibt, die mit mehr oder weniger großen Abweichungen voneinander das gleiche Ziel der Herstellung qualitativ hochwertiger Produkte verfolgen.

Die Auswahl des für einen bestimmten Zweck am besten geeigneten Verfahrens hängt von den Einsatzbedingungen des Bauteils, den Besonderheiten der gewählten Materialien, der Verfügbarkeit von Fertigungsmitteln, der zu fertigenden Stückzahl und von anderen Parametern wie Oberflächengüte und Maßhaltigkeit ab. Über allem steht die Forderung nach Funktionstüchtigkeit und Betriebssicherheit bei vertretbaren Kosten.

Die Gesamtkosten einer Verbundstruktur setzen sich zusammen aus den Aufwendungen für Werkstoffe, Fertigungsmittel, Ablage und Aushärtung der Bauteilkomponenten, Nachbearbeitung, Zusammenbau und Qualitätskontrolle. In die finanziellen Überlegungen sind ferner die Betriebskosten einzubeziehen, die von der Häufigkeit notwendiger Inspektionen und Reparaturen abhängen. Den finanziellen Aufwendungen stehen die Funktionsvorteile von Verbundstrukturen gegenüber, deren Bewertung von Anwendungsfall zu Anwendungsfall verschieden ist. Offensichtlich tritt bei Raumfahrtstrukturen die Kostenfrage, die bei vielen anderen Anwendungen eine dominierende Rolle spielt, gegenüber der Gewichtsminderung in den Hintergrund. Häufig bleibt die Frage offen, ob nicht zugunsten wirtschaftlicher Überlegungen ein Verzicht auf maximale Realisierung des Potentials der Verbundwerkstoffe angebracht ist.

7.1 Formwerkzeuge

Duromere Matrixwerkstoffe sind in ihrem Ausgangszustand weich und formbar. Sie werden zusammen mit den Verstärkungsfasern auf Formwerkzeugen abgelegt und anschließend ausgehärtet. Das bedeutet, daß Verbundbauteile die Konturen und die Oberflächenbeschaffenheit der Formwerkzeuge reflektieren.

Bezüglich ihrer Geometrie lassen sich Formwerkzeuge in zwei Klassen unterteilen:

- solche für flächige Bauteile mit relativ kleinen Krümmungen, auf denen Gelege und Gewebe in Form von Stapeln abgelegt werden und
- solche für in sich geschlossene Bauteile mit größeren Krümmungen, die meist in Wickeltechnik hergestellt werden.

Bei Verbundbauteilen, deren Flexibilität erheblich größer ist als die benachbarter steiferer Strukturkomponenten, können kleine Konturabweichungen in Kauf genommen werden, wenn beim Zusammenbau die Möglichkeit einer Angleichung durch Zwängung besteht. Strikte Toleranzgrenzen sind dagegen bei Strukturen einzuhalten, deren Formtreue von der Geometrie der Verbundbauteile abhängt. Die Formwerkzeuge müssen entsprechend ausgelegt werden, wobei in Betracht zu ziehen ist, daß Verbundbauteile die Gestalt des Formwerkzeugs annehmen, die dieses bei der Gelierungstemperatur des Matrixharzes aufweist. In kritischen Fällen müssen also die Wärmedehnungen des Formwerkzeugs kompensiert werden. Daraus folgt, daß der Entwurf und die Herstellung von Formwerkzeugen von großer Wichtigkeit sind, und daß die erfolgreiche Fertigung eines Verbundbauteils ein enges Zusammenspiel von Werkstoffingenieuren, Konstrukteuren und Fertigungsfachleuten verlangt.

Die Materialwahl für ein Formwerkzeug hängt ab von der Aushärtungstemperatur des Matrixharzes, der geforderten Qualität und von der Anzahl der zu fertigenden Bauteile. Die Palette verfügbarer Materialien erstreckt sich von Aluminium, Stahl und Nickel bis hin zu modernen Verbundwerkstoffen. Sie schließt für niedrige Aushärtungstemperaturen auch Holz, Gips und Sand/Harz-Gemische ein.

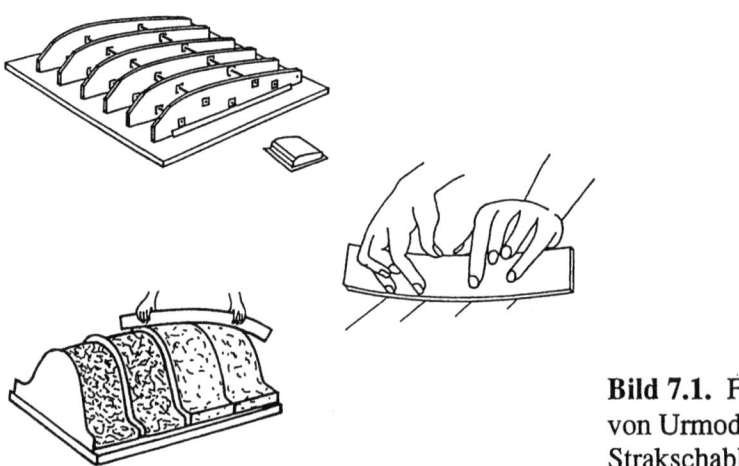

Bild 7.1. Fertigung von Urmodellen mit Strakschablonen

Die Fertigung eines Formwerkzeugs für die Serienfertigung anspruchsvoller Bauteile beginnt im allgemeinen mit der Erstellung eines Urmodells (master model). Das Urmodell gibt detailgetreu die äußere Form des zu produzierenden Bauteils wieder. Seine Konturen können durch hölzerne oder plastische Schablonen fixiert werden, deren Zwischenräume mit Füllstoffen ausgefüllt werden. Das Ziel ist eine präzise Geometrie mit möglichst glatten Oberflächen, die durch nachträgliches Abschleifen, Nachfüllen und erneutes Glätten erreichbar sind. Das Urmodell ist in der Regel weder thermisch noch mechanisch belastbar und nur in seltenen Fällen auch als Formwerkzeug zu gebrauchen. Es dient in erster Linie als Referenzkonfiguration, die einerseits die Vorlage für die Fertigung des eigentlichen Formwerkzeugs abgibt und andererseits eine Kontrolle der Formtreue der produzierten Bauteile erlaubt. Bei größeren Bauteilserien sind bei sorgfältiger Handhabung des Urmodells Neuanfertigungen der Formwerkzeuge wiederholt möglich. Bild 7.1 illustriert die Anfertigung eines einfachen Urmodells mit Strakschablonen [7.1, 7.2, 7.3].

Formwerkzeuge bestehen häufig aus einem die Konturen bestimmenden Oberteil und einer massiven Unterstruktur, die das Oberteil stabilisiert. Bei abwickelbaren Oberflächen können die gewünschten Konturen durch Biegen und Rollen von Blechen angenähert werden. Eine nachträgliche Justierung ist möglich durch verstellbare Schraubmechanismen auf der Unterstruktur, wie sie in Bild 7.2 erkennbar sind. Bei nicht abwickelbaren Oberflächen sind kostspieligere Umformtechniken und möglicherweise auch das Zusammenfügen mehrerer Einzelteile kaum zu umgehen.

Bild 7.2. Formwerkzeug mit Justiermöglichkeit

Eine Vereinfachung der Formwerkzeugherstellung ist in manchen Fällen durch den Gebrauch von Verbundwerkstoffen zu erreichen. Die Vorteile liegen in der leichteren Bearbeitung, dem geringeren Gewicht, einer schnelleren und gleichmäßigeren thermischen Aufheizung und in kompatibleren Thermaldehnungen [7.4]. Bild 7.3 veranschaulicht das Entstehen eines solchen Formwerkzeugs.

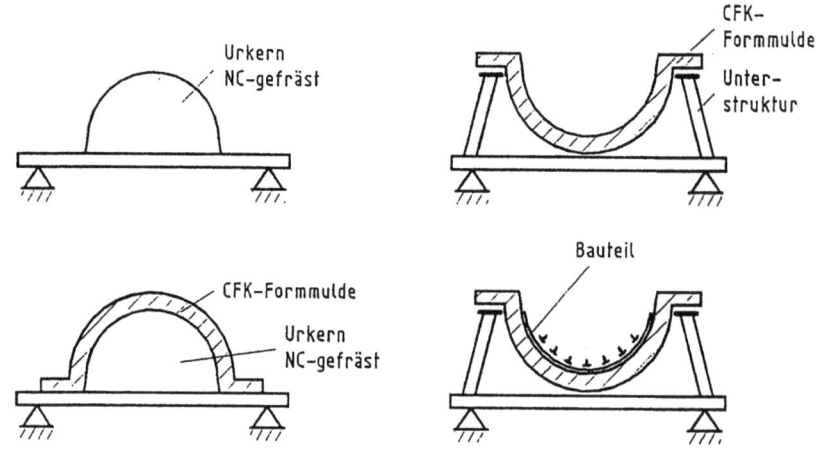

Bild 7.3. CFK-Formwerkzeug

Eine besondere Problemstellung tritt bei gewickelten Strukturen auf, deren Formwerkzeuge auch als Kerne bezeichnet werden. Bei Wickelstrukturen mit offenen Enden sind die Kerne nach der Aushärtung entfernbar und somit wiederholt brauchbar. Bei geschlossenen Enden oder bei kleinen Öffnungen ist eine zerstörungsfreie Entfernung der Kerne dagegen kaum möglich. Es besteht dann die Alternative, den Kern als integralen Teil der Wickelstruktur mit einer dichtenden oder auskleidenden Funktion zu konstruieren, oder ihn nachträglich durch chemisches Zersetzen, Aufschmelzen oder durch mechanischen Abbau zu entfernen.

7.2 Ablegen der Vorprodukte

Unter Ablegen versteht man die Plazierung von Matrixharzen und Verstärkungsfasern auf oder in den Formwerkzeugen. Man unterscheidet grundsätzlich zwischen "nassem" und "trockenem" Ablegen. Beim ersteren werden die Verstärkungsfasern vor oder während des Ablegens mit flüssigen Harzen geringer Viskosität imprägniert. Beim "trockenen" Ablegen werden vorimprägnierte und zu einem gewissen Grade vorgehärtete Faser/Harz-Gemenge (prepregs) verarbeitet. Das Ablegen erfolgt Schicht auf Schicht, manuell oder maschinell, bis die gewünschte Stärke eines Laminats mit vorgegebenen Faserrichtungen erreicht ist. Die Schichtenfolge sollte symmetrisch und ausgewogen sein, um ein Verziehen des Laminats nach dem Entformen zu vermeiden. Ungleichmäßige Verteilungen und Ausrichtungen der Fasern wirken sich negativ auf die Festigkeit und Steifigkeit des Laminats aus.

Bei ebenen oder leicht gekrümmten Bauteilen besteht die Alternative, die Prepregs Schicht für Schicht entweder unmittelbar auf dem Formwerkzeug abzulegen, oder sie zunächst auf einer ebenen Unterlage zu stapeln und anschließend auf dem Formwerkzeug zu drapieren. Bei Bauteilen mit ausgeprägten Krümmungen empfiehlt sich die Einzelablage, um Faserwellungen zu vermeiden. Mehrschichtig vorgefertigte Prepregstapel können verwendet werden, wenn sie weitgehend der Bauteilkontur entsprechen und wenn Stapel und Formwerkzeug bei der Drapierung erwärmt werden (warm forming). Dabei muß versucht werden, durch sorgfältiges Anrollen der einzelnen Schichten den Luftporengehalt des Bauteils zu reduzieren.

7.3 Aushärtung der Vorprodukte

Die Überführung der noch flexiblen, harzimprägnierten Faserverstärkungen in steife und belastbare Bauteile erfolgt durch die Aushärtung der Harzbestandteile unter Anwendung von Wärme und Druck in einem auf das Harzsystem zugeschnittenen Rhythmus [7.5, 7.6, 7.7]. Die Zufuhr von Wärmeenergie ist aus verschiedenen Gründen notwendig. Die zunächst eintretende Verminderung der Viskosität begünstigt das Zusammenfließen der einzelnen Prepregschichten. Nach Erreichen einer kritischen Temperatur, die eine ausreichende molekulare Mobilität gewährleistet, beginnt die Reaktion der Harzbestandteile, die durch den Zusatz von Katalysatoren beschleunigt werden kann. Wärmeenergie ist auch erforderlich, um im Matrixharz befindliche Wassermoleküle und Lösungsmittel wie Azeton oder Tuluol auszutreiben.

Während der Aushärtung ändert sich der Aggregatzustand des Harzes von einem dünnflüssigen über einen viskosen und schließlich, beim Erreichen des Gelierpunktes, in einen halbstarren Zustand. Jenseits des Gelierpunktes tritt im Harz keine Bewegung mehr auf; die Aushärtung ist zu 40 - 60 % erfolgt und die Geometrie des Laminats ist fixiert. Abhängig von der Art des Matrixharzes und seiner Formulierung kann die Aushärtung bei unterschiedlichen Temperaturen und Drücken schnell oder langsam erfolgen.

Die Fertigung von Laminaten bis etwa 5 mm Dicke ist unproblematisch. Der Trend geht jedoch in Richtung auf Laminate in Zentimeterdicke mit mehr als 100 Einzelschichten. Die einwandfreie Aushärtung solcher Laminate ist schwieriger, weil in exotherm reagierenden Matrixharzen durch die Behinderung des Wärmeflusses im Inneren des Laminats Temperaturdifferenzen auftreten. Außerdem ist in dicken Laminaten die Entfernung von Lösungsmitteln und Luftblasen komplizierter. Im Laminat verbleibende Gasporen wirken sich aber - zumal bei hohen Fasergehalten - negativ auf die interlaminare Schubfestigkeit und die Schwingfestigkeit von Verbundbauteilen aus.

Die bei der Fertigung eingesetzten Harzsysteme verlangen ihren Formulierungen angepaßte Aushärtungszyklen. Ungewöhnliche Laminatdicken oder Bauteilkonfigurationen können Modifikationen des Aushärtungszyklus erforderlich machen, die die Harzeigenschaften im gewünschten Sinne ändern. Mit einer sich an die Aushärtung anschließenden Nachhärtung kann die Harzvernetzung weiter verdichtet werden, womit die Steifigkeit des Harzes verbessert, aber auch seine Sprödigkeit erhöht wird. Die Nachhärtung kann auf dem Formwerkzeug stattfinden, bindet dann aber die Fertigungsmittel, so daß sie bei größeren Stückzahlen nach dem Entformen des Bauteils erfolgt.

7.3.1 Aushärtungskontrollen

Die strikte Einhaltung des für ein bestimmtes Faser/Harz-System und eine bestimmte Bauteilkonfiguration optimierten Aushärtungsprozesses ist eine wesentliche Voraussetzung für die Qualität des Verbundes. Die Kontrolle dieses Vorgangs, der häufig in geschlossenen Autoklaven abläuft, muß sich vor allem auf das Reaktionsverhalten des Matrixharzes erstrecken.

Die Überwachung des Prozeßablaufs erfolgte ursprünglich durch Personal, das die Temperatur über Meßdaten von im Bauteil plazierten Thermoelementen, und den Druck und das Vakuum über entsprechende Meßgeräte manuell regelte. Dabei war bei dem ständigen Vergleich vieler verschiedener Aufzeichnungen das Auftreten von Fehlern nicht selten. Bei der fortschreitenden Entwicklung der Automatisierung lag es nahe, die manuelle Kontrolle durch eine rechnergesteuerte zu ersetzen.

Damit läßt sich durch die Optimierung des Prozeßablaufs und durch schnelle Fehlerentdeckung und -korrektur eine Erhöhung der Bauteilqualität bei gleichzeitiger Senkung der Fertigungskosten erreichen.

7.4 Fertigungsverfahren

Die vielen Variationsmöglichkeiten sowohl beim Ablegen als auch bei der Aushärtung haben zur Entwicklung einer großen Anzahl von Fertigungsverfahren für Faserverbundstrukturen geführt, die sich zum Teil wenig und zum Teil deutlich voneinander unterscheiden. Allen Verfahren gemein sind gewisse Vorarbeiten, die mit dem Polieren des Formwerkzeuges und seiner Benetzung mit einem Trennfilm (release coat) beginnen, der die Haftung des Harzes am Formwerkzeug verhindert und die Entformung des Bauteils nach der Aushärtung erleichtert. Abhängig von der Art des Fertigungsverfahrens und der Oberflächenbeschaffenheit des Formwerkzeugs können Trennfilme aus Fetten, Lacken oder Wachsen eingerieben, aufgestrichen oder aufgespritzt werden, die ihre Wirksamkeit für mehrere Fertigungsgänge beibehalten.

Zur Schaffung glatter Oberflächen kann auf das Formwerkzeug in einem vorgeschalteten Schritt eine sogenannte Fein- oder Gelierschicht (gel coat) aufgetragen werden, die Farbtönungen oder Muster enthalten mag. Um ein Durchdrücken der Verstärkungsfasern an die Werkstoffoberfläche zu vermeiden, wird die Feinschicht auf dem Formwerkzeug vorgeliert.

7.4.1 Handlaminierverfahren

Die älteste und einfachste Methode, ein faserverstärktes Harzsystem in eine gewünschte Form zu bringen, ist das Handlaminierverfahren. Es ist nach wie vor populär auf Grund seiner minimalen technischen Anforderungen. Das Verfahren beginnt nach der Oberflächenbehandlung des Formwerkzeuges mit dem Auftrag einer Schicht flüssigen Harzes. Die anschließend aufgelegte, meist aus Matten oder Gewebe bestehende Faserschicht wird durch das von unten durchtretende Laminierharz getränkt. Die gleichmäßige Verteilung des Harzes und die Entfernung von Lufteinschlüssen geschieht durch Bürsten oder Rollen, wobei eine Beschädigung der Fasern vermieden werden muß. Dieser Vorgang wird so oft wiederholt, bis die gewünschte Laminatdicke erreicht ist. Das abgelegte Laminat wird anschließend bei Raum- oder leicht erhöhter Temperatur ohne Druckanwendung ausgehärtet. Die Reaktionsgeschwindigkeit der Aushärtung hängt von der Harzformulierung ab und muß sorgfältig gewählt werden. Zu hohe Geschwindigkeiten können zu unerwünschten exothermen Reaktionen führen, während zu geringe Geschwindigkeiten wegen des Zeitverlustes unwirtschaftlich sind.

Das Verfahren ist vielseitig anwendbar und wegen der geringen Ansprüche an die Formwerkzeuge auch kostengünstig. Für Einzelfertigungen sind einfache Holz- oder Gipsformen brauchbar, während größere Bauteilserien widerstandsfähigere Formwerkstoffe verlangen. Ein heblicher Nachteil liegt darin, daß der Faservolumenanteil 35 - 40 % kaum übersteigen kann und die präzise Ausrichtung der Fasern nur schwer zu kontrollieren ist. Das bedeutet, daß das Handlaminierverfahren gehobenen Ansprüchen nicht genügen kann, zumal auch die Temperaturbeständigkeit der gefertigten Bauteile gering ist. Entsprechend werden bei der Wahl der Vorprodukte meist preisgünstige Glasfasern und Polyester- oder Vinylesterharze bevorzugt. Das Prinzip des Handablegeverfahrens geht aus Bild 7.4 hervor [7.5].

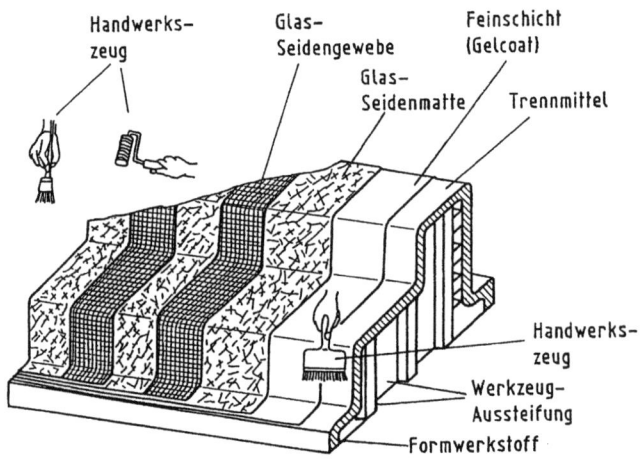

Bild 7.4. Handablegeverfahren

Eine Variante des Handlaminierens ist das Faserspritzverfahren, in dem flüssiges Harz in das Formwerkzeug eingesprüht wird. Dem manuell gesteuerten Harzstrahl werden kontinuierlich Kurzfasern von ca. 50 mm Länge zugeführt. Dieses Verfahren ist schneller als die Handablage, kann aber auf Grund der willkürlichen Verteilung zu inhomogenen Eigenschaften des Produkts führen. Bessere Ergebnisse sind mit automatisierten Sprühvorrichtungen erreichbar.

7.4.2 Vakuumsackverfahren

Das Handlaminierverfahren vereinfacht sich beträchtlich, wenn die Verdichtung des Laminats nicht schichtweise auf mechanischem Wege, sondern nach dem Aufbau des gesamten Schichtenstapels kollektiv durch das Anlegen eines Vakuums erfolgt. Der Schichtenstapel wird dabei mit einer luftdichten Membrane (vacuum bag) abgedeckt. Die anschließende Evakuierung der Luft unter der Membrane bewirkt einerseits die Entfernung der Lufteinschlüsse und andererseits die gleichmäßige Verdichtung des Laminats durch den atmosphärischen Druck, der während der Aushärtung beibehalten wird. Bild 7.5 veranschaulicht das Prinzip des Verfahrens [7.8].

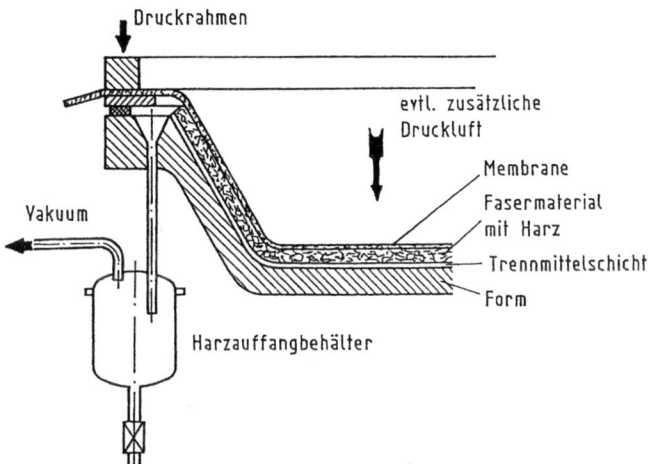

Bild 7.5. Vakuumsackverfahren

Das entstandene Bauteil hat einen gleichmäßig verteilten Faservolumenanteil von 40 - 50 % und beidseitig ziemlich glatte Oberflächen.

Das Vakuumsack-Verfahren zeichnet sich durch einen weiten Anwendungsbereich aus und ermöglicht auch die Herstellung komplex geformter und großflächiger Bauteile. Wegen der Begrenzung des erreichbaren Faservolumenanteils wird es vorwiegend für dünnwandige Bauteile eingesetzt. Die Kosten der Vakuuminstallation werden weitgehend durch geringere Lohnkosten aufgewogen.

7.4.3 Autoklavverfahren

Autoklaven werden seit über 100 Jahren für das Vulkanisieren von Gummi, das Imprägnieren elektrischer Leitungen und das Sterilisieren von Lebensmitteln gebraucht. Über die Faserverbundbauweisen haben sie Eingang in die Luft- und Raumfahrt gefunden und sind heute auch in anderen Industrien weit verbreitet [7.5, 7.7].

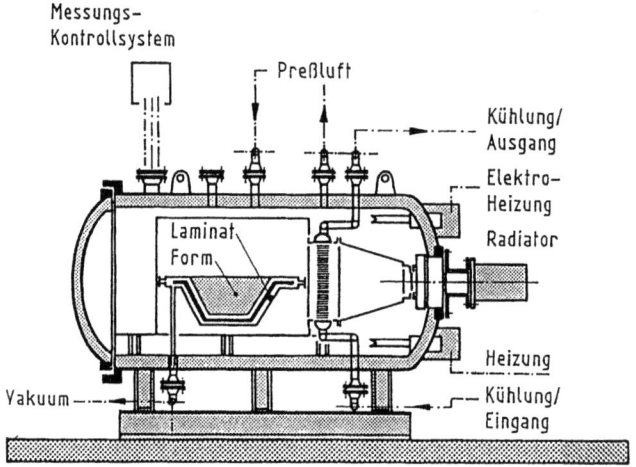

Bild 7.6. Autoklavverfahren

Autoklaven sind geschlossene Behälter, in denen die Aushärtung von Laminaten unter genau kontrollierbaren Temperatur- und Druckverhältnissen stattfinden kann. Der Innendruck eines Autoklaven wirkt allseitig und erlaubt deshalb den Gebrauch von Formwerkzeugen mit geringer Steifigkeit. Vom Prinzip her ist ein Autoklav ein einfaches Gerät, aber die effiziente Fertigung von Verbundbauteilen mit präziser Temperatur- und Drucksteuerung und unumgänglichen Sicherheitsvorkehrungen ist technologisch anspruchsvoll. Der Aufbau eines modernen Autoklaven ist in Bild 7.6 dargestellt.

Für die Fertigung von Hochleistungsbauteilen im Autoklavverfahren werden vorzugsweise Prepregs verwendet. Nach der Vorbereitung des

Formwerkzeugs beginnt die Ablage auch hier mit einem Trennfilm, gefolgt von einem Abreißgewebe, den Einzelschichten des Prepregstapels und einem weiteren Abreißgewebe. Es folgen einige Lagen eines absorptionsfähigen Materials - meist Glasfasergewebe - die den beim Verdichten des Prepregstapels austretenden Harzüberschuß aufnehmen (Auffanggewebe, bleeder plies). Getrennt durch eine perforierte Folie werden darüber einige Gewebelagen oder Matten drapiert, die eine gleichmäßige Druckverteilung und das Absaugen von Lufteinschlüssen und volatilen Bestandteilen erleichtern (Absauggewebe, breather plies). Der ganze Stapel wird schließlich mit einer luftdichten Membrane abgedeckt, die das Anlegen eines Vakuums vor und während der Aushärtung erlaubt. Die Membrane verhindert außerdem das Eindringen von Gasen aus dem Autoklaven. Sie muß so bemessen sein, daß Beschädigungen nicht zu Leckagen und damit zu Porositäten im Bauteil führen können. Der Laminataufbau für eine Autoklavfertigung entspricht dem Bild 7.7.

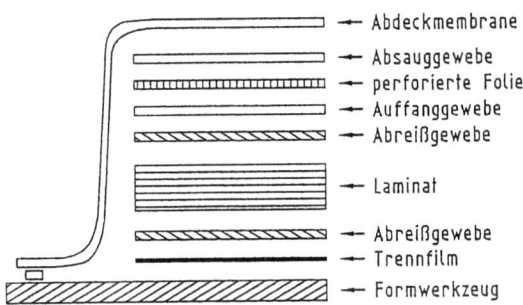

Bild 7.7. Laminataufbau für Autoklavfertigung

Die Aushärtung beginnt mit der Evakuierung der Luft unter der Membrane, womit während der Aufheizphase des Autoklaven die Stabilisierung des Laminats, die Aufnahme des überschüssigen Harzes in den Auffanggeweben und die Entfernung der Lufteinschlüsse erreicht wird. Die Vernetzung des Matrixharzes erfolgt durch Erhöhung der Temperatur unter Druckaufbringung. Der zeitabhängige Verlauf beider Parameter ist von Fall zu Fall verschieden und hängt von der Art des Prepregmaterials, den Abmessungen des Bauteils und den daran gestellten Anforderungen ab. Übliche Daten für die Verarbeitung von Standardharzen sind Maximaldrücke von 6 - 8 bar und Temperaturen von 120 - 180 °C, womit Faservolumenanteile von 60 - 70 % erreicht werden. Der Druck wird bei niedrigen Betriebstemperaturen durch

Luftverdichtung aufgebracht, und bei höheren Temperaturen durch Vergasung von Stickstoff oder Kohlendioxid, um die Brandgefahr im Autoklaven zu umgehen. Die Wärme wird mit gasbetriebenen Wärmetauschern oder mit elektrischen Wärmestrahlern erzeugt und mit Hilfe von Ventilatoren gleichmäßig verteilt. Der Betrieb moderner Autoklaven ist voll automatisiert; gesteuert und kontrolliert werden das Vakuumsystem, die Aufheizrate, die Temperaturverteilung und die Druckstufen. Typische Temperatur- und Druckprofile für ein Hochleistungs-Epoxidharz sind aus Bild 7.8 ersichtlich. Anschließend wird das Bauteil entformt und die Absaug- und Auffanggewebe werden entfernt. Durch Nachhärtung bei einer leicht über das Aushärtungsmaximum hinausgehenden Temperatur kann der Vernetzungsgrad der Matrix erhöht und eine höhere Wärmefestigkeit erzielt werden. Verbunden damit ist eine größere Sprödigkeit des Matrixharzes.

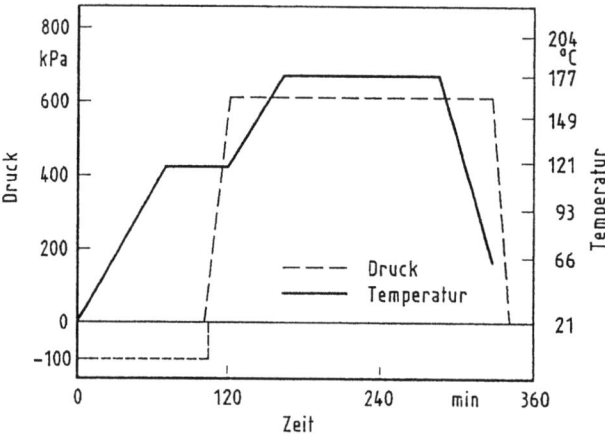

Bild 7.8. Aushärtungszyklus für 914/T300-Prepregs

Vorteile der Autoklavfertigung sind die durch die Kontrolle der Prozeßparameter gewährleistete gleichförmig gute Qualität und der geringe Aufwand für isostatisch belastete offene Formwerkzeuge. Dagegen stehen sehr hohe Investitionskosten, die Begrenzung der Bauteilgröße durch die Autoklavabmessungen und relativ lange Taktzeiten.

7.4.4 Harzinjektionsverfahren

Das Harzinjektionsverfahren (resin transfer molding) ist eine Fertigungstechnik, in der Bauteile in geschlossenen Formwerkzeugen bei niedrigen Drücken hergestellt werden. Die Bauteile können von den Abmessungen her klein oder groß und von ihrer Gestalt her einfach oder komplex sein [7.9, 7.10].

Das Verfahren beginnt mit der Ablage trockener Fasern, Matten, Geweben oder Gestricken in eine vorbereitete untere Formhälfte, die dann durch die obere Formhälfte geschlossen und an den Rändern abgedichtet wird. Der dazwischen liegende Hohlraum entspricht der Konfiguration des Bauteils. Er ist durch Rohrleitungen mit Behältern verbunden, aus denen flüssiges Harz in den Hohlraum gepumpt oder gesaugt wird. Weitere Rohrleitungen dienen zur Abführung des nach dem Durchgang durch das Formwerkzeug austretenden Harzes. Die Geschwindigkeit der Harzinjektion hängt von der Viskosität des Harzes und von dem angestrebten Faservolumenanteil des Bauteils ab. Die sich anschließende Aushärtung kann bei ambienten oder erhöhten Temperaturen erfolgen.

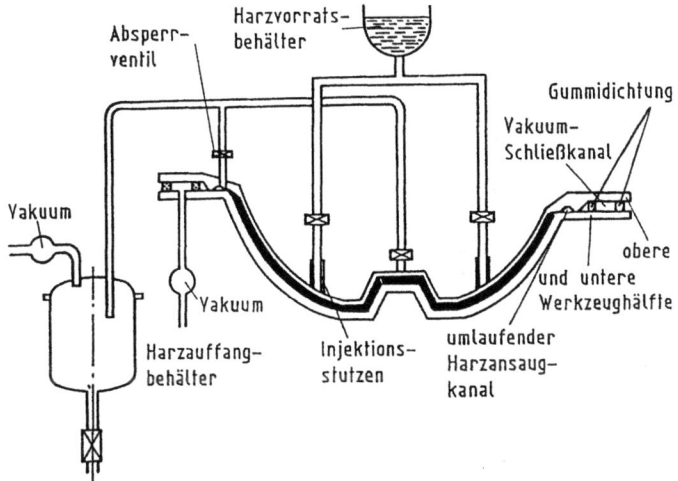

Bild 7.9. Harzinjektionsverfahren

Das Prinzip des Verfahrens geht aus Bild 7.9 hervor. Bezüglich der Harzinjektion gibt es eine Reihe von Varianten. Die gebräuchlichste ist die durch Erzeugung eines Vakuums unterstützte Injektionstechnik, die sich durch einen im Harzbehälter erzeugten Überdruck beschleunigen läßt. Der damit erreichbare Faservolumenanteil liegt bei 40 - 50 %.

Der kritische Faktor bei allen Harzinjektionsverfahren ist die Qualität der Formwerkzeuge. Billige Materialien vermögen nur geringe Druckbelastungen aufzunehmen, was sich nachteilig auf die Geschwindigkeit der Injektion und den erreichbaren Faservolumenanteil auswirkt. Der Gebrauch hochwertiger Materialien erlaubt neben höheren Drücken auch die Erhöhung der Aushärtungstemperatur. Das Harzinjektionsverfahren gewinnt zunehmend an Bedeutung, weil es die Integralfertigung auch großer und komplex geformter Strukturen mit wenigen nachträglichen Fügungen, geringer Porosität und glatten Oberflächen erlaubt.

7.4.5 Preßverfahren

Die Bezeichnung Preßverfahren wird für mehrere verwandte Herstellungstechniken gebraucht, bei denen der Druck auf die Laminate mechanisch oder hydraulisch aufgebracht wird. Ihre Gemeinsamkeit liegt darin, daß faserverstärkte Harze in zwei- oder mehrteilige Formwerkzeuge plaziert, nach dem Schließen der Form durch Druckanwendung verteilt und anschließend ausgehärtet werden. Überschüssiges Harz und Lufteinschlüsse werden in Auffangvorrichtungen an der Peripherie des Formwerkzeugs aufgenommen. In das Formwerkzeug eingebaute Quetschkanten scheren den Überstand der Zuschnitte ab und verleihen dem entstehenden Bauteil seine angenäherten Enddimensionen. Die Druckintensität und die Aushärtungstemperatur können bei geeigneter Konstruktion des Formwerkzeugs in weitem Rahmen variiert werden, so daß auch die Verarbeitung hochwertiger Prepregs möglich ist. Man unterscheidet ohne scharfe Abgrenzung zwischen Niederdruck- und Hochdruckverfahren, wobei in beiden Fällen die Aushärtung bei hohen Temperaturen schnell und bei niedrigen Temperaturen langsam verläuft. Der erreichbare Faservolumenanteil ist 65 % [7.5].

Vom *Kaltpressen* wird gesprochen, wenn die Formwerkzeuge bei der Aushärtung auf maximal 70 - 80 °C erwärmt werden und insofern aus wenig widerstandsfähigen Materialien bestehen können. Bei diesem Verfahren werden die Faserverstärkungen meist trocken in die Formen gelegt und das flüssige Imprägnierharz nachträglich so dazugegeben, daß beim Schließen des Werkzeugs zu den Quetschkanten hin möglichst gleiche Fließwege entstehen. Die Preßzeiten sind von der Reaktivität des Harzes, der Bauteilwanddicke und der Aushärtungstemperatur abhängig. Bild 7.10 zeigt ein typisches Formwerkzeug im geöffneten und im geschlossenen Zustand.

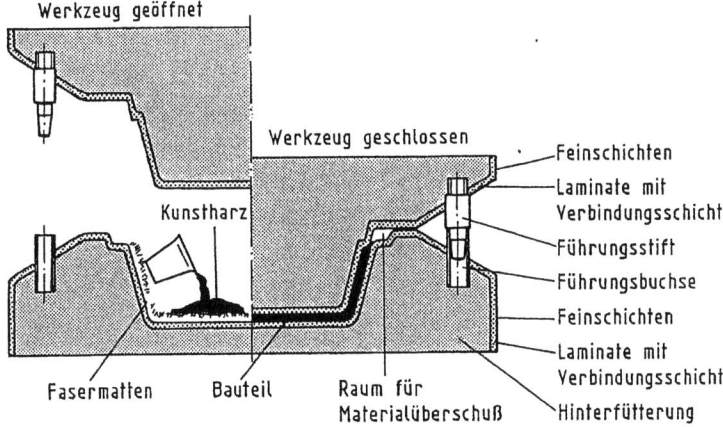

Bild 7.10. Kaltpreßverfahren

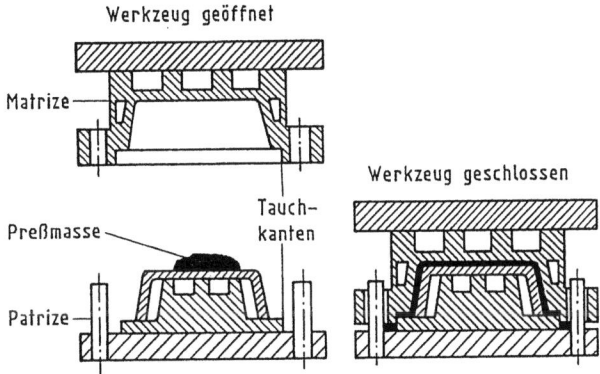

Bild 7.11. Heißpreßverfahren

Das *Heißpressen* eignet sich besonders zur Herstellung von Preßteilen in großen Serien. Man arbeitet dabei mit beheizten Stahlformen, deren Aufbau in Bild 7.11 skizziert ist. Der dafür erforderliche Aufwand rechtfertigt dieses Verfahren nur bei hohen Stückzahlen. Für die Druckerzeugung werden vorzugsweise regulierbare hydraulische Pressen eingesetzt. Beim Heißpressen wird vorwiegend mit Harzmatten, Prepregs und kurzfaserverstärkten Preßmassen gearbeitet. Dabei kann die Ausrichtung der Verstärkungsfasern durch entsprechende Materialanordnung im Formwerkzeug beeinflußt werden.

Eine weite Verbreitung hat das Verpressen von SMC-Materialien (sheet molding compounds) gefunden. Man versteht darunter Polyester- oder Epoxy-Prepregs, die 10 - 75 mm lange Kurzfasern (~ 35 %) und mineralische Füllstoffe (~ 40 %) enthalten. Bei der Herstellung der Formteile brauchen die SMC-Prepregs nicht präzise zugeschnitten zu werden, weil während des Verpressens durch das Fließen des Faser/Harz-Gemisches eine homogene Verteilung über das ganze Formteil erreicht wird.

Die Preßverfahren führen im allgemeinen zu guten mechanischen Eigenschaften, genauer Reproduzierbarkeit und hoher Wirtschaftlichkeit zumal bei Serienproduktionen. Andererseits sind die Möglichkeiten der in Verbundbauweisen stets angestrebten Integralfertigung wegen der mit der Größe des Bauteils steigenden Drücke begrenzt. Konfigurationsänderungen sind wegen der massiven Bauweise der Formwerkzeuge nur schwer durchführbar. Die Druckkräfte müssen mit parallelhubgeregelten Pressen erzeugt werden, da exzentrische Belastungen rasch zu Schäden an den Pressen und an den Formwerkzeugen führen.

7.4.6 Expansionsverfahren

Der während der Aushärtung für die Laminatkompaktierung erforderliche Druck kann auf verschiedene Weise erzeugt werden. Mehrere verwandte Fertigungsverfahren benutzen dazu die Expansion eines Mediums in einem geschlossenen Formwerkzeug, wodurch die Schichten des Laminates gegen die Wände der Formmulden gepreßt werden. Der erreichbare Faservolumenanteil liegt zwischen 50 und 60 %.

Das *Drucksackverfahren* (pressure bag molding) verwendet einen sich im Inneren des Formwerkzeugs befindenden sackähnlichen Formkern aus einem dehnbaren Material wie Silikonkautschuk. Durch eine Öffnung in der Werkzeugwand wird im Formkern Druck erzeugt, der die Verdichtung des Laminats bewirkt. Der Sack kann nach der Aushärtung als Auskleidung im Bauteil verbleiben (Bild 7.12).

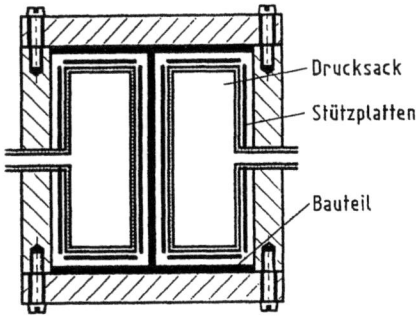

Bild 7.12. Drucksackverfahren

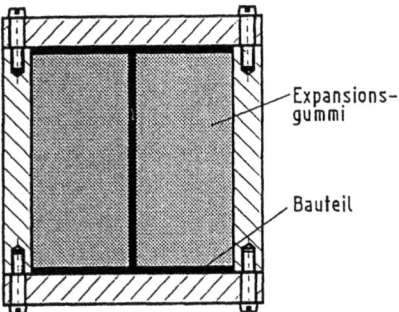

Bild 7.13. Thermisches Expansionsverfahren

Das sogenannte *thermische Expansionsverfahren* (thermal expansion molding) ist ein verhältnismäßig neues Verfahren, das auf der Druckerzeugung durch einen unter Wärmezufuhr expandierenden Formkerns beruht. Normalerweise werden dafür elastomere Materialien verwendet, deren thermale Dehnungen die des meist aus Metall bestehenden Formwerkzeugs weit übersteigen. Die chemische Zusammensetzung des Formkernmaterials kann so gewählt werden, daß bei normalen Aushärtungstemperaturen ein Druckbereich zwischen 0,1 bar und 150 bar abdeckbar ist. Das Prinzip des thermischen Expansionsverfahrens geht aus Bild 7.13 hervor. Ähnlich wie beim Drucksackverfahren liegt ein wesentlicher Vorteil darin, daß die Fertigung qualitativ hochwertiger Bauteile ohne Vakuumanwendung und ohne Benutzung eines Autoklaven möglich ist. Ein Nachteil ist, daß Druck und Temperatur nicht unabhängig voneinander variiert werden können, sondern in einem bestimmten Verhältnis zueinander stehen und damit die Kontrolle der Aushärtungsreaktion erschweren. Zu bedenken ist auch, daß die Geometrie des Bauteils gewissen Einschränkungen unterworfen ist, um die Entfernung des Formkerns nach dem Aushärten zu ermöglichen [7.11].

Die geometrischen Einschränkungen können durch die Verwendung eines hochporösen Formkernmaterials umgangen werden, das sich nach der Aushärtung durch chemisches Auflösen und Auswaschen entfernen läßt. Dabei treten allerdings Einschränkungen bezüglich der maximal realisierbaren Temperaturen und Drücke auf. Praktische Erfahrungen liegen mit Formkernen aus EPS-Schaum vor, bei denen die Aushärtungstemperatur auf 70 °C begrenzt ist [7.12]. Die Suche nach entfernbaren Formkernmaterialien höherer Qualität, die eine Integralbauweise auch temperaturbeständigerer Bauteile ermöglichen, dauert an.

7.4.7 Spritzgußverfahren

Mit Hilfe des Spritzgußverfahrens (resin injection molding) lassen sich dreidimensionale Produkte mit komplexer Geometrie, die Löcher, Rippen, Vorsprünge oder andere Unregelmäßigkeiten aufweisen können, ohne Nachbearbeitung herstellen. Dabei wird nach Bild 7.14 ein Gemisch aus Kurzfasern und Harz in einen Extruder eingeführt, dort auf mechanischem Wege verdichtet und schließlich durch eine oder mehrere kleine Öffnungen in das Formwerkzeug gespritzt.

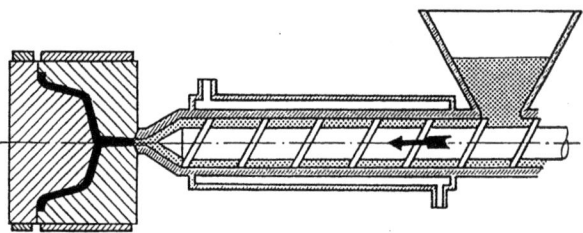

Bild 7.14. Spritzgußverfahren

Der Vorteil mehrerer Einspritzstellen liegt in der besseren Kontrolle der Verteilung und Ausrichtung der Verstärkungsfasern. Wegen der erforderlichen Fließfähigkeit des Faser/Harz-Gemisches eignen sich für das Spritzgußverfahren nur niedermolekulare Harzsysteme, die trotzdem sehr hohe Spritzdrücke verlangen. Die Maschinenzylinder werden mittels Flüssigkeitsheizung auf konstanter Temperatur gehalten. Das Formwerkzeug selbst wird auf die Härtungstemperatur der Matrixharzes gebracht und das Formteil anschließend heiß entfernt. Auf diesem Wege sind bereits Bauteile bis zu 50 mm Wandstärke und mit etwa 40 % Faservolumenanteil erfolgreich gefertigt worden. Das Spritzgußverfahren ist ein Kompromiß zwischen dem Grad der Verformbarkeit und den mechanischen und chemischen Eigenschaften des Werkstoffs, der während des Fertigungsablaufs drastische Änderungen erfährt.

7.4.8 Wickelverfahren

Das Wickelverfahren (winding technique) ist eine Fertigungsweise von Verbundbauteilen, in der kontinuierliche Faserbündel oder Faserbänder auf ein sich drehendes Formwerkzeug gewickelt werden. Die Wickelkörper können von beliebiger Gestalt sein mit der Einschränkung, daß der Querschnitt keine Wiedereintrittswinkel haben darf. Die im Wickelverfahren gebrauchten Formwerkzeuge werden Kerne genannt (mandrels). Das Verfahren war ursprünglich für die Fertigung von Rohren und Behältern vorgesehen, hat sich aber inzwischen auch in vielen anderen Anwendungsbereichen bewährt. Im Laufe der Zeit haben sich zahlreiche unterschiedliche Wickeltechniken herausgebildet, deren Großteil jedoch auf drehbank- oder planetenähnlichen Bewegungsabläufen basiert.

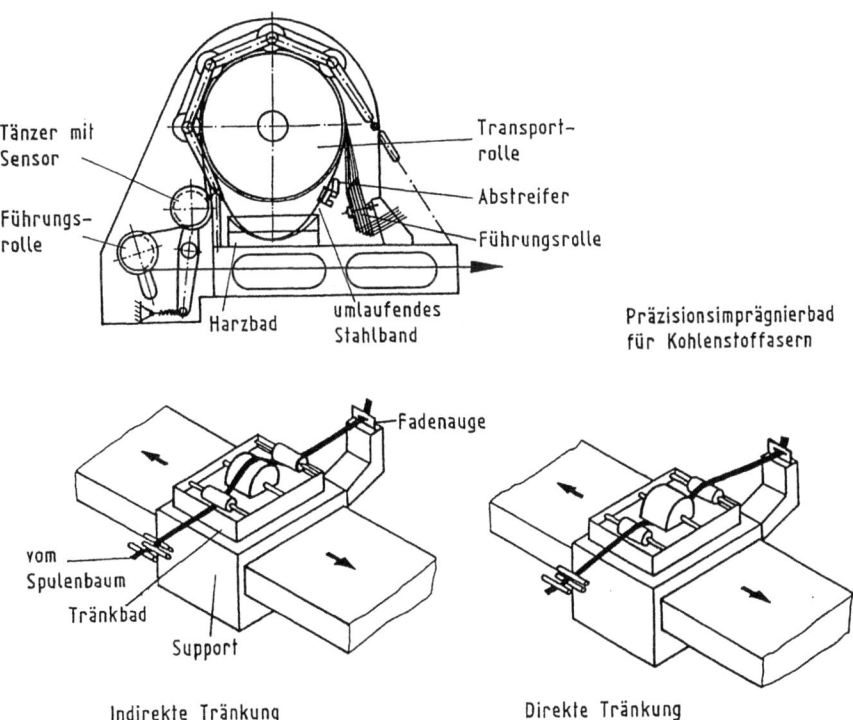

Bild 7.15. Fadentränksysteme

Allen ist gemeinsam, daß das Verstärkungsmaterial von Spulen abgenommen und unter Vorspannung auf dem Kern abgelegt wird. Zur Verwendung kommen vorwiegend Rovings und Bänder aus Glas-, Aramid- und Kohlenstoffasern, die in der Regel direkt an der Wickelanlage in Tränkeinrichtungen mit Polyester-, Epoxid- oder Polyimidharzen imprägniert werden. Abhängig von der Fadengeschwindigkeit der Faserstränge und den Qualitätsansprüchen werden unterschiedliche Imprägniersysteme eingesetzt (Bild 7.15) [7.13, 7.14, 7.15]. Möglich ist auch die Verarbeitung vorimprägnierter Faserstränge und Bänder.

Bei drehbankähnlichen Anlagen rotiert der Kern mit veränderbarer Geschwindigkeit um eine feste Achse. Die Faserbündel werden mit Hilfe eines Führungswagens, der sich parallel zur Rotationsachse des Kerns bewegt, abgelegt. Die Richtung der Fasern ergibt sich aus der Bewegungsrichtung und -geschwindigkeit des Führungswagens in Relation zur Drehung des Wickelkerns (Bild 7.16). Eine Abwandlung des Drehbankverfahrens ist das kontinuierliche Wickelverfahren, bei dem sich der Kern gleichmäßig bewegt und eine Anzahl von Fadenspulen meist gegenläufig mit einer definierten Geschwindigkeit um diesen rotieren.

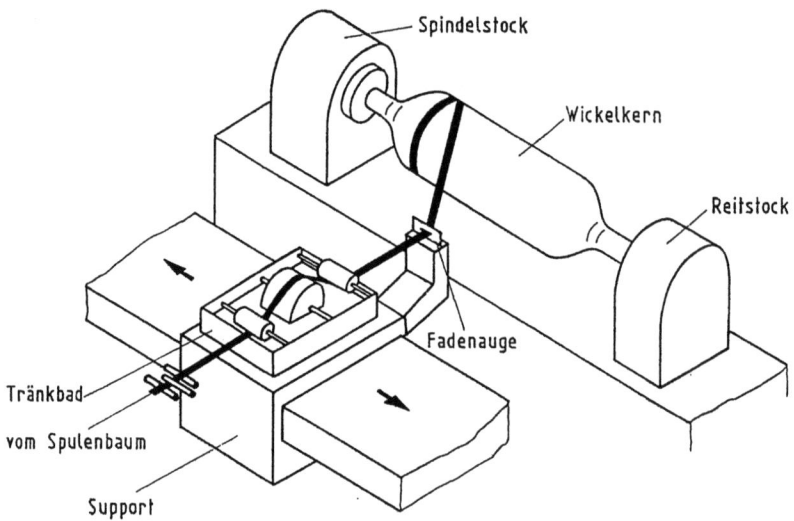

Bild 7.16. Drehbankwickelverfahren

Die als Präzisionswickelverfahren bekannten Planeten- und Polarwickelverfahren unterscheiden sich dadurch, daß sich beim ersteren der Wickelkern in leichter Schrägstellung um eine Längsachse dreht und gleichzeitig ein schnell rotierender Fadenführungsarm eine planare Bahn über die Pole des Wickelkerns beschreibt, während beim letzteren die Fadenführung feststeht und der Wickelkern sich gleichzeitig um seine Achse und über seine Pole dreht. Beispiele beider Fertigungstechniken enthält Bild 7.17.

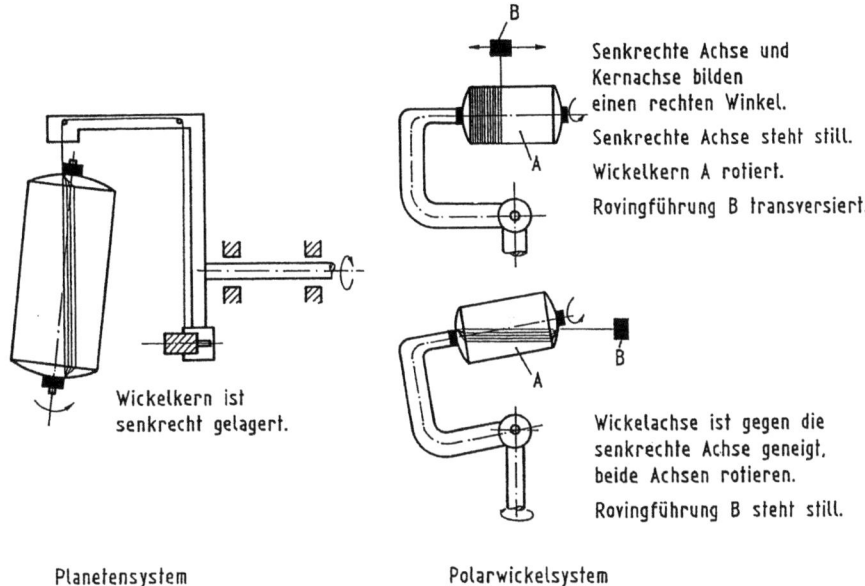

Bild 7.17. Planeten- und Polarwickelverfahren

Die Variationsmöglichkeit des Wickelwinkels liegt zwischen 0° und 90°, so daß axiale Verstärkungen, Verstärkungen in Umfangsrichtung und jede Art von Kreuzverstärkungen realisierbar sind. Geeignete Wickelrichtungen für spezifische Belastungsfälle können auf analytischem Wege bestimmt und entsprechende Wickelmuster optimiert werden. Der Faservolumenanteil läßt sich durch die Höhe der Vorspannung der Verstärkungselemente während des Wickelvorgangs variieren. Die Aushärtung erfolgt normalerweise bei moderaten Temperaturen.

Die Wahl des Kernmaterials ist abhängig von der Aushärtungstemperatur und der Frage der Wiederverwendbarkeit. Bei Bauteilen mit zumindest einem offenen Ende können die Kerne nach dem Aushärten meist ohne Beschädigung entfernt werden. Bei fast oder gänzlich geschlossenen Enden muß der Kern so konstruiert werden, daß er entweder als selbsttragendes oder auskleidendes Element ein integraler Teil der Verbundstruktur wird, oder aber beim Entformen auf mechanischem oder chemischem Wege zerstört wird.

Die mechanischen Eigenschaften von Wickelstrukturen hängen zum großen Teil von der Präzision der Faserablage ab, die sich durch Automatisierung der Fertigungsabläufe leicht kontrollieren läßt. Neben der Flexibilität der Fertigungsparameter und der allgemein guten Qualität der Bauteile liegt der wesentliche Vorteil der Wickelverfahren auf wirtschaftlichem Gebiet. In modernen Anlagen sind Ablagemengen von 300 kg/h realisierbar, was mit keinem anderen Fertigungsverfahren erreichbar ist. Nachteilig sind die hohen Kosten der Erstinstallation, die Notwendigkeit gut geschulten Personals und gewisse Einschränkungen der Strukturgeometrien.

7.4.9 Strangziehverfahren

Die Strangziehmethode (pultrusion method) ist ein automatisiertes Verfahren für die Fertigung kontinuierlicher Verbundbauteile mit konstantem Querschnitt. Es ist im Prinzip die Umkehrung des bekannten Extrusionsverfahrens in der Metallverarbeitung, das heißt, der Werkstoff wird nicht durch eine Düse gedrückt, sondern gezogen. Stranggezogene Verbundbauteile bestehen in der Regel aus mit Langfasern verstärkten Matrixharzen.

Das Strangziehverfahren beginnt mit der Abwicklung von Spulen und der Trocknung der Faserverstärkungen. Die nachfolgende Imprägnierung mit dem Matrixharz erfolgt in mit Rollen versehenen Tränkbädern. Die imprägnierten Fasern werden dann gebündelt und in eine vorgeheizte Stahldüse eingeführt, deren Konturen dem Querschnitt des zu fertigenden Bauteils entsprechen. Mit geeigneten Mechanismen wird das entstandene Profil kontinuierlich durch die Düsenöffnung gezogen, wobei zugeführte Wärme die Reaktion des Matrixharzes initiiert. Die weitere Aushärtung und eine eventuelle Nachhärtung finden in nachgeschalteten Durchlauföfen statt. Das Profil wird schließlich gekühlt und mit Schneidvorrichtungen in gewünschte Längen getrennt. Bild 7.18 illustriert den Fertigungsvorgang.

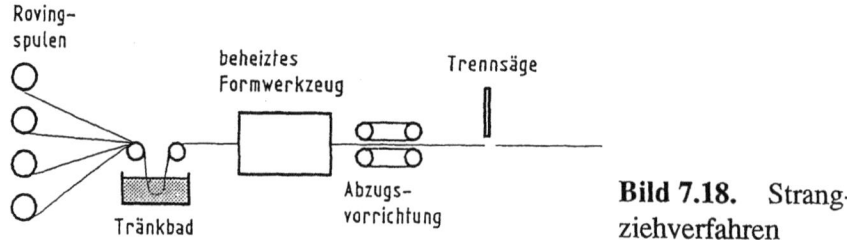

Bild 7.18. Strangziehverfahren

Im Strangziehverfahren lassen sich sowohl einfache Profile mit Vollquerschnitten, die meist aus Glasfasern und Polyesterharz bestehen, als auch strukturierte Profile aus hochwertigen Materialien für anspruchsvollere Anwendungen herstellen. Zu den Vorteilen des Strangziehens gehört, daß hohe Produktionsraten mit beliebigen Längenabmessungen möglich sind und die Bauteile bis zu 80 % Faservolumenanteil aufweisen können. Die mechanischen Eigenschaften in Faserrichtung sind entsprechend hoch, während quer zur Faserrichtung nur die Festigkeit des Matrixmaterials vorliegt, es sei denn, daß zusätzlich zu den Rovingsträngen Gewebestreifen eingebracht oder die Rovingstränge nachträglich umwickelt werden. Vorteilhaft ist auch die Vielfalt der herstellbaren Konfigurationen, die durch die leichte Auswechselbarkeit der Düsen unterstützt wird. Nachteilig wirken sich allenfalls die hohen Investitionskosten der Anlagen aus.

7.5 Nachbearbeitung von Verbundbauteilen

Faserverstärkte Verbundbauteile werden prinzipiell mit möglichst genauen Endmaßen hergestellt. Bei hohen Anforderungen an die Oberflächenbeschaffenheit und Maßgenauigkeit sind Nachbearbeitungen jedoch unumgänglich. Dabei sind beim Einsatz spanender Werkzeuge durch

- den begrenzten Temperaturbereich der Verbundwerkstoffe,
- die Eigenarten der Fasern und Matrixharze und
- den hohen abrasiven Verschleiß der Schneidstoffe

andere Randbedingungen zu berücksichtigen als bei der Metallbearbeitung. Oberstes Gebot bei allen Nacharbeiten muß es sein, das Ausfransen und Delaminieren an den bearbeiteten Rändern und das Überhitzen der Matrixharze zu vermeiden.

Das *Sägen* von Verbundbauteilen ist mit diamant- oder hartmetallbestückten Kreis- oder Bandsägen möglich. Kreissägen eignen sich besonders für gerade Schnitte in ebenen Bauteilen, wobei bei Blattgeschwindigkeiten von 10-20 m/s und - mit Wasserkühlung - Vorschübe von einigen mm/s auch in dickeren kohlenstoffaserverstärkten Laminaten erreichbar sind. Für gekrümmte Schnitte in ebenen und in fast ebenen Laminaten werden Bandsägen eingesetzt, die mit Bandgeschwindigkeiten von etwa 30 m/s arbeiten. Bezüglich der Sägeblätter gilt die Grundregel, daß etwa drei Sägezähne der Laminatdicke entsprechen und daß zuerst der Fuß der Zähne in das Laminat eindringen muß. Unsaubere Schnittkanten können zu Delaminationen führen und müssen vermieden werden [7.16].

Für das *Besäumen* von Verbundbauteilen kommen konventionelle Fräswerkzeuge mit diamant- oder karbidbestückten Köpfen zum Einsatz, die von Hand entlang einer Schablone geführt werden können. Fräsköpfe mit speziell geformten Konturen eignen sich auch für das Einbringen von Kerben und Öffnungen und für das Trennen von Laminaten. Bei Aramidfaserverstärkungen ist ein Ausfransen der Bearbeitungskanten nur mit besonderen Schneidgeometrien zu erreichen.

Das *Glätten* von Laminatoberflächen geschieht mit handelsüblichen, mit Sand- oder Schmirgelpapier arbeitenden Schleifwerkzeugen.

Das *Bohren* von Löchern ist unter anderem eine Voraussetzung für den Zusammenbau von Verbundstrukturen. Für die Effizienz mechanischer Fügungen ist die Qualität der Bohrlöcher in bezug auf Rechtwinkligkeit, Rundheit und Glattheit wichtig. Konventionelle Bohrwerkzeuge sind für Faserverbunde grundsätzlich anwendbar, erfordern aber einige Modifikationen. Die abrasive Wirkung faserverstärkter Laminate ist oft so groß, daß nur hartmetallbestückte Bohrer brauchbar sind, deren Hitzeentwicklung eingedämmt werden muß. Das bedeutet eine Begrenzung der Drehgeschwindigkeit und des Anpreßdrucks und die Wahl von Bohrern mit Schneidflächen, die den Faserverbunden angepaßt sind. Der Gefahr des Abspaltens der Außenschichten des Laminats beim Durchbruch des Bohrers begegnet man durch die Kontrolle des Vorschubs und die Anwendung von Stützplatten. Besondere Schwierigkeiten entstehen beim Bohren von Aramidverbunden, bei denen die Fasern zum Ausfransen neigen. Eine nachträgliche manuelle Säuberung der Bohrlöcher ist aufwendig, so daß auch hier mit besonderen Bohrern gearbeitet wird, deren Schneidflächen die Fasern zur Lochmitte hin abscheren [7.17].

7.6 Automatisierung des Fertigungsablaufs

Die Wirtschaftlichkeit von Verbundstrukturen hängt maßgeblich von den Material- und Fertigungskosten ab. In dem Bestreben, die Gesamtkosten zu reduzieren, sind die Materialkosten kaum beeinflußbar, die Kosten der Fertigung dagegen lassen sich durch eigene Initiativen wirksam mindern. Einsparmöglichkeiten bieten sich bereits bei der Organisation der Werksanlagen und in besonderem Maße bei der Automatisierung des Fertigungsablaufs an.

Die Organisation der Werksanlagen wird diktiert von der Forderung, die wichtigsten Fertigungsschritte mit einem Maximum an Effizienz auszuführen. Dazu gehören programmierte Werkstoffinventare, kurze Transportwege, optimierte Ablauffolgen und der flexible Einsatz von Fertigungsmitteln. Das Ziel muß sein, nicht nur diese oder jene Fertigungsinsel zu automatisieren, sondern den gesamten in Bild 7.19 aufgezeigten Fertigungsablauf. Unverzichtbar ist jedenfalls die Automatisierung der Fertigungsschritte, die im Handbetrieb die höchsten Kosten verursachen. Dazu gehören der Zuschnitt und das Ablegen der Prepregs und die Nachbearbeitung der ausgehärteten Bauteile.

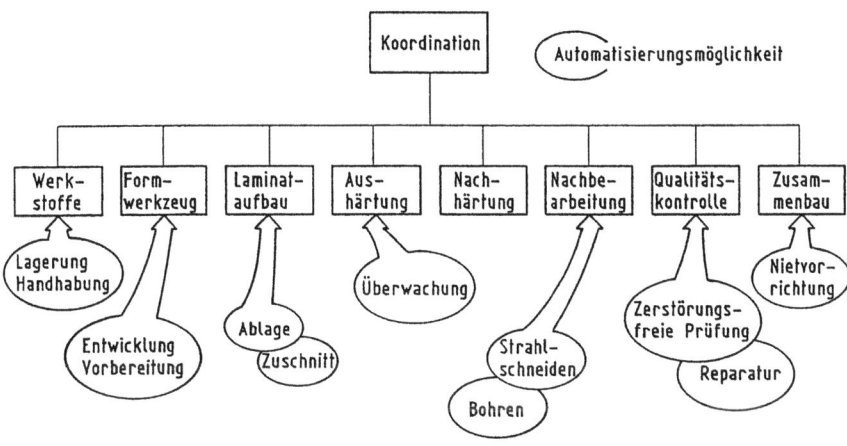

Bild 7.19. Automatisierbare Fertigungsschritte

7.6.1 Prepregzuschnitt

Die Einzelschichten eines Laminats wurden ursprünglich in Handarbeit zugeschnitten. Damit verbanden sich zumal bei unregelmäßigen Laminatabmessungen hohe Personalkosten und Verschnittraten. Moderne Verfahren benutzen numerisch optimierte Schnittmuster, die auf Zuschneidetischen so auf die Prepregs oder Prepregstapel gelegt werden, daß ein Minimum an Verschnitt entsteht. Der Schneidvorgang erfolgt vorzugsweise mit einem automatisch gesteuerten Stichmesser.

Das *Stichmesserverfahren* (Gerbercutter) arbeitet nach dem Prinzip einer Stichsäge, wobei das Material durch eine Auf- und Abbewegung bei gleichzeitigem Vorschub getrennt wird. Das Trenngut wird durch Saugwirkung auf einer teppichartigen Unterlage fixiert, die einen genügend tiefen Freilauf des Stichmessers gestattet.. Bei Prepregeinzelschichten werden Schnittgeschwindigkeiten von 5 - 15 m/min erreicht. Die maximal schneidbare Dicke von Prepregstapeln ist etwa 4 mm. Der Vorteil des Stichmesserverfahrens ist sein einfacher Mechanismus, der mit leicht austauschbaren Messern saubere Schnittflächen liefert und mit Lichtpunktabtastung, NC- oder CNC-Steuerung betrieben werden kann. Allerdings ist seine Anwendung auf das Trennen unausgehärteter Prepregs mit durch die Breite des Messers begrenzten Krümmungsradien beschränkt. Die Arbeitsweise des Stichmesserverfahrens zeigt Bild 7.20.

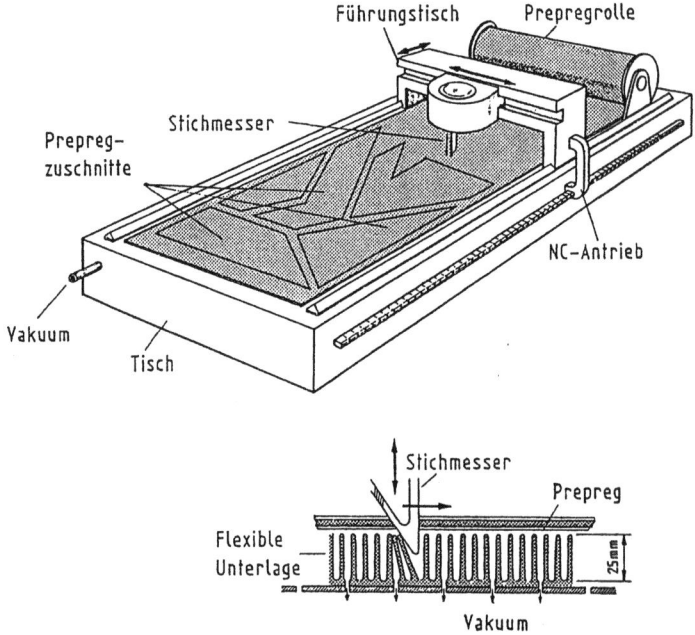

Bild 7.20. Prinzip des Stichmessers

7.6.2 Ablegemaschinen

Das Ablegen der Einzelschichten eines Laminats auf den vorbereiteten Formwerkzeugen ist der arbeitsintensivste Teilvorgang auf dem Entstehungsweg eines Verbundbauteils, der auch in hohem Maße seine

Qualität beeinflußt. In den Anfängen der Verbundtechnologie war es üblich, Prepregs manuell Schicht auf Schicht, dem vorgegebenen Laminataufbau folgend, abzulegen. Dieses Vorgehen war bei der Formenvielfalt der Zuschnitte einerseits aufwendig und führte andererseits auf Grund kaum vermeidbarer Fehlorientierungen zu Unregelmäßigkeiten in den Eigenschaften der Verbundbauteile.

Eine erste Verbesserung der Ablegetechnik war die Einführung von halbautomatischen Maschinen, mit denen aufgespulte Prepregstreifen mit manueller Unterstützung von einer Vorrichtung abgerollt wurden, die in zwei Richtungen beweglich war. Nach dem Ablegen des ersten Prepregstreifens wurden Spule und Rolle seitlich verschoben und der zweite Streifen parallel dazu verlegt.

Der nächste Schritt war der Übergang auf vollautomatische Maschinen mit rechnergesteuerten Bewegungsabläufen, die ohne manuelle Unterstützung komplette Prepregstapel auf ebenen Tischen ablegten, die anschließend auf das Formwerkzeug plaziert wurden. Fortschrittlichere Maschinen dieser Art legen die Prepregstapel direkt auf dem Formwerkzeug ab. Den Entwicklungstrend des Ablegeprozesses illustriert Bild 7.21.

Moderne Ablegemaschinen haben eine große Anzahl programmierbarer Parameter. Der noch mit Trägerfolien versehene Prepregstreifen wird an einer Schneidvorrichtung vorbei in den Maschinenkopf eingeleitet und unter den Ablagemechanismus geführt, der die Entfernung der Schutzschichten und die Ablage des Prepregstreifens übernimmt. Das Ablegen beginnt mit der Positionierung und Absenkung des Kopfes auf die Oberfläche des Formwerkzeuges. Mit der Bewegung des Kopfes wird der Prepregstreifen abgerollt, gegen die Unterlage gedrückt und schließlich abgeschnitten. Der Maschinenkopf wird dann angehoben, um 180 °C gedreht und wieder abgesenkt, um den nächsten Streifen in gegensinniger Richtung abzulegen. Diese Schrittfolge wiederholt sich, bis die Abmessungen der ersten Schicht des Laminats abgedeckt sind. Weitere Schichten mit Faserrichtungen zwischen -90 °C und +90 °C und mit möglicherweise anderen Längen werden auf dieselbe Weise abgelegt, bis die gewünschte Laminatanordnung erreicht ist. Typische Ablegegeschwindigkeiten sind 5 m/min für breite und 10 m/min für schmale Prepregstreifen. Bild 7.22 zeigt den Ablegekopf einer industriell genutzten Ablegemaschine.

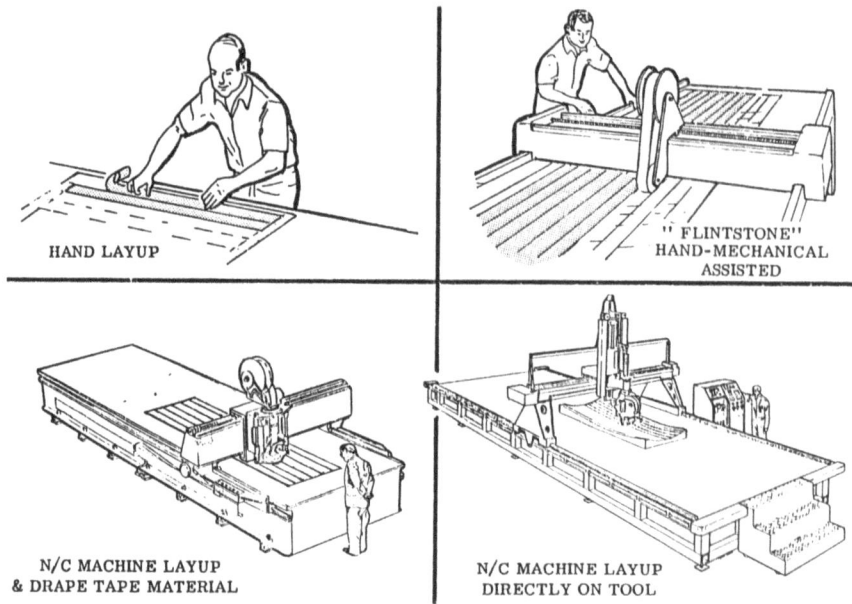

Bild 7.21. Entwicklung des Ablegeverfahrens

Bild 7.22. Moderne Ablegemaschine

Die Weiterentwicklung von Ablegemaschinen ist rasant und zielt in erster Linie auf größere Beschleunigungen des Maschinenkopfes, bessere Schneidvorrichtungen und auf höhere Anzahlen von Freiheitsgraden. Angesichts der steigenden Bedeutung konturierter Laminate geht der Entwicklungstrend in Richtung auf die möglichst schnelle Ablage schmaler Gelege, die bei nicht abwickelbaren Oberflächen relativ geringe Parallelitätsabweichungen zwischen benachbarten Streifen verursachen. Das Entwicklungsziel sind Sechs-Achsen-Maschinen, die Gelege auch räumlich gekrümmt entweder indirekt über Hilfskerne oder direkt in die Formmulden abzulegen vermögen.

Es ist einleuchtend, daß Ablegemaschinen gegenüber dem Handablegeverfahren enorme Vorteile haben. Abgesehen von ihrer vielseitigen Verwendbarkeit zeichnen sich programmierbare Maschinen dadurch aus, daß sie bei Serienfertigungen Prepregstapel mit identischer Anordnung wiederholbar exakt ablegen und über den Maschinenkopf einen gleichmäßigen Druck auf alle Stellen des Laminats ausüben. Daraus folgt, daß die Qualität maschinell abgelegter Verbundbauteile die der manuell abgelegten weit übersteigt. Bezüglich der Personalkosten sind bei großen Bauteilabmessungen und wenig gekrümmten Flächen Einsparungen von 80 % und mehr möglich, womit sich die hohen Investitionskosten moderner Ablegemaschinen mehr als rechtfertigen. Bei kleinen und stark gekrümmten Bauteilen sind Ablegemaschinen allerdings weniger wirtschaftlich.

7.6.3 Schneidverfahren

Zunehmende Bedeutung unter den Schneidverfahren gewinnen verschiedene Arten des *Strahlschneidens*, wobei das Wasserstrahl- und das Laserstrahlverfahren wegen ihrer punktförmigen Wirkgeometrie und flexiblen Einsatzmöglichkeiten bevorzugt werden. Besonders bei geringen Materialdicken lassen sich bei guter Schnittqualität hohe Vorschubgeschwindigkeiten erzielen und damit - trotz erheblicher Investitionskosten - wirtschaftlich günstigere Ergebnisse als mit Fräsverfahren, die mit hoher Werkzeugabnutzung belastet sind. Hinzu kommt, daß die Strahlverfahren außer für die Endbearbeitung auch für Zuschnitte von Geweben und Prepregs einsetzbar sind.

Das *Wasserstrahlschneiden* ist besonders geeignet für Anwendungen mit hohen Präzisionsansprüchen. Es beruht auf der erosiven Wirkung eines dünnen Wasserstrahls, der auf das zu schneidende Material gelenkt wird. Die Abtragungsrate nimmt mit der Geschwindigkeit des Wasserstrahls zu und kann durch Zusatz von Abrasionsmitteln verstärkt werden. Industrielle Anlagen arbeiten mit Strahldurchmessern von 0,1 - 0,3 mm und stufenlos regelbaren Drücken bis 4000 bar, wobei das Wasser mit zwei- bis dreifacher Schallgeschwindigkeit aus einer Düse austritt. Die Schnittqualität ist auch bei dicken Laminaten ausgezeichnet. Weitere Vorteile liegen in dem Vermeiden hoher Temperaturen, der Staubfreiheit und der Möglichkeit, den Schnitt an beliebigen Stellen des Laminats zu beginnen. Wasserstrahlanlagen können mit Lichtpunktabtastung, NC- oder CNC-Steuerung betrieben werden [7.18]. Eine industrielle Wasserstrahlanlage zeigt Bild 7.23.

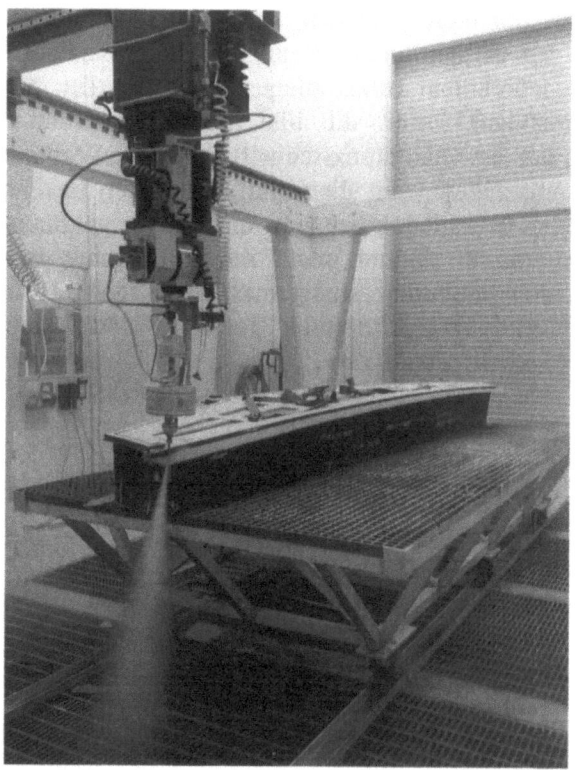

Bild 7.23.   Industrielle Wasserstrahlanlage

Das *Laserstrahlschneiden* ist ein kontaktloser thermischer Prozeß, in dem beim Auftreffen des Laserlichts ein Teil seiner Energie absorbiert wird, der die Temperatur des zu trennenden Materials erhöht. Die

Fokussierung der monochromatischen und kohärenten Strahlen auf Schnittbreiten von 0,1 - 0,3 mm führt bei genügend hoher Intensität zur Aufschmelzung und Verdampfung. Dabei entsteht eine etwa 0,1 mm tiefe verbrannte Zone an den beiden Schnitträndern unter Entwicklung nicht ungefährlicher Gase. Für kohlenstoffaserverstärkte Laminate ist das Laserschneiden wegen der hohen Wärmeleitfähigkeit der Fasern nur bedingt einsetzbar [7.19].

8 Fertigung von Verbundbauteilen mit nicht-duromeren Matrizen

Der Großteil faserverstärkter Verbundstrukturen wird mit duromeren Matrixwerkstoffen hergestellt, die aber neben ihren unbestreitbaren Vorteilen gewissen Einschränkungen unterworfen sind. Zu ihren Nachteilen zählen vor allem lange Fertigungstaktzeiten und eine begrenzte Temperaturbeständigkeit. Der Versuch, das Anwendungsspektrum faserverstärkter Verbundwerkstoffe zu erweitern, hat zu einer stärkeren Hinwendung zu leicht umformbaren thermoplastischen Matrixharzen einerseits, und zu temperaturfesteren Matrizen aus Metall, Glas, Keramik und Kohlenstoff andererseits geführt [8.1, 8.2, 8.3].

8.1 Verbunde mit thermoplastischen Matrizen

Thermoplastische Verbundwerkstoffe spielten in der Vergangenheit nur eine untergeordnete Rolle. In jüngerer Zeit konnten ihre Eigenschaften jedoch wesentlich verbessert werden mit der Folge, daß thermoplastische Werkstoffe allmählich in die Domäne der duromeren eindringen. Thermoplaste erfordern und ermöglichen andere Verarbeitungstechniken als Duromere, da im Halbzeug die thermoplastische Matrix bereits im chemischen Endzustand vorliegt. Sie sind jedoch nicht als Ersatz für Duromere, sondern als Ergänzung der Kunststoffpalette anzusehen [8.4].

Die ersten kommerziell erhältlichen thermoplastischen Materialien waren Matten mit unregelmäßig verteilten Verstärkungsfasern, die sich leicht verarbeiten ließen, aber nur mäßig belastbar waren. Später kamen Thermoplaste in Form von Folien und Granulaten auf den Markt, die mit Kurz- oder Langfasern verstärkt wurden. Die neueren Produkte umfassen ein ähnlich weites Spektrum wie das der Duromere, das sich von unidirektionalen Bändern und Prepregs mit sehr hohen Faservolumenanteilen über Gewebeprepregs bis zu Materialien mit geringem Faseranteil, aber gutem Fließverhalten erstreckt. Das heißt, die verfügbaren Halbzeuge können sowohl den mechanischen Anforderungen als auch den Verarbeitungsmöglichkeiten angepaßt werden mit der Einschränkung, daß beides gleichzeitig selten erreichbar ist. Problematisch ist noch die Qualität der für den Belastungstransfer zwischen Fasern und Matrix wichtigen Faserbenetzung.

Ähnlich wie bei Duromeren ist auch bei der Verarbeitung thermoplastischer Matrixharze die Bereitstellung von Formwerkzeugen unverzichtbar, um den Bauteilen die gewünschten Konturen zu verleihen. Allerdings sind die Druck- und Temperaturbeanspruchungen der Formwerkzeuge für thermoplastische Bauteile erheblich höher, so daß konventionelle Werkstoffe für die Fertigung von Formwerkzeugen kaum in Frage kommen. Als brauchbar haben sich Graphit- und Keramikwerkstoffe erwiesen, die aber teuer und nicht sehr beständig sind.

Bei der Ablage von Laminaten macht sich als Nachteil bemerkbar, daß die bereits voll polymerisierten Halbzeuge nicht klebrig sind und deshalb die Ablage erschweren. Insbesondere bei gekrümmten Konturen müssen die Prepregs darum durch Heftschweißen miteinander verbunden werden.

Der Schluß drängt sich auf, daß die für Duromere entwickelte Fertigungstechnologie für Bauteile mit komplexen Geometrien gar nicht oder nur mit erheblichem Aufwand anwendbar ist, zumal schon die für Thermoplaste notwendigen Verarbeitungstemperaturen von 300 - 400 °C mit den üblichen Fertigungsanlagen nur schwer erreichbar sind. Andererseits liegt ein großer Vorteil thermoplastischer Verbunde darin, daß die Umformung der Vorprodukte sehr schnell erfolgen kann. Während der Aushärtungszyklus von Epoxidharzen Stunden in Anspruch nimmt und der der schnellsten Polyester immerhin noch mehrere Minuten, sind die für Thermoplaste erforderlichen Umformzeiten denen des Metallbaus vergleichbar. Thermoplaste eignen sich deshalb für kostengünstige Massenproduktionen weit eher als Duromere, denn einen Werkstoff bei der Formgebung lediglich aufzuheizen und wieder abzukühlen ist ganz offensichtlich leichter und schneller, als ihn auszuhärten. Die Möglichkeit des Schweißens eröffnet auch vorteilhafte Fügetechniken und erleichtert die Reparatur beschädigter Bauteile.

Zur Zeit sind mehrere Fertigungsverfahren verfügbar oder befinden sich in einem weit entwickelten Erprobungszustand. Ihre Eignung für bestimmte Anwendungen hängt angesichts der hohen Prozeßtemperaturen vorwiegend von der Art und den Abmessungen der Bauteile ab. Die zu überwindenden Schwierigkeiten sind erheblich, zumal das Verständnis der Thermoplasttechnologie und der bisher erreichte Erfahrungshorizont noch bescheiden sind. Mittel- und langfristig gesehen ist jedoch für Bauteile mit thermoplastischen Matrixharzen ein großes Potential erschließbar [8.5, 8.6, 8.7].

8.1.1 Formpressen

Bei der Formpreßtechnik werden Preßlinge in ein Formwerkzeug eingelegt, das mit einem Druckstempel geschlossen werden kann (Bild 8.1). Der Umformungsprozeß erfordert die vorherige Zufuhr von Wärme, wodurch die Preßlinge in einen viskosen Zustand übergehen. Die Wiedererhärtung tritt während der Abkühlung unter Druck ein. Man unterscheidet bei diesem Verfahren zwischen heißem Pressen (hot compression forming) und kaltem Pressen (cold compression forming).

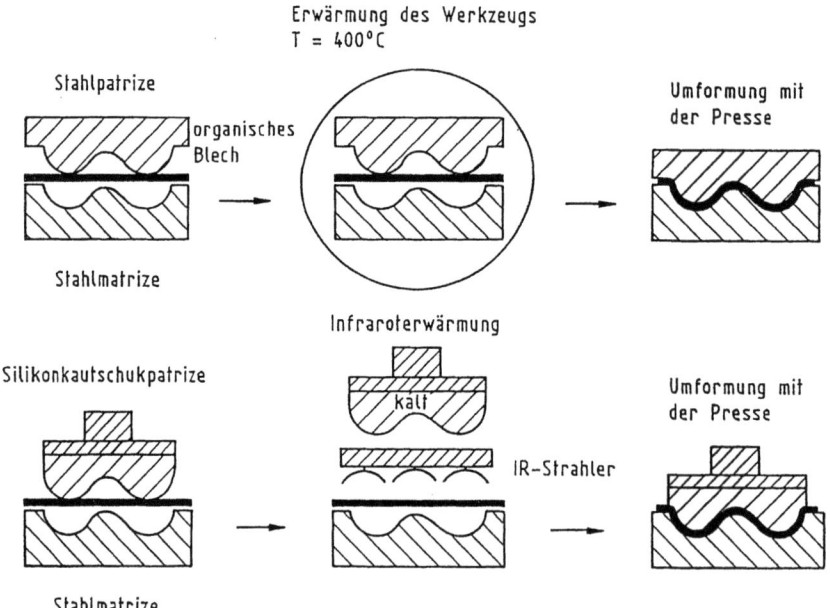

Bild 8.1. Formpreßverfahren

Beim heißen Pressen werden die Prepregs einzeln oder in vorbereiteten Stapeln in das sich auf dem Preßtisch befindliche Formwerkzeug eingelegt, das auf etwa 400 °C erhitzt wird. Die Formgebung erfolgt durch den Stempeldruck beim Schließen der Presse. Die Art der Abkühlung beeinflußt den Kristallisationsgrad der Matrix, so daß deren Kontrolle wichtig für die Qualität des Bauteils ist. Im Falle von PEEK liegt die optimale Abkühlrate bei $\Delta T = 10$ °C/min. Weil in Verbindung damit der Preßdruck beibehalten werden muß, ist das heiße Pressen ein aufwendiger Prozeß. Eine Beschleunigung ist möglich durch die Einlage der Prepregs in ein bereits vorgeheiztes Formwerkzeug. Bei genügend hohem Druck ist mit diesem Verfahren eine ausgezeichnete Bauteilqualität erreichbar [8.8].

Beim kalten Pressen werden vorverdichtete Prepregstapel auf die erforderliche Prozeßtemperatur erhitzt und dann unverzüglich in das kalte oder nur mäßig vorgewärmte Formwerkzeug eingebracht. Auch hier ist die Beibehaltung des Preßdrucks während des Abkühlens notwendig. Der Preßdruck kann sowohl auf mechanischem als auch auf hydraulischem Wege erfolgen (hydroforming). Da das Formwerkzeug keinen hohen Temperaturen ausgesetzt ist, ist bei der Materialwahl nur dessen Druckverhalten kritisch. Das kalte Pressen setzt die Verfügbarkeit vorgefertigter Laminate mit vorgegebenen Schichtfolgen voraus.

Die geringe Verschiebbarkeit der Verstärkungsfasern beschränkt das Formpressen langfaserverstärkter Prepregs auf ebene oder einfach gekrümmte Formen. Höhere Umformgrade sind mit kurzfaserverstärkten Prepregs oder mit Gewebeprepregs zu erreichen, jedoch führt die hohe Reibung zwischen Halbzeug und Stempel leicht zur Wellenbildung und Stauchung der Fasern. Zur Verringerung der Porosität ist das Pressen unter Vakuum oder das Einbetten des Halbzeugs in einen Vakuumsack von Vorteil.

8.1.2 Superplastisches Umformen

Das superplastische Umformen ist eine Variante der Preßtechnik, in der der Stempeldruck der Presse durch den hydrostatischen Druck eines Gases ersetzt wird. Dabei werden die Prepregs zwischen zwei superplastisch verformbare und mit Trennmitteln versehene Aluminiumbleche gelegt und nach dem Aufheizen durch einseitige Druckerhöhung gegen eine sich im Formwerkzeug befindliche Kontur gepreßt (Bild 8.2). Der Druck wird erst nach der Abkühlung zurückgenommen.

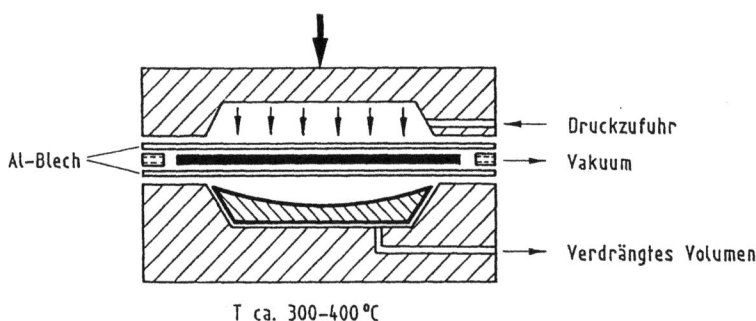

Bild 8.2. Superplastisches Umformen

Dieses Umformverfahren ist auf Grund der Flexibilität der Aluminiumfolien faserschonend und anwendbar für Bauteile mit mittlerer Umformkomplexität. Dabei sind, abhängig vom Schmelzpunkt der Thermoplaste und den Abmessungen des Preßlings, Temperaturen von 300 - 400 °C und Innendrücke von 10 - 30 bar erforderlich. Für Thermoplaste mit Verarbeitungstemperaturen, die erheblich unter 300 °C liegen, ist dieses Verfahren wegen der dann mangelnden Verformbarkeit der Aluminiumbleche nicht anwendbar.

Das Verfahren erlaubt die Verarbeitung sowohl von Gewebe- als auch von Gelegeprepregs. Bei den letzteren liegt ein Problem in der schwierigen Kontrolle der Faserrichtungen, jedoch können damit Bauteilkonfigurationen realisiert werden, die mit unidirektionalen Verstärkungen anderweitig nicht herstellbar sind. Der durch die Aufheizung und die Druckaufbringung bedingte langsame Prozeßablauf und der Verlust der Metallfolien machen das superplastische Umformen zu einem aufwendigen Verfahren.

8.1.3 Andere Verfahren

Für die Herstellung komplex geformter Bauteile bietet sich vom Prinzip her das *Autoklavverfahren* an, jedoch ist die Realisierung der hohen Prozeßtemperaturen und -drücke schwierig und nur in wenigen Autoklaven überhaupt erreichbar. Problematisch ist auch die Temperaturbeständigkeit der Formwerkzeuge, Abdeckfolien und Dichtungsmassen. Bei der Werkstoffwahl für Formwerkzeuge führt die Forderung nach geringer Wärmedehnung auf Graphit und Keramik, die bei hohen Kosten im Vergleich zu Stahl nur geringe Lebensdauer haben. Die Ablage und Fixierung der nichtklebrigen Prepregs ist bei Laminaten mit einfachen Geometrien unproblematisch; die Fertigung gekrümmter Bauteile dagegen ist schwieriger und befindet sich zur Zeit noch in der Erprobung.

Langfaserverstärkte thermoplastische Bänder von 6 mm Breite und 0,125 mm Dicke sind kommerziell erhältlich und lassen sich in *Wickeltechnik* verarbeiten. Dazu müssen die von einer Rolle abzuspulenden Bänder durch einen fokussierten, elektronisch geregelten Infrarotstrahler an ihrem Berührungspunkt mit dem Wickelkern erweicht und mittels einer Walze lokal angedrückt werden (Bild 8.3). Nach der Ablage aller Schichten wird der Wickelkörper in einem Ofen aufgeschmolzen und verdichtet und erhält bei der darauf folgenden Abkühlung seine endgültige Form. Andere Verfahren zur Aufheizung der Bänder vor dem Wickelkern oder auf dem Wickelkern sowie zur effizienten Verdichtung befinden sich im Erprobungsstadium.

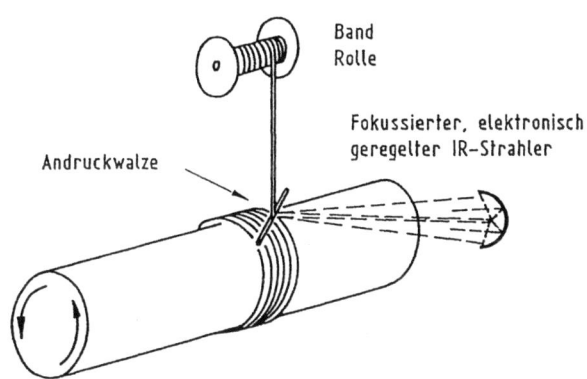

Bild 8.3. Faserwickelverfahren

Beim *Schmelzimprägnierverfahren* wird eine Art von Sandwich aus abwechselnden Lagen von Thermoplast-Folien und Fasergelegen oder -geweben zwischen zwei mit Trennmitteln versehenen Stahlblechen aufgebaut (Bild 8.4). Das gesamte Paket wird dann mit einer Aluminiumfolie abgedeckt und in eine beheizbare Presse gelegt. In der Presse wird das Laminat unter Druck und Wärme verdichtet, wobei ein angelegtes Vakuum die durch Lufteinschlüsse auftretende Porenbildung vermindert.

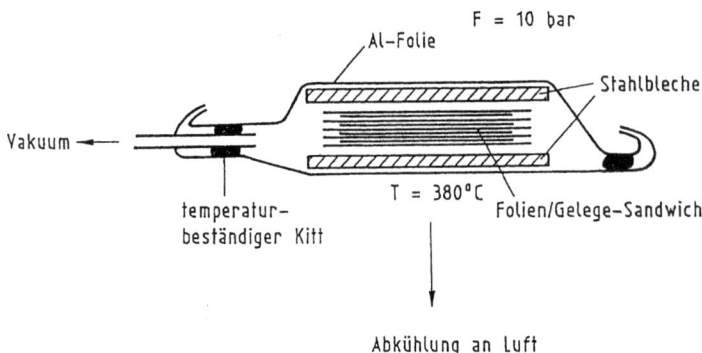

Bild 8.4. Schmelzimprägnierverfahren

Thermoplast-Prepregbänder können auch durch *Walzen* zu verstärkten Profilen umgeformt werden. Die hohe Verarbeitungstemperatur kann wegen der geringen Leitfähigkeit der Thermoplaste nicht allein durch Kontakt mit den Walzen erreicht werden und erfordert deswegen eine Vorlaufstrecke. Weitere Fertigungsmöglichkeiten sind das *Spritzgießen* und *Strangziehen*, die - abgesehen von der für die Überführung des Matrixsystems in den viskosen Zustand erforderlichen höheren Wärmezufuhr - ähnlich verlaufen wie bei duromeren Werkstoffen.

8.2 Verbunde mit Metallmatrizen

Für Metallmatrixverbunde werden in erster Linie Aluminium- und Titanlegierungen verwendet und in geringerem Umfang Magnesium und Kupfer. Die Verstärkungen sind entweder Langfasern aus Siliziumkarbid, Aluminiumoxid, Kohlenstoff oder Bor, oder Kurzfasern aus Kohlenstoff oder Keramik [8.9].

Der Großteil aller Anwendungen basiert auf dem Gebrauch von *Aluminiummatrizen*. Als Verstärkung werden aus der Gasphase ausgeschiedene SiC-Fasern bevorzugt, die sich durch Temperaturbeständigkeit und günstige Oberflächenreaktionen auszeichnen. Der Herstellungsprozeß solcher Verbunde beginnt mit der Fertigung von

Preformen, die die Ausrichtung und Verteilung der Fasern erleichtern. Zu diesem Zweck werden die Fasern auf Spulen aufgerollt oder zu Geweben verarbeitet, auf dünne Aluminiumfolien gebettet und mit flüssigem Aluminium besprüht. Zuschnitte aus diesen Fasergerüsten werden dann in Form von Laminaten in ein stabiles Formwerkzeug eingelegt und durch Heißpressen miteinander verbunden. Da SiC-Fasern durch flüssiges Aluminium kaum angegriffen werden, kann die Prozeßtemperatur hoch genug angesetzt werden, um die Benetzung der Fasern und die Verdichtung des Laminats allein durch das Anlegen eines Vakuums zu erreichen [8.10].

Als Verstärkungsmaterial kommen auch Kohlenstoffasern in Betracht, die zur Vermeidung elektrochemischer Korrosion mit einer aufgedampften Titanborid-Beschichtung versehen werden. Eine Alternative zum Heißpreßverfahren mit niedrigem Druck ist der HIP-Prozeß (hot isostatic pressing) mit hohem Druck, zumal in Verbindung mit der Pulvermetallurgie. Der HIP-Prozeß ermöglicht eine höhere Verdichtung der Aluminiummatrix, ist aber aufwendig.

Der wesentliche Vorteil von *Titanmatrizen* ist ihre hohe inhärente Festigkeit. Die erforderlichen Verstärkungen normal zu den Hauptkraftflüssen sind deshalb geringer als bei schwächeren Matrizen. Die Fertigung von SiC/Ti-Bauteilen geschieht auf der Grundlage des Diffusionsschweißens. Ausgangspunkt sind gewebte SiC-Fasergerüste, die zwischen Titanbleche oder -bänder eingelegt werden. Die Verdichtung kann mit der HIP-Technologie in einem stählernen Formwerkzeug stattfinden, in dem die Faser/Metall-Preformen direkt verschmolzen werden. Ein ernsthaftes Problem ist die Entwicklung von Reaktionsprodukten an den Oberflächen der Fasern mit negativen Auswirkungen auf die Faser/Matrix-Haftung, die nur durch die vorherige Beschichtung der Fasern mit einer Diffusionsbarriere begrenzt werden kann, die wiederum den Fertigungsprozeß erschwert [8.11].

Eine andere Möglichkeit der Fertigung faserverstärkter Titanbauteile ist das superplastische Umformen, wobei zunächst ebene SiC/Ti-Laminate im Heißpreßverfahren hergestellt werden. Die Weiterverarbeitung findet in einem Formwerkzeug statt, in dem die Laminate durch Gasdruck unter Entwicklung hoher Dehnungen den gewünschten Konturen angepaßt werden. Auf diese Weise sind auch Bauteile mit Hohlräumen und Sandwichkonfigurationen herstellbar.

8.3 Verbunde mit Glasmatrizen

Glasmatrixverbunde werden nach Art der Polymermatrixverbunde gefertigt, allerdings bei Temperaturen, die den Schmelzpunkten der Gläser entsprechen. Der übliche Fertigungsprozeß verläuft über die Herstellung von Prepregs, die mit der Imprägnierung der Faserbündel in einer Schlämme aus Glaspulver, Wasser oder Alkohol als Lösungsmittel, sowie Binde- und Benetzungsmitteln beginnt. Die so behandelten Faserbündel werden in Form eines Geleges auf Spulen aufgerollt und getrocknet. Nach dem Einlegen der aus den Prepregs zugeschnittenen Einzellagen in ein temperaturbeständiges Werkzeug kann die Verdichtung des Glaspulvers durch Heißpressen erfolgen. Dabei wird das Glaspulver in Schutzgasatmosphäre oder Vakuum bei Temperaturen von ca. 1200 - 1400 °C aufgeschmolzen und unter Drücken zwischen 100 - 200 bar in die zwischen den Fasern vorhandenen Hohlräume gepreßt [8.12, 8.13].

Anstelle des relativ grobkörnigen Glaspulvers ($\phi \sim 10$ µm) kann die Glasmatrix auch durch sogenannte Sol/Gel-Verfahren gebildet werden [8.14]. Dabei wird aus einer Lösung (solution) über einen Vernetzungsprozeß der in Wasser oder Alkohol gelösten glasbildenden Stoffe (gelatin) und einer anschließenden Wärmebehandlung ein fester Glaskörper hergestellt. Die Sol/Gel-Lösungen imprägnieren wegen ihrer geringen Partikelgröße ($\phi = 1 - 40$ nm) die Faserbündel ohne nennenswerte Hohlräume schon bei Raumtemperatur.

Beim Alkoxid/Gel-Verfahren liegt der glasbildende Ausgangsstoff als eine aus mehreren Komponenten bestehende Flüssigkeit vor. Die Verdichtung zu einem festen Glaskörper wird durch Heißpressen erreicht, wobei eine starke Schwindung von 80 - 90 % massive Rißbildungen in der Matrix verursacht. Das nachträgliche Schließen der Risse ist nur bei sehr kleinen oder sehr dünnen Bauteilen durch mehrmaliges Imprägnieren möglich, so daß das Alkoxid-Verfahren außerordentlich kostenintensiv ist [8.15].

Das sich noch in der Entwicklung befindliche Kolloid/Gel-Verfahren zeichnet sich dadurch aus, daß der glasbildende Ausgangsstoff ein sehr feines Pulver ist, dessen Verdichtung durch druckloses Sintern bei einer Schwindung von nur wenigen Prozenten möglich ist. Durch den Verzicht auf das Heißpressen ist mit dem Kolloid/Gel-Verfahren eine kostengünstige Fertigung auch komplexer und großflächiger Bauteile möglich [8.16]. Der Fertigungsablauf ist kürzer als der der Polymerverbunde, weil keine chemische Reaktion erfolgt, sondern nur eine durch Wärme hervorgerufene plysikalische Zustandsänderung.

8.4 Verbunde mit Keramikmatrizen

Obwohl Keramikmatrizen im Vergleich zu Kohlenstoffmatrizen niedrigere Einsatztemperaturen haben, gewinnen sie zunehmend an Bedeutung, weil Kohlenstoffmatrizen nur schwer gegen Oxidation zu schützen sind. Erfolgreiche Verfahren für die Herstellung von Keramikverbunden sind das Heißpressen, die Gasphasenimprägnierung und die Flüssigimprägnierung. Als Verstärkung kommen nur Fasern mit hohem Elastizitätsmodul und mit hoher Temperaturbeständigkeit in Betracht, die bei den erforderlichen Prozeßtemperaturen und den angestrebten Einsatztemperaturen nicht zu stark angegriffen werden, vorzugsweise C-, SiC- und Al_2O_3-Fasern. Als Matrix wird üblicherweise SiC verwendet, das sich durch besonders hohe Thermooxidationsbeständigkeit auszeichnet [8.17, 8.18, 8.19].

Das *Heißpressen* erfordert eine Vermengung des Matrixmaterials in Puderform mit den Verstärkungsfasern. Langfasern lassen sich imprägnieren, indem die Faserbündel durch eine Schlämme geführt werden, die aus Matrixpulver und einem organischen Binder besteht. Die benetzten Faserbündel werden dann in Form von vorimprägnierten Schichten angeordnet und unter hohem Druck und bei hoher Temperatur in Keramikverbunde überführt, die sich durch geringe Porosität und weitgehende Rißfreiheit auszeichnen. Mit diesem Verfahren sind Faservolumenanteile von bis zu 50 % erreichbar.

Eine Voraussetzung für die *Gasphasenimprägnierung* ist die vorhergehende Herstellung von Fasergerüsten aus Kohlenstoff oder Siliziumkarbid, die als Preformen oder Vorformlinge bezeichnet werden. Die Faseranordnung kann mehrdirektional sein und erfordert eine Webphase für zwei- und eine zusätzliche Häkelphase für dreidimensionale Preformen. Kennzeichnend für die Gasphasenimprägnierung sind Temperaturanwendungen zwischen 900 und 1100 °C. Je niedriger die Temperatur, desto größer die Eindringtiefe und die Porenfüllung, desto länger aber auch die Abscheidezeiten. Der gebräuchliche isotherme Infiltrationsprozeß ist langsam und erfordert Monate, zumindest aber Wochen. Die dafür verwendeten Formwerkzeuge bestehen in der Regel aus Graphit. Mit diesem Verfahren lassen sich derzeit Faserkeramiken mit den höchsten mechanischen Eigenschaften erzielen. Die sogenannte Gradienteninfiltration ist schneller, gilt aber als sehr schwierige Verfahrenstechnik, mit der bisher keine komplexen Geometrien hergestellt werden konnten.

Ausgangspunkt für die *Flüssigimprägnierung* mit Silizium ist die Laminierung eines mit C- oder SiC-Geweben verstärkten Polymers mit hohem Kohlenstoffgehalt bei etwa 250 °C. Dieses Laminat wird anschließend bei 800 - 900 °C karbonisiert, beziehungsweise graphitiert. Die durch die geringe Dehnung der C- oder SiC-Verstärkungsfasern bei der Abkühlung auftretenden massiven Matrixrisse werden anschließend durch Infiltration mit flüssigem Silizium geschlossen. Dabei verbindet sich an den Berührungsflächen das Silizium mit der Kohlenstoffmatrix und bildet Siliziumkarbid. Bei Prozeßtemperaturen zwischen 1400 °C und 1600 °C ist die Viskosität des Siliziums sehr niedrig, so daß das poröse C/C- oder C/SiC-Gerüst innerhalb von Minuten vollständig durchtränkt wird. Im oberen Temperaturbereich kommt es dabei leicht zur Schädigung der Verstärkungsfasern. Geeignete Faserbeschichtungen dienen sowohl dem Schutz der Fasern als auch der Optimierung der Faser/Matrix-Bindung. Die Herausforderung der Fertigungstechnologie liegt in der Entwicklung kostengünstiger Herstellungsverfahren für großflächige und integral versteifte Bauteile mit reproduzierbarer Qualität [8.20, 8.21, 8.22].

8.5 Verbunde mit Kohlenstoffmatrizen

Kohlenstoff/Kohlenstoff-Verbunde lassen sich auf verschiedene Weisen herstellen, die sich durch die Form der Verstärkungsfaser und deren Anordnung, durch die Art des Matrixmaterials und durch die Methode des Imprägnierens unterscheiden. Der Fertigungsprozeß beginnt mit der Herstellung von Fasergerüsten, in denen die Kohlenstoffasern zwei- oder mehrdirektional miteinander verwebt werden. Die Einbringung des Matrixmaterials kann über eine Gasphaseninfiltration oder eine Flüssigimprägnation erfolgen. Ausgangspunkte dafür sind Gase, Peche oder Duromere mit hohem Kohlenstoffanteil.

Bei der *Gasphaseninfiltration* werden Ethan- oder Methangase in das Fasergerüst geleitet und bei Temperaturen zwischen 1000 °C und 1100 °C in pyrolisierten Kohlenstoff überführt, der sich auf den Fasern ablagert. Die Ausscheidungsrate ist niedrig und verlangt wiederholte Anwendungen dieses Prozesses. Der damit verbundene Zeitaufwand und auch die Schwierigkeit einer gleichmäßigen Verteilung des Kohlenstoffs beschränken das Verfahren der Gasphaseninfiltration auf dünnwandige Bauteile.

Die *Flüssigimprägnierung* erfolgt in zwei Stufen. In der ersten Stufe wird das Fasergerüst mit Pech- oder Polymerderivaten getränkt, die unter Vakuum bei 800 °C ohne Druckanwendung karbonisiert und anschließend bei 2300 - 2600 °C graphitiert werden. Damit wird eine Versteifung des Fasergerüsts erzielt. In der zweiten Stufe erfolgt die Verdichtung der Kohlenstoffmatrix in der Form, daß die versteifte Preform erneut mit Pech- oder Polymerderivaten imprägniert wird, die bei 650 °C und unter isostatischem Druck von etwa 1000 bar karbonisiert und bei 2600 °C graphitiert werden. Der hohe Druck beschleunigt nicht nur die Verdichtung, sondern führt auch zu einer besseren Graphitmorphologie. Während dieses Vorgangs verliert die Matrix an Masse und es kommt wegen der Dehnbehinderung durch die Kohlenstofffasern zu massiven Riß- und Porenbildungen. Ein Großteil dieser Risse und Poren kann durch eine erneute - und unter Umständen zu wiederholende - Imprägnation mit dünnflüssigen Infiltraten geschlossen werden. Eine Restporosität von 15 - 20 % bleibt erhalten, da sich die Hohlräume an den engsten Querschnitten zuerst schließen und ein weiteres Abscheiden in der Tiefe verhindern. Der letzte Fertigungsschritt ist häufig die Deponierung einer Kohlenstoffschicht durch Gasphasenimprägnierung.

9 Verbindungen und Krafteinleitungen

Strukturen größeren Ausmaßes bestehen im allgemeinen aus mehreren Bauteilen, die getrennt hergestellt und anschließend lösbar oder unlösbar miteinander verbunden werden. Die Verbindungsstellen sind in bezug auf Festigkeit und Steifigkeit fast immer problematisch und ihre effiziente Gestaltung ist eine permanente konstruktive Herausforderung. Die im Metallbau üblichen Bolzen- und Nietverbindungen führen auf Grund der Schwächung des Materials durch die notwendigen Bohrungen und die dort auftretenden Spannungsüberhöhungen zu Festigkeitswerten, die weit unter denen der Fügeteile liegen. Der Gebrauch kontinuierlicher Verbindungen in Form von Schweißnähten oder Klebungen wird also in vielen Fällen vorgezogen. In faserverstärkten Verbundstrukturen ist die Problematik der Bauteilverbindungen wegen der durch die orthotrope Auslegung der Laminate bedingten Spannungskonzentrationen noch ausgeprägter. Die eigentliche Schwierigkeit liegt darin, die meist konzentriert auftretenden Kräfte so in die lasttragenden Fasern einzuleiten, daß die Matrix als schwächstes Glied der Kette nicht überfordert wird.

Vor diesem Hintergrund hat die Behauptung, daß die Effizienz einer Verbundstruktur weniger von der Auslegung der Einzelbauteile als von der Qualität ihrer Verbindungen abhängt, sicher ihre Berechtigung. Sie läßt sich an dem simplen Beispiel eines Fachwerks aufzeigen, bei dem der Entwurf der Stabelemente bei weitem einfacher ist als die Ausbildung der Knoten. Der Gedanke liegt damit nahe, beim Entwurf einer Verbundstruktur Ort und Art ihrer Verbindungen frühzeitig zu definieren und die Auslegung der Bauteile diesen Überlegungen anzupassen. Bis zu einem gewissen Grade läßt sich das Verbindungsproblem in Verbundstrukturen dadurch entschärfen, daß durch Integralbauweisen die Zahl der Einzelteile und damit die der Verbindungen reduziert werden kann, jedoch ist damit das eigentliche Problem nicht gelöst.

In dem Bestreben, Verbindungen herzustellen, die den Eigenarten faserverstärkter Bauweisen gerecht werden, sind die ursprünglich vom Metallbau übernommenen Bolzen- und Nietverbindungen zunehmend von Klebverbindungen abgelöst worden, in denen die Kraftübertragung nicht durch konzentrierte Druckspannungen auf kleinen Berührungsflächen, sondern durch gut verteilte Schubspannungen in großflächigen Klebungen erfolgt. Abgesehen von ihren glatten Oberflächen liegt ein weiterer Vorteil der Klebverbindungen darin, daß die Kontinuität der Fügeteile gewahrt bleibt und daß - bei genügend großer Klebfläche - die Festigkeit der Verbindung die der Fügeteile selbst überschreiten kann. Die Notwendigkeit des Einsatzes von Bolzen- und Nietverbindungen besteht in vermindertem Umfang dennoch weiter, weil in manchen Fällen eine Klebung aus geometrischen Gründen nicht ausführbar ist oder weil eine lösbare Verbindung gefordert wird. Bei hochbelasteten Fügeteilen mit erheblichen Dickenabmessungen sind Bolzenverbindungen unumgänglich, wenn die für Klebverbindungen erforderlichen Klebflächen zu groß werden [9.1].

Verbindungen, die zur Kraftübertragung Bolzen, Niete oder Klebungen bedürfen, werden als kraftschlüssige Verbindungen bezeichnet. In verhältnismäßig wenigen Fällen besteht die Möglichkeit formschlüssiger Abstützungen - beispielsweise durch Voll- oder Teilumschlingungen - die Kräfte ohne zusätzliche Hilfsmittel allein durch ihre Formgebung zu übertragen vermögen (Bild 9.1). In vielen Fällen sind Kombinationen form- und kraftschlüssiger Verbindungen möglich.

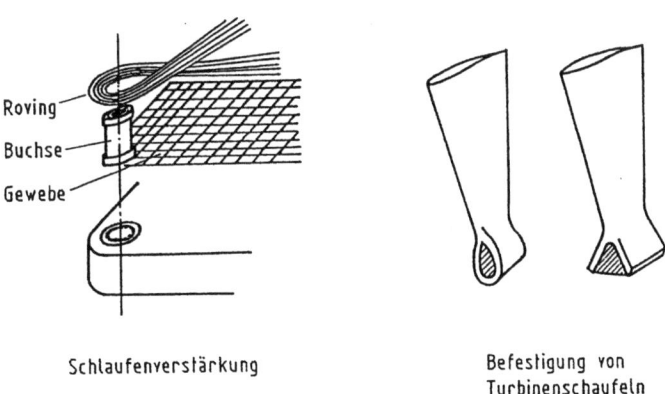

Bild 9.1. Formschlüssige Verbindungen

Eine weitere Unterscheidung verbindet sich mit dem Begriff der Krafteinleitungen, die über einfache Bolzen, Niete oder Klebungen hinaus besondere Konstruktionselemente wie metallische oder nichtmetallische Beschläge, Verstärkungen oder Vorrichtungen anderer Art erfordern.

9.1 Bolzenverbindungen

Ein wesentlicher Vorteil der Verbundstrukturen liegt darin, daß ihre Faserverstärkungen den Belastungs- oder Steifigkeitsvorgaben angepaßt werden können. In solchen Strukturen ist die Übertragbarkeit von Kräften durch Bolzenverbindungen eingeschränkt, weil die Bohrlöcher die Anzahl der lasttragenden Fasern reduzieren und durch die Umleitung der Kraftflüsse an den Lochrändern Spannungskonzentrationen auftreten, die bei hochgradig orthotropen Laminaten besonders intensiv sind. Erschwerend tritt hinzu, daß die meisten Verstärkungsfasern nur geringe Bruchdehnungen haben und bei einem ausgeprägt linearen Verhalten keine plastischen Verformungen zulassen. Außerdem ist die Gefahr groß, daß sich bei Wechselbelastung die Bohrlöcher aufweiten und die Bolzen sich lösen.

Erheblich einfacher ist die Kraftübertragung in Laminaten mit quasiisotropem Aufbau und entsprechend geringeren Spannungskonzentrationen. Auch bei mäßig orthotropen Laminaten sind noch gute Lösungen möglich, weil innerhalb gewisser Grenzen die Festigkeit proportional zu den Spannungskonzentrationen ansteigt. Diese Erkenntnis kann - unter Hintanstellung von Gewichtsüberlegungen - zur Bevorzugung solcher Laminate auch für festigkeitskritische Anwendungen führen.

Die Bemessung von Laminaten mit konstanter Dicke, die an Nachbarstrukturen angebolzt werden, erfolgt häufig nach der Belastbarkeit ihrer mit Bohrlöchern versehenen Ränder, wobei die Überdimensionierung im zentralen Bereich des Laminats als erhöhte Sicherheitsreserve betrachtet wird. Bei gewichtskritischen Bauteilen ist dieser Weg kaum gangbar. In solchen Fällen muß der Laminataufbau im Anschlußbereich durch lokale Aufdickungen oder durch einlaminierte Verstärkungselemente wie Metallfolien oder Buchsen verstärkt werden. Alternativ können auch Schichten eines nachgiebigen Materials, sogenannte "softening strips" eingefügt werden (Bild 9.2), um Spannungskonzentrationen abzubauen. Ohne solche Hilfsmittel werden auch gut konstruierte Verbindungen nur einen Bruchteil der Festigkeit der zu verbindenden Fügeteile entwickeln.

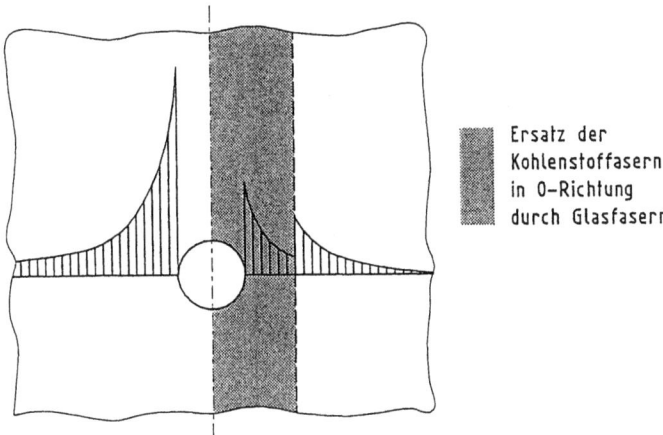

Bild 9.2. Spannungsverteilung in einem gelochten $[0°,\pm45°,90°]_{ns}$-Laminat ohne und mit "softening strip"

Solche Überlegungen lassen erkennen, daß Bolzenverbindungen den Eigenarten von Verbundstrukturen eigentlich nicht entsprechen können. Aus technischen und wirtschaftlichen Gründen sind sie jedoch häufig unverzichtbar. Der Konstrukteur muß also Mittel und Wege finden, ihre Nachteile so weit wie möglich zu umgehen [9.2].

9.1.1 Auslegung von Bolzenverbindungen

Die Auslegung von Bolzenverbindungen für Verbundstrukturen unterscheidet sich drastisch von der für Metallbauteile. Während in konventionellen Metallen die an den Bohrlöchern auftretenden Spannungskonzentrationen durch plastische Verformungen weitgehend abgebaut werden, ist das bei Faserverbunden nicht oder kaum der Fall. Eine schwerwiegende Konsequenz ist, daß die eingeleiteten Kräfte sich nicht gleichmäßig auf die einzelnen Bolzen einer Bolzengruppe verteilen können, sondern diese unterschiedlich hoch belasten (Bild 9.3).

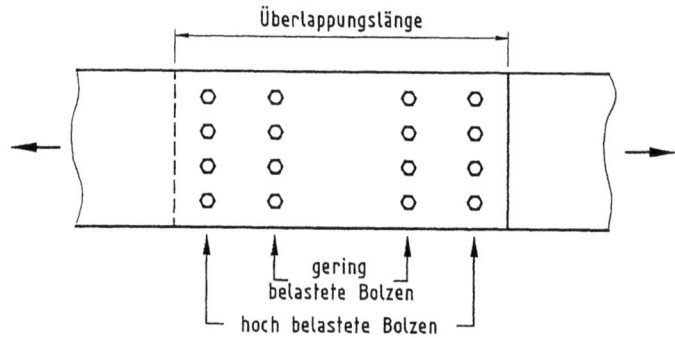

Bild 9.3. Kraftverteilung in einer Bolzenverbindung

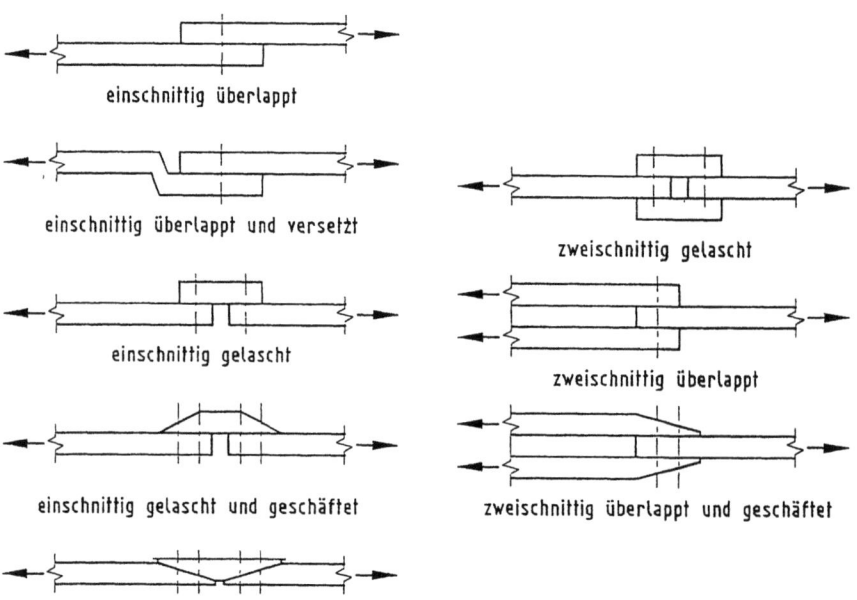

Bild 9.4. Ein- und zweischnittige Bolzenverbindungen

Eine Umverteilung der Kräfte kann nur durch Biege- und Schubverformungen der Bolzen selbst und durch die vom Schichtenaufbau abhängige Nachgiebigkeit der Fügeteile stattfinden. Das bedeutet, daß für die Auslegung von Bolzenverbindungen mit mehreren Bolzen die Kenntnis der Krafteinleitung in jedem Bolzen nach Größe und Richtung bekannt sein muß. Der Aufwand für die Berechnung der Kraftverteilungen ist beträchtlich, so daß sich die Wahl möglichst einfacher Gruppierungen der Bolzen empfiehlt. Bezüglich der Anordnung der Fügeteile unterscheidet man zwischen mehreren Arten einschnittiger und zweischnittiger Verbindungen (Bild 9.4). Die letzteren führen bei richtiger Bemessung auf eine symmetrische Spannungsverteilung in den Fügeteilen und sind vom strukturellen Standpunkt vorzuziehen. Praktische Erwägungen bevorzugen die Wahl einschnittiger Verbindungen, deren exzentrische Krafteinleitungen jedoch zur Verkantung der Bolzen und damit zu ungleichmäßigen Lochleibungsdrücken führen [9.3].

Bei der Auslegung einer Bolzenverbindung steht die Frage nach den Werkstoffeigenschaften der zu verbindenden Fügeteile im Vordergrund. Bei Fügeteilen mit unterschiedlichen Wärmedehnungen sind beispielsweise die bei Temperaturänderungen auftretenden Vorspannungen zu berücksichtigen. Die Werkstoffeigenschaften bestimmen auch die Wahl des Bolzenmaterials. In kohlenstoffaserverstärkten Bauteilen verbietet sich der Einsatz von Aluminium wegen der Erzeugung elektrochemischer Effekte, die die Korrosion des Aluminiums beschleunigen. Verbindungselemente aus Titan und Stahl sind diesbezüglich weniger empfindlich.

Eine Grundregel bei der Auslegung von Bolzenverbindungen besagt, daß die Kraftübertragung nur durch Druck auf die Lochleibung erfolgen darf, so daß die Bemessungskriterien sich an der Kerbfestigkeit des Laminats und an der Druckfestigkeit der Lochleibung orientieren müssen. Bei Verwendung von Bolzen mit abgeschrägten Senkköpfen ist also darauf zu achten, daß der verbleibende zylindrische Teil der Bohrung den Lochleibungsdruck aufzunehmen vermag. Die im Metallbau übliche Vorspannung der Bolzen, wodurch ein Teil der Kräfte durch Reibung übertragen wird, ist bei polymeren Matrixwerkstoffen wegen des Auftretens von Kriechverformungen nur beschränkt anwendbar. Die Durchmesser der Bohrungen sollten etwas größer als die der Bolzenschäfte sein, da ein gewaltsames Einpassen der Schäfte zu Beschädigungen der Lochwandungen führt. Es empfiehlt sich, die Zwischenräume mit einer Dichtungsmasse zu füllen, um den Schlupf der Fügeteile gegeneinander zu reduzieren und dem Eindringen von Feuchtigkeit entgegenzuwirken.

140

Bei Überbelastung kann das Versagen einer Bolzenverbindung durch verschiedene Ursachen eingeleitet werden, die einzeln oder kombiniert auftreten können und in Bild 9.5 illustriert sind:

- Zugversagen im Nettoquerschnitt eines Fügeteils,
- Druckversagen des Laminats an der Lochleibung,
- Scherbruch am Rande eines Fügeteils,
- Spaltbruch des Laminats,
- Versagen des Bolzens.

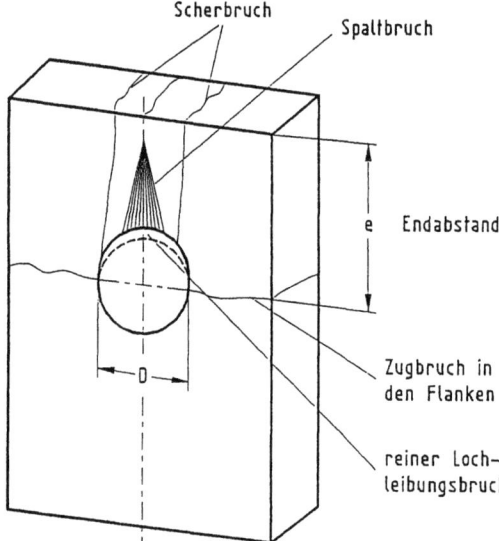

Bild 9.5. Bruchformen einer Bolzenverbindung

Diesen Versagensarten kann durch entsprechende Vorsichtsmaßnahmen begegnet werden, die zum überwiegenden Teil empirisch abgeleitet sind. Zu diesen Maßnahmen gehört,

- daß der seitliche Abstand benachbarter Bohrungen mindestens fünfmal so groß wie der Lochdurchmesser sein soll, um den Nettoquerschnitt nicht übermäßig zu schwächen, und
- daß der Endabstand der Bohrung vom freien Rand der Fügeteile mindestens dreimal so groß wie der Lochdurchmesser ist, um ein Ausscheren der Fügeteile zu verhindern.

Die Kerbfestigkeit hängt vom Laminataufbau und von den am Lochrand auftretenden Spannungskonzentrationen ab, die bei [0°]-Laminaten durch $K = 7{,}5$ und bei [±45°]-Laminaten durch $K = 1{,}8$ gekennzeichnet sind. Untersuchungen mit vereinfachenden Annahmen zeigen, daß der anzustrebende Maximalwert σ_B/K mit Laminaten erreicht wird, die etwa hälftig aus 0°- und ±45°-Schichten bestehen.

Die Druckfestigkeit der Lochleibung wird von den Faserrichtungen des Laminats und der Schubfestigkeit der Matrix beeinflußt. Das Versagen setzt ein, wenn die Matrix die Faserenden nicht mehr zu stützen vermag und es zum lokalen Ausbeulen der Fasern und zum Zerquetschen der Matrix kommt. Die Druckfestigkeit wächst mit steigender Anzahl der 0°-Schichten. Bei sehr großen Anteilen solcher Schichten mit geringer Querzugfestigkeit muß allerdings mit Spaltbrüchen des Laminats gerechnet werden. Empfehlenswert sind auch hier Laminataufbauten mit hälftigen 0°- und ±45°-Anteilen, die genügend nachgiebig sind, um die Annahme einer annähernd gleichmäßigen Druckspannungsverteilung über die gesamte Breite des Loches zu rechtfertigen. Die Druckfestigkeit der Lochleibung kann verbessert werden, wenn Bolzen mit großen Köpfen, beziehungsweise Unterlegscheiben und Muttern verwendet werden, die dem Ausbeulen der Faserenden und dem Aufbrechen des Laminats entgegenwirken [9.4].

Bei Verbindungen mit zahlreichen Bolzen sind Anordnungen der Bolzengruppen "auf Lücke" parallelen Bolzenreihen vorzuziehen. Auch die Einführung unterschiedlicher Abstände der Bolzenreihen in Lastrichtung kann vorteilhaft sein. Einsicht in optimale Bolzenanordnungen läßt sich durch numerische Untersuchungen mit angepaßten Parametervariationen gewinnen [9.5].

9.1.2 Festigkeitsnachweis von Bolzenverbindungen

Im Anschluß an die Auslegung einer Bolzenverbindung muß ihre Festigkeit nachgewiesen werden. Dafür gibt es experimentelle, analytische und halbanalytische Vorgehensweisen.

Experimentelle Festigkeitsnachweise haben den Vorteil direkter und zuverlässiger Aussagen. Sie sind jedoch kostspielig und zeitaufwendig und zumindest im Entwurfsstadium einer Verbundstruktur, wenn eine Vielzahl von Verbindungsvarianten untersucht werden muß, wirtschaftlich nicht vertretbar. Ihre Anwendung beschränkt sich daher in der Regel auf die Bestätigung analytischer Vorgehensweisen. Sie erlauben allerdings nur Feststellungen auf makroskopischer Ebene, wie den Übergang vom linearen zum nicht-linearen Verhalten einer Bolzenverbindung oder die Bestimmung der Bruchlast, ohne Einblick in das eigentliche Versagensverhalten zu geben [9.6].

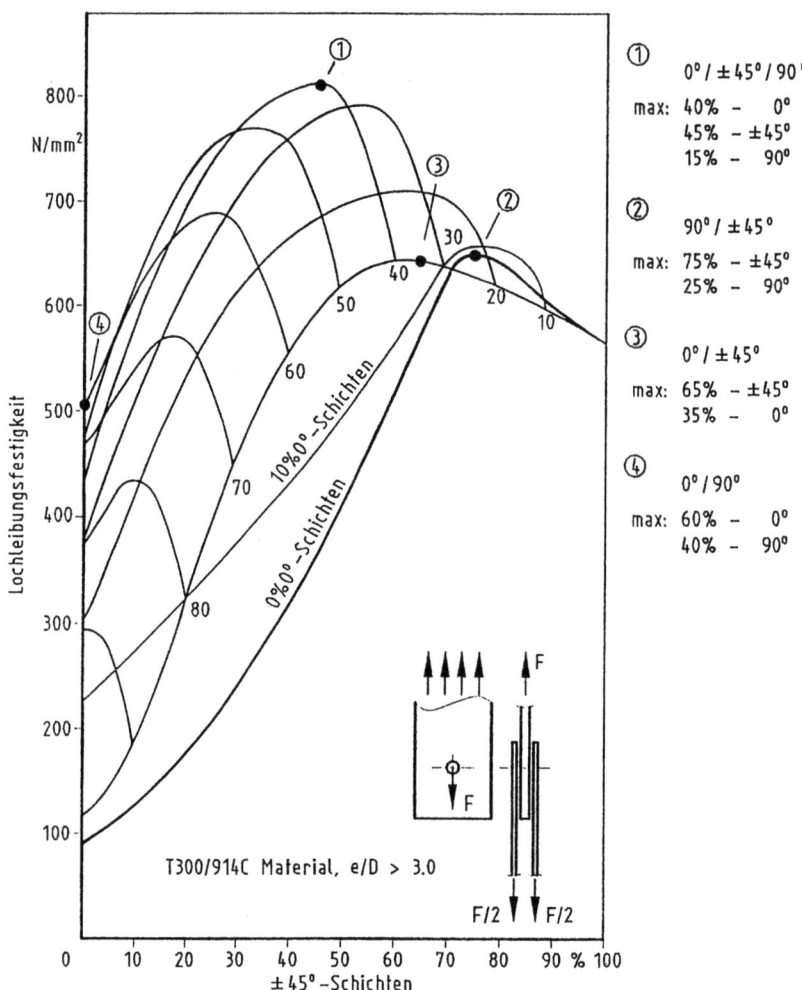

Bild 9.6. Liniendiagramm für Lochleibungsfestigkeit

Die Ergebnisse experimenteller Festigkeitsuntersuchungen werden normalerweise gespeichert und in graphischer Form zusammengestellt. Bei genügend großen Mengen kompatibler Testdaten lassen sich durch Extra- und Interpolationen Liniendiagramme (carpet plots) erstellen, die Einsicht in die Festigkeit von Bolzenverbindungen in Abhängigkeit vom Laminataufbau geben. Bild 9.6 zeigt ein solches Liniendiagramm für die Lochleibungfestigkeit von $[0°_i, \pm 45°_j, 90°_k]_{ns}$-Laminaten.

Mit experimentell gewonnenen Daten können Belastungsgrenzen auf zwei verschiedene Weisen definiert werden: Entweder wird das erste Abweichen von der Linearität der Last/Verformungs-Kurve als Grenze der sicheren Last (limit load) eingeführt und eine Maximallast (ultimate load) als Produkt der sicheren Last mit einem Sicherheitsfaktor bestimmt, oder die Bruchlast wird als Maximallast betrachtet und die sichere Last als Quotient der Maximallast und des Sicherheitsfaktors definiert.

Analytische Festigkeitsnachweise setzen die Kenntnis der Spannungsverteilung in der Umgebung der Bolzenverbindung voraus, die sich mit Hilfe einer zweidimensionalen anisotropen Elastizitätstheorie oder mit der Methode der finiten Elemente berechnen läßt. Die letztere ist wegen der notwendigen feinen Rasterung der mathematisch/physikalischen Modelle sehr aufwendig und kommt vorwiegend bei komplexen Geometrien der Verbindung zum Einsatz, oder bei in Dickenrichtung des Laminats veränderlichen Spannungsverteilungen, wie sie etwa bei sich verkantenden Bolzen in einschnittigen Verbindungen auftreten. Der errechnete Spannungszustand in den Einzelschichten des Laminats wird anschließend mit einem geeigneten Versagenskriterium verglichen. Bei diesem Vorgehen ist es üblich, die Last, die zum Versagen der ersten Einzelschicht führt, als Maximallast zu betrachten.

Solche auf linearen Elastizitätsbeziehungen und dem Versagen von Einzelschichten basierenden Festigkeitsvoraussagen sind in hohem Maße konversativ, denn das Verhalten des Laminats am Lochrand ist vom Laminataufbau abhängig und nicht notwendigerweise linear. Dazu kommt, daß in den Zonen höchster Spannungen verschiedene Arten von Mikroschäden entstehen, die die Spannungskonzentrationen am Lochrand mindern. Diese Mikroschäden manifestieren sich als örtlich begrenzte Matrixrisse, Delaminationen und Faserbrüche, deren Ausbreitung durch die multidirektionale Anordnung des Schichtenverbundes eingeschränkt wird. Trotz ihrer mangelhaften Genauigkeit sind analytische Festigkeitsvoraussagen für die Bewertung alternativer Auslegungen von Bolzenverbindungen zumal in der Vorentwurfsphase unentbehrlich.

Halbanalytische Festigkeitsnachweise verbinden analytische und experimentelle Erkenntnisse. Da die Gesamtfestigkeit des Laminats in der Umgebung einer Bolzenverbindung von dem Versagen einer Einzelschicht nicht entscheidend beeinflußt wird, liegt der Gedanke nahe, die Hypothese des Einzelschichtversagens (first ply failure mode) durch eine realistischere Hypothese abzulösen, die von der Ausbreitung eines geschädigten Bereichs am Lochrand ausgeht (progressive failure mode) und die Annahme einer linearen Spannungs/Dehnungs-Beziehung nur außerhalb des geschädigten Bereichs zuläßt. Die Frage, welche Ausdehnung diese Schadenszone bei Erreichen der Bruchlast hat, kann experimentell beantwortet werden.

Auf dieser Ebene sind eine Reihe von Ideen entwickelt worden, die zum Beispiel in der "characteristic-dimension hypothesis" ihren Niederschlag finden [9.7]. Nach dieser Hypothese versagt eine Bolzenverbindung dann, wenn in irgendeiner Einzelschicht die Spannungen entlang einer vorgegebenen, den Lochrand umlaufenden Kurve ein Versagenskriterium verletzen. Die in Bild 9.7 definierte Kurve verbindet die Punkte, an denen maximale Kerbspannungen und maximale Lochleibungsdrücke auftreten, über die Gleichung

$$r_c(\Theta) = D/2 + R_{ot} + (R_{oc} - R_{ot}) \cos \Theta.$$

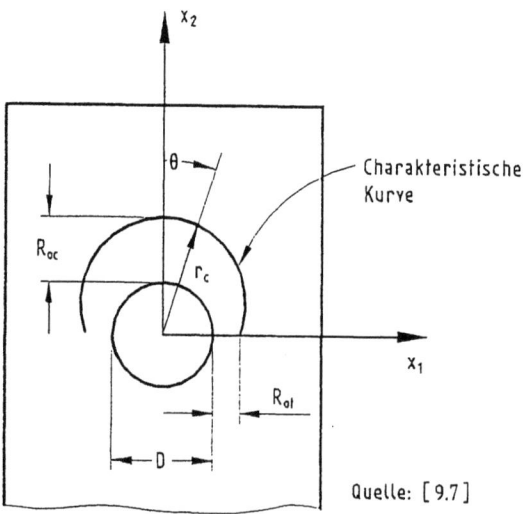

Quelle: [9.7]

Bild 9.7. "Characteristic Dimension Hypothesis"

R_{ot} und R_{oc} werden als charakteristische Dimensionen bezeichnet, die durch entsprechende Tests der Bolzenverbindung bestimmt werden müssen. Die charakteristischen Dimensionen sind von den Werkstoffeigenschaften und vom Laminataufbau abhängig, werden aber als unabhängig vom Lochdurchmesser betrachtet. Da die maximalen Lochleibungsdrücke numerisch höher sind als die maximalen Kerbspannungen, ist die Reduktion der Lochleibungsdrücke der Schlüssel zu effizienten Bolzenverbindungen.

Weder die "characteristic-dimension hypothesis" noch andere auf ähnlicher Basis entwickelte Hypothesen vermögen alle Lastfälle oder Verbindungsauslegungen verläßlich abzudecken, so daß der Konstrukteur in seinen Entscheidungen einen weiten Ermessensspielraum hat. Im Vergleich zur Auslegung von Klebverbindungen, für die inzwischen ziemlich klare Erkenntnisse und Regeln vorliegen, ist die der Bolzenverbindungen in Verbundstrukturen noch als Kunst anzusehen, die immer wieder empirischer Bestätigung bedarf.

9.2 Nietverbindungen

Nietverbindungen spielen im Metallbau wegen ihrer Einfachheit und Wirtschaftlichkeit eine dominierende Rolle. In Verbundstrukturen stößt ihre Anwendung auf ähnliche Schwierigkeiten wie bei Bolzenverbindungen. Sie sind beim Zusammenbau von Einzelteilen, bei Reparaturen oder beim Einbau von Ersatzteilen trotzdem unverzichtbar.

Bolzen- und Nietverbindungen haben schon auf Grund ihrer ähnlichen geometrischen Grundformen viel gemein, so daß vergleichbare Auslegungspraktiken gelten. Bei Nietverbindungen ist die Problematik der Spannungskonzentrationen dadurch etwas entschärft, daß die Niete kleinere Abmessungen haben und in größeren Anzahlen eingesetzt werden und somit die Kraftverteilung begünstigen. Niete sind in großer Vielfalt als Vollniete, Blindniete und Schraubniete mit Universal- oder Senkköpfen erhältlich.

Bei der Auswahl der Nietart gelten ähnliche Überlegungen wie bei Bolzen. Niete mit großen Setz- und Schließköpfen sind vorzuziehen, um Schädigungen der äußeren Faserlagen vorzubeugen. Der Schaftdurchmesser wird so gewählt, daß der Niet durch die Expansion beim Setzvorgang das Bohrloch möglichst vollständig ausfüllt. Dabei darf kein zu hoher Druck auf die Lochleibung ausgeübt werden, der das Ausbeulen von Einzelschichten und die Bildung von Delaminationen verursachen könnte. Es empfiehlt sich also, Nietschäfte mit Untermaß zu wählen und beim Setzen der Niete Schlagvorgänge durch Quetschvorgänge zu ersetzen, um Beschädigungen der Lochleibung und Lochkanten auszuschließen.

Den besonderen Ansprüchen der Verbundbauweise folgend, sind konventionelle Niete zunehmend durch Schraubniete abgelöst worden. Eine große Anzahl solcher Niete mit verschiedenen Schraubmechanismen haben sich inzwischen bewährt. Bild 9.8 zeigt eine oft gebrauchte Schraubniete vom Typ Hi-Lok. Beim Einsetzen wird der Nietschaft mit einem Sechskantstift festgehalten und der Schließring auf den Nietschaft aufgeschraubt. Bei Erreichen eines vorbestimmten Drehmoments schert der vom Antriebswerkzeug gehaltene Teil des Schließrings an einer Sollbruchstelle ab.

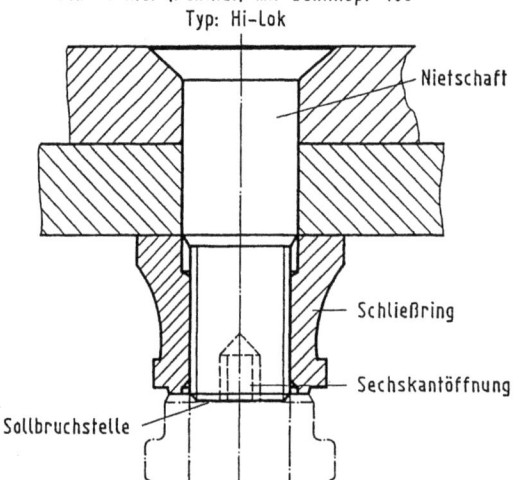

Bild 9.8. Schraubniet (System Hi-Lok)

9.3 Klebverbindungen

Verbundbauteile werden in steigenden Maße mit Hilfe von Klebverbindungen zu größeren Strukturen zusammengefügt. Solche Verbindungen gelten als "fasergerecht", weil die Kontinuität der lasttragenden Fasern gewahrt bleibt und die Krafteinleitungen weich und gut verteilt sind (Bild 9.9). Mit dem Vermeiden von Bohrlöchern wird auch die Kerbgefahr verringert, so daß Klebverbindungen sowohl bei hohen statischen Belastungen als auch bei Schwingbelastungen effektiv sind. Weitere Vorteile liegen in der thermischen und chemischen Kompatibilität des Klebstoffes und der Matrixharze sowie in dem leichten Gewicht der Klebverbindungen. Die Klebtechnik ist also eine überaus interessante Alternative zu den mechanischen Fügeverfahren. Die Sandwichbauweise zum Beispiel wäre ohne sie nicht zu realisieren. Der Stand der Technik ist weit fortgeschritten und ermöglicht eine zuverlässige Verbindung auch hochbeanspruchter Bauteile [9.8].

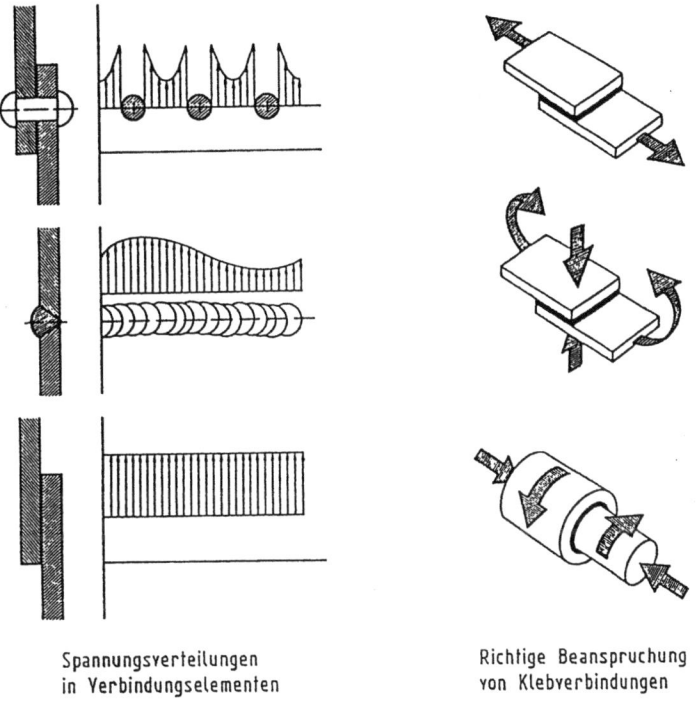

Spannungsverteilungen in Verbindungselementen

Richtige Beanspruchung von Klebverbindungen

Bild 9.9. Spannungsverteilung in Verbindungen und Belastungsmöglichkeiten von Klebungen

Andererseits darf nicht verkannt werden, daß Klebverbindungen ihre Grenzen haben und nicht für alle Zwecke anwendbar sind. Zu den Einschränkungen gehört, daß sie sich nur für die Übertragung von Schubbelastungen und nicht von Zugbelastungen eignen. Damit wird die Tendenz des Abschälens der Fügeteile an den Enden der Klebflächen, wo das Auftreten von Zugspannungen normal zur Dickenrichtung des

Laminats fast unvermeidlich ist, zu einem ernsthaften Problem. Außerdem besteht die Gefahr, daß die Absorption von Feuchtigkeit und das Auftreten hoher Temperaturen die Festigkeit der Klebverbindungen kompromittieren. Schließlich ist zu beachten, daß die Herstellung einer guten Klebverbindung heizbare Fertigungsmittel verlangt, die den Konturen der Flügelteile angepaßt sein und beim Aushärten eine gleichmäßige Druckverteilung gewährleisten müssen (Bild 9.10). Besonders bei der Verbindung gekrümmter Fügeteile können die Kosten der Fertigungsmittel für Klebverbindungen die der Bolzen- oder Nietverbindungen leicht übersteigen.

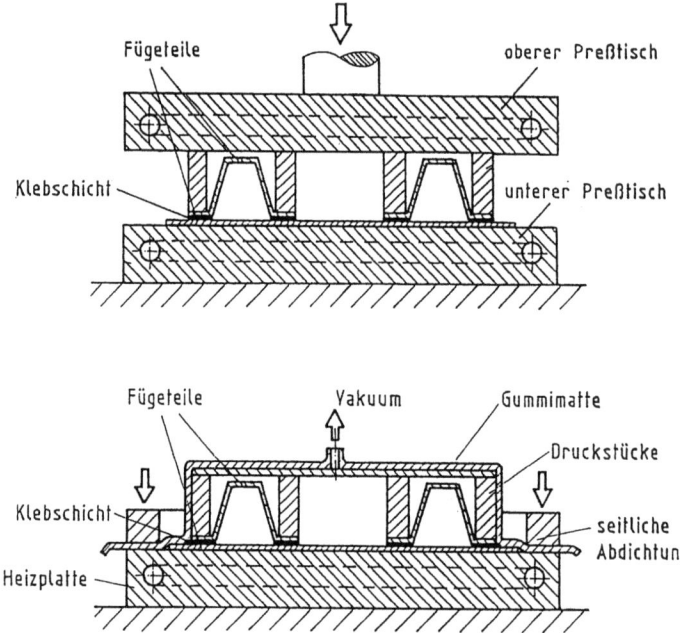

Bild 9.10. Werkzeuge für Klebverbindungen

Die Wirksamkeit der Übertragung von Lasten durch Klebverbindungen hängt von der Geometrie der Fügeteile, von der Auslegung der Verbindung, von der Oberflächenbeschaffenheit der Fügeteile und von der Qualität des Klebstoffs ab.

Die Geometrie der Fügeteile wird im folgenden im wesentlichen auf ebene Platten beschränkt. In bezug auf die Verbindungsmöglichkeiten solcher Verbundbauteile sind eine Reihe von Konfigurationen entstanden, die sich an die im Laufe der Zeit empirisch gewachsene Fügetechnik von Holzbauteilen anlehnen. Dazu gehören einfache und doppelte Überlappungen, Schäftungen und Abstufungen. Bild 9.11 ist eine Zusammenstellung der Gestaltungsmöglichkeiten von Klebverbindungen [9.9].

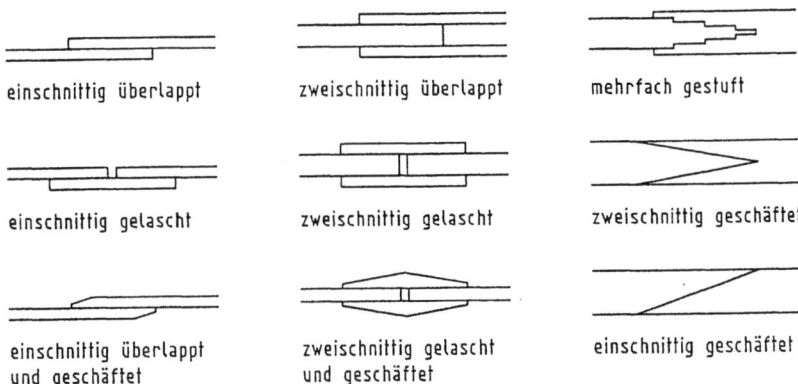

Bild 9.11. Gestaltungsmöglichkeiten von Klebverbindungen

Klebstoffe sind in verschiedenen Ausführungen erhältlich. Zur Anwendung kommen meist modifizierte Epoxidharze in Form von dünnen, durch Polyester- oder Nylongewebe gestützten Filmen. Das wichtigste Kriterium für ihre Auswahl ist die Fähigkeit, die geforderte Festigkeit unter allen Betriebsbedingungen zuverlässig zu erbringen. Wenn also das Auftreten von hohen Schälspannungen nicht ausgeschlossen werden kann, wird sich ein flexibler Werkstoff mit Gummifüllstoffen eher eignen als ein sprödes Epoxid-System, und selbstverständlich ist auch die Resistenz gegenüber Umgebungseinflüssen zu berücksichtigen. Die Temperaturbeständigkeit hängt vom chemischen Aufbau des Klebstoffs und seinen Aushärtungsbedingungen ab. Heiß aushärtende Klebstoffe zeichnen sich noch bei Betriebstemperaturen von ~120 °C durch gute Festigkeit bei allerdings geringer Dehnbarkeit aus, während bei niedrigen Temperaturen aushärtende Klebstoffe geringere Festigkeit haben und schon bei ~80 °C zum Kriechen neigen.

Die Wichtigkeit der Oberflächenbehandlung der Klebflächen wird oft verkannt. Notwendig ist zumindest die Entfernung von öligen und auflösbaren Fremdsubstanzen, die nachfolgende Säuberung und eine manuelle oder maschinelle Aufrauhung der Klebflächen [9.10]. Danach wird der Klebfilm zwischen die zu verbindenden Flächen der Fügeteile gelegt und in einem geeigneten Werkzeug ausgehärtet. Die dafür erforderlichen Temperatur- und Druckprofile werden in heizbaren Pressen oder in Autoklaven aufgebracht. Da keine Möglichkeit einer einfachen zerstörungsfreien Prüfung besteht, mit der die Festigkeit der Klebung nach der Aushärtung ermittelt werden kann, ist eine gründliche Qualitätskontrolle des Klebprozesses unumgänglich.

9.3.1 Auslegung von Klebverbindungen

Im Vergleich zu Bolzen- und Nietverbindungen zeichnen sich Klebverbindungen durch glatte Oberflächen und geringes Gewicht aus. Die Details ihrer Auslegung hängen von der Größe der zu übertragenden Kraftflüsse und von den Abmessungen der Fügeteile ab. Die Verbindung von dünnen Laminaten mit entsprechend geringer Kraftübertragung kann mit einfachen Überlappungen erfolgen, während dicke Laminate kompliziertere Gestaltungen mit Schäftungen oder Abstufungen erfordern. In keinem Fall darf die Festigkeit der Verbindung geringer als die der Fügeteile sein, damit eine Reserve für Imperfektionen in der Klebschicht vorhanden ist. Bezüglich der Schichtenfolge der Laminate sollte bedacht werden, daß die Festigkeit einer Klebverbindung maximal ist, wenn die Fasern in den Laminataußenschichten dieselbe Richtung haben wie die der zu übertragenden Kraftflüsse.

Bei der Auslegung müssen vier Versagensarten in Betracht gezogen werden:

- Schubversagen der Klebfuge,
- Abschälen der Klebfuge,
- Abschälen der Fügeteile und
- Zug- oder Druckversagen der Fügeteile

Die Dimensionierung einer Klebverbindung richtet sich nach den Festigkeitseigenschaften des Klebstoffs, die durch Messungen des Schubspannungs/Gleitungs-Verhaltens einer dünnen Klebfuge zwischen zwei massiven Fügeteilen ermittelt werden. Dabei müssen Temperatur- und Feuchtigkeitseinflüsse berücksichtigt werden, um allen Betriebsbedingungen Rechnung tragen zu können. Aus solchen Untersuchungen ergibt sich, daß alle Klebstoffe - zumal im erwärmten und feuchten Zustand - ein mehr oder minder ausgeprägtes elastoplastisches Verhalten zeigen, das für den Abbau von Spannungskonzentrationen bedeutsam ist (Bild 9.12).

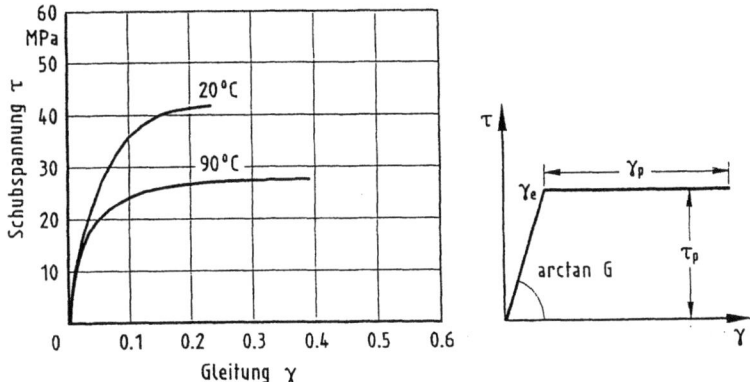

Bild 9.12. Reelles und idealisiertes Schubspannungs/Gleitungs-Diagramm

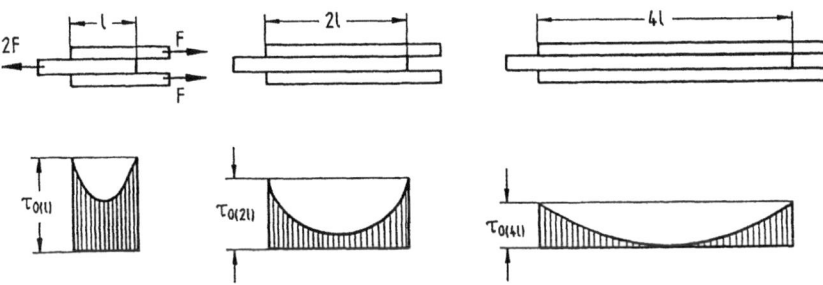

Bild 9.13. Elastische Schubspannungsverteilung bei verschiedenen Überlappungslängen

Wichtige Auslegungsaspakte lassen sich gut an *zweischnittigen Klebverbindungen* erläutern, die bei Symmetrie der Fügeteile besonders wirksame Verbindungen ermöglichen. Nach Bild 9.13 hat die Schubspannung einen Maximalwert an den Überlappungsenden und fällt zur Mitte hin ab. Bei kurzen Überlappungen ist der Minimalwert der in Lastrichtung veränderlichen Schubspannungen nicht viel geringer als der Maximalwert, während bei längeren Überlappungen der Minimalwert sinkt und bei genügender Länge Null wird. Darüber hinausgehende Überlappungslängen sind unwirksam und sollten vermieden werden.

Daraus folgt, daß die Festigkeit einer Klebverbindung nicht als das Produkt der verfügbaren Klebfläche und einer fiktiven "erlaubten" Schubspannung definiert werden kann. Zu bedenken ist ferner, daß bei sehr kurzen Überlappungen die Gefahr des Versagens durch eine Ansammlung von Kriechverformungen besteht, für die es einen Rückstellmechanismus, wie er bei längeren Überlappungen durch das elastische Verhalten der Klebschicht in ihrem zentralen Bereich auftritt, nicht gibt. Diese Überlegungen führen zu dem Schluß, Überlappungslängen so zu wählen, daß der Minimalwert der Schubspannungen nur etwas größer als Null ist.

Bei der Berechnung der in der Klebfuge auftretenden Schubspannungen mit elastoplastischen Ansätzen erhält man eine elastische Mulde in der Mitte und zwei Zonen an den Enden der Überlappung, in denen der Klebstoff über die Fließgrenze hinaus bis an seine Dehngrenze beansprucht werden kann. Die Schubbelastbarkeit der Verbindung ergibt sich aus dem Integral der Schubspannungen über der Klebfläche (Bild 9.14).

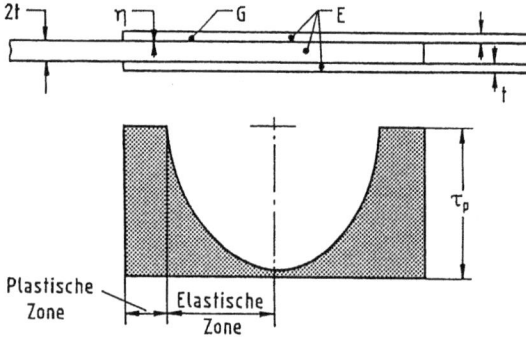

Bild 9.14. Elastoplastische Schubspannungsverteilung bei ausgewogenen Steifigkeiten und optimaler Überlappungslänge

Das Ausmaß der elastischen Zone ist nach [9.11] $L_e = 3 / \sqrt{2G/E t \eta}$ und das der benachbarten plastischen Zone $L_p = 2t\, \sigma_B / 2\, \tau_p$. In den Gleichungen sind G der Schubmodul, η die Dicke und τ_p die Fließgrenze des Klebstoffs. E ist der Elastizitätsmodul, t die Dicke und σ_B die Bruchfestigkeit der Fügeteile. Die minimale Länge einer zweischnittigen Überlappung ist demnach $L_{min} = 2\, (L_p + L_e)$. Üblicherweise wird diese Länge um etwa 25 % überschritten, um Unsicherheiten in den Materialkennwerten oder den Berechnungen vorzubeugen. Als Faustregel gilt, daß die Überlappung mindestens 60 t beträgt. Die Dicke der Klebfuge sollte 0,1 - 0,2 mm nicht überschreiten, weil dickere Klebfugen zu Porenbildung mit erheblichem Festigkeitsabfall neigen.

Die Schubspannungen an den Enden der überlappenden Fügeteile verursachen auch bei völlig symmetrischer Auslegung Biegemomente, die zu Schälspannungen in der Klebschicht führen. Die Intensität der Schälspannungen reduziert sich erheblich, wenn die Fügeteile dort geschäftet werden und damit ihre Biegesteifigkeit gemindert wird.

Der Einfachheit *einschnittiger Überlappungen* stehen markante Nachteile gegenüber. Ihr Verhalten wird dominiert durch die Exzentrizität der zu übertragenden Kraftflüsse, die hohe Biegemomente und entsprechend hohe Schälspannungen hervorruft (Bild 9.15). Eine einfache Überlegung zeigt, daß die Krümmungen der Fügeteile und damit die Höhe der Schälspannungen in kurzen Überlappungen ausgeprägter sind als in langen. Bei gleich dicken Fügeteilen und einer Überlappung von L = 10 t ist deshalb kaum mehr als die Hälfte der Festigkeit quasi-isotrop verstärkter Laminate realisierbar. Das Verhältnis verschlechtert sich, wenn die Fügeteile unterschiedlich dick sind. Bei Verbindungen mit langen Überlappungen erhöht sich die Tragfähigkeit, aber selbst bei L = 100 t kann die Fügeteilfestigkeit nicht ganz erreicht werden [9.12].

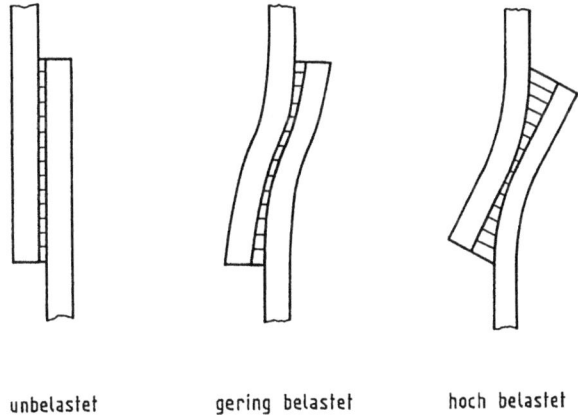

unbelastet   gering belastet   hoch belastet

Bild 9.15. Entwicklung von Schälspannungen in einschnittigen Klebverbindungen

Aus praktischer Sicht sollten einschnittige Verbindungen auf Fügeteile beschränkt bleiben, deren Festigkeit unterhalb der von Aluminium liegt und deren Dicke nicht mehr als 2 mm beträgt. Auch hier empfiehlt sich eine möglichst flache Schäftung, um die Biegesteifigkeit der Fügeteile zu minimieren.

Probleme dieser Art treten nicht auf, wenn einschnittige Verbindungen strukturell so abgestützt werden, daß sie als symmetrische Hälften zweischnittiger Verbindungen angesehen werden können. In diesem Fall kann die Auslegung in Anlehnung an zweischnittige Verbindungen erfolgen.

Laminate mit großen Dickenabmessungen können mit einfachen Überlappungen nicht so verbunden werden, daß die Festigkeit der Verbindung die der Fügeteile übersteigt. In solchen Fällen können geschäftete oder abgestufte Klebverbindungen in Betracht gezogen werden.

Geschäftete Klebverbindungen haben den Vorteil gleichmäßiger Schubspannungs- und vernachlässigbarer Schälspannungsverteilungen. Die Voraussetzung dafür ist eine möglichst geringe Steigung der Schäftung, die im Holzbau mit etwa 1 : 20 befriedigende Festigkeit ergibt. Bei hochfesten und hochsteifen Verbundwerkstoffen sind Schäftungen dagegen weniger attraktiv, weil die Steigungen erheblich kleiner gehalten werden müssen und eine Steigung von 1 : 50 bereits zu Abmessungen führt, die fertigungstechnisch kaum vertretbar sind.

Abgestufte Klebverbindungen können als eine Folge von in Dickenrichtung des Laminats versetzten zweischnittigen Verbindungen angesehen werden. Die Spannungsverteilung in jeder Abstufung unterliegt im Prinzip derselben Differentialgleichung, so daß in der Klebschicht hochgradig ungleichförmige Schubspannungen auftreten, die an jedem Stufenende Spannungsspitzen aufweisen (Bild 9.16).

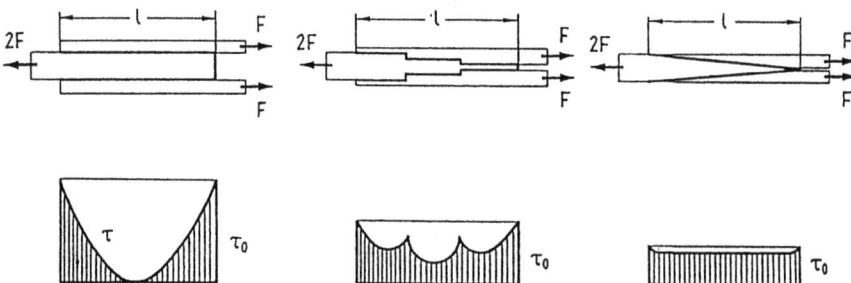

Bild 9.16. Elastische Schubspannungen in abgestuften und geschäfteten Klebverbindungen

Die Berechnung der Schubspannungsverteilung in abgestuften Klebverbindungen verlangt die Erstellung von Rechenprogrammen, die beliebigen Abstufungsgeometrien angepaßt werden können. Schälspannungen treten wegen der minimalen Dicke der letzten Abstufung kaum auf.

9.4 Krafteinleitungen

Das Aneinanderfügen von Bauteilen mit einfachen Verbindungselementen wie Bolzen, Niete oder Klebungen wird im allgemeinen mit Verbinden oder Fügen bezeichnet. Der Ausdruck Krafteinleitung wird gebraucht, wenn aus Gründen der Geometrie oder der Lastintensität einfache Verbindungselemente nicht ausreichen und besondere konstruktive Maßnahmen getroffen werden müssen.

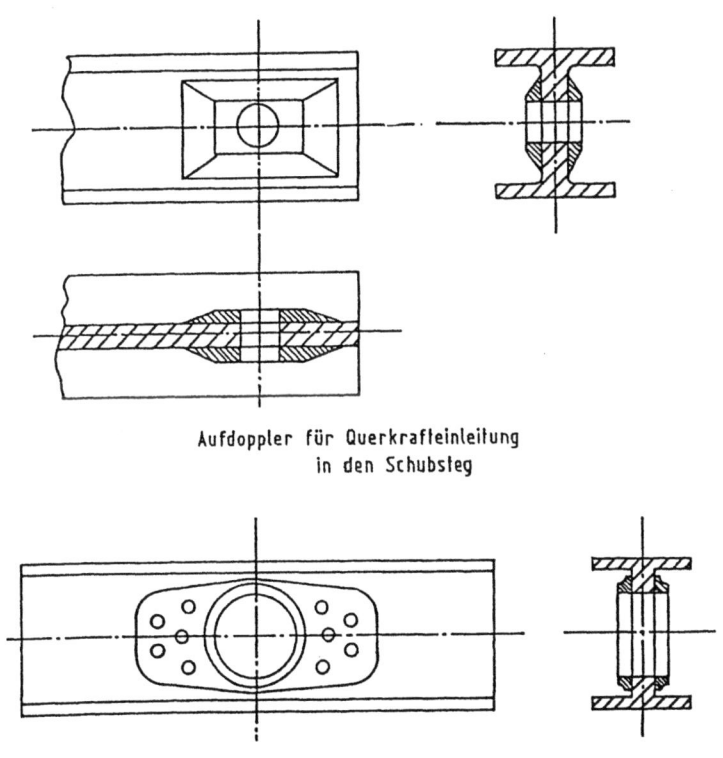

Aufdoppler für Querkrafteinleitung
in den Schubsteg

Metallbeschlag zur Querkrafteinleitung
(mit Bolzen am Steg befestigt)

Bild 9.17. Krafteinleitung in Schubstege

Zum Beispiel sind bei Krafteinleitungen in dünnwandige Bauteile wie Rippenstege oder Beplankungsfelder Beschläge erforderlich, um die durch lokal angreifende Kräfte verursachten Spannungen auf größere Flächen zu verteilen. Die Gestaltung der Beschläge sollte zur Abminderung von Spannungskonzentrationen abrupte Dickenänderungen vermeiden. Wichtig ist auch, ausreichende Abstände zu benachbarten Bauteilen einzuhalten, um durch mechanische oder thermische Dehnungen auftretende Zwangspressungen auszuschließen. Die Befestigung der Beschläge selbst kann durch Bolzen, Niete oder Klebungen erfolgen, wobei auch hier möglichst stetige Spannungsverteilungen anzustreben sind. Typische Beispiele von Krafteinleitungen in Holm- oder Rippenstege enthält Bild 9.17. Bild 9.18 zeigt die Details eine massiven Krafteinleitung in einen Rahmen der Nutzlastbuchttür des Space Shuttle Orbiters.

Bild 9.18. Krafteinleitung an einem Gelenk des Space Shuttle Orbiters

Probleme besonderer Art entstehen bei Sandwichpaneelen, wo Krafteinleitungen in oder normal zur Paneelebene nur von dünnen und auf den Kern aufgeklebten Deckschichten aufgenommen werden können. Die erforderlichen Verstärkungen für die Übertragung konzentrierter Kräfte, die im inneren Bereich des Paneels oder an seinen Rändern auftreten können, lassen sich nach Bild 9.19 auf vielfältige Weise konstruieren.

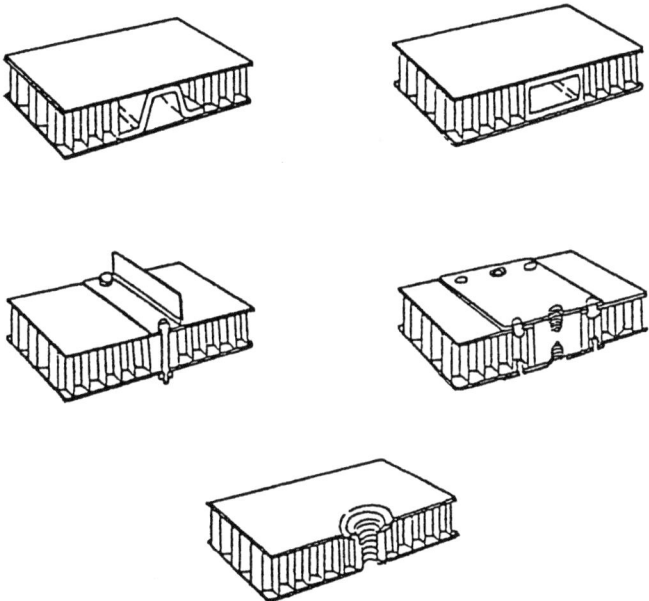

Bild 9.19. Krafteinleitung in Sandwichpanelen

10 Qualitätssicherung

Die Betriebssicherheit von Bauteilen ist nur dann gewährleistet, wenn die im Entwurf vorgegebenen Spezifikationen für die gesamte Dauer ihres Einsatzes erfüllt sind. Deshalb ist es notwendig, schon den Herstellungsprozeß zu überwachen und die strukturelle Integrität nicht nur bei der Abnahme nachzuweisen, sondern auch während des Betriebs zu kontrollieren.

In Anlehnung an die Methoden der Qualitätssicherung von Metallstrukturen wurden Verbundstrukturen anfänglich nur durch physikalische Tests überprüft. Diese Praxis hat sich als unzulänglich erwiesen, denn während bei Metallstrukturen die Zusammensetzung der Werkstoffe bekannt ist und ihre Umsetzung in Bauteile nur Operationen erfordert, die seit langem beherrscht werden, sind die Verhältnisse bei Verbundstrukturen grundsätzlich anders. Hier liegen die Komponenten des Werkstoffs bis zur Fertigung getrennt vor und nehmen erst während des chemischen Reaktionsprozesses ihre endgültige Form an, so daß es sich bei der Produktion von Verbundbauteilen gleichzeitig um Werkstoffherstellung und um Werkstoffverbrauch handelt. Die Maßnahmen zur Qualitätssicherung sind konsequenterweise umfangreicher als bei Metallstrukturen und in Bild 10.1 zusammengestellt. Von besonderem Gewicht sind

- die Überprüfung der gelieferten Halbzeuge auf Übereinstimmung mit den Materialspezifikationen,
- die Kontrolle des Aushärtungsprozesses auf Übereinstimmung mit den Prozeßspezifikationen,
- die Verifizierung der Qualität der ausgehärteten Bauteile durch zerstörungsfreie Prüfung und, wenn notwendig, durch zerstörende Prüfung von Testartikeln.

Parallel zur wachsenden Bedeutung der Verbundbauweisen sind in den vergangenen Jahren zahlreiche Prozeduren entwickelt worden, die den obigen Ansprüchen gerecht zu werden suchen.

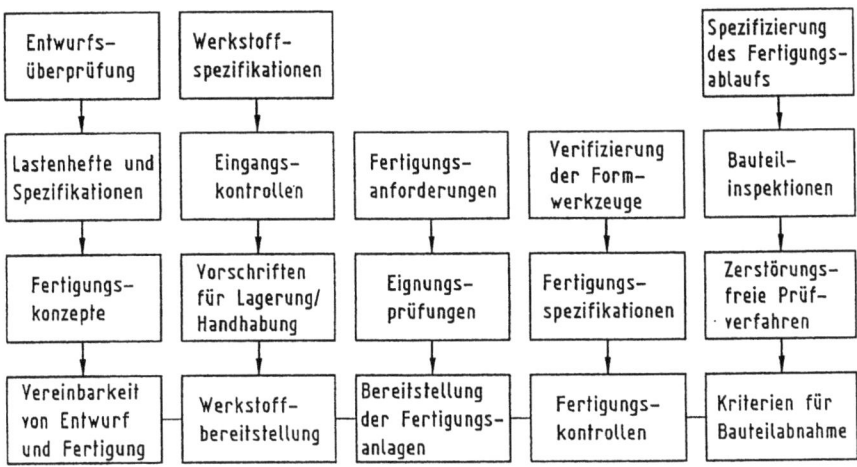

Bild 10.1. Umfang der Qualitätssicherung

10.1 Überprüfung der Prepregs

Die physikalischen und chemischen Eigenschaften eines aus Prepregs hergestellten Verbundbauteils hängen maßgeblich von der Prepregqualität und von der Wirksamkeit der Aushärtungsreaktionen ab. Da die Lieferanten von Harzsystemen die Formulierung ihrer Produkte aus Konkurrenzgründen häufig nicht preisgeben und die Erfüllung der Lieferspezifikationen allein selten ausreicht, sind Kontrollmaßnahmen nötig, die über visuelle oder mechanische Tests und die bloße Ermittlung von Kenngrößen wie Harzvolumen oder Fasergewicht hinausgehen. Für die Überprüfung der chemischen Zusammensetzung und des reaktionskinetischen Verhaltens des Matrixharzes stehen aussagekräftige chemophysikalische Analyseverfahren zur Verfügung.

10.1.1 Bestimmung flüchtiger Bestandteile

Flüchtige Bestandteile in Polymerwerkstoffen sind Wasser und organische Lösungsmittel, die bei Raumtemperatur oder leicht erhöhter Temperatur austreten. Eine moderne Methode zur qualitativen und quantitativen Untersuchung von Stoffgemischen, die gasförmig vorliegen oder verdampft werden können, ist die *Gaschromatographie* (GC) [10.1].

Mit einem Inertgas als Träger wird das zu untersuchende Stoffgemisch in eine Trennkolonne eingeleitet, die eine stationäre flüssige Phase enthält. Der Inertgasstrom führt das Stoffgemisch durch die Trennkolonne, wo es sich entsprechend seinen chemischen Eigenschaften zwischen der Gasphase und der flüssigen Phase verteilt. Am Kolonnenende werden die getrennten Stoffe durch ein Detektionssystem analysiert, das auf physikalische Parameter wie Leitfähigkeit, Gasdichte, Ionisation oder Absorption anspricht. Die von der Durchlaufzeit abhängigen Detektorsignale werden in Gaschromatogrammen zusammengefaßt, in denen die getrennten Bestandteile als Spitzen erscheinen. Die zeitlichen Abstände zwischen den Spitzen sind für die Art, und die Flächenintegrale unter den Spitzen für die Mengenverteilung der Bestandteile des Stoffgemisches charakteristisch.

10.1.2 Extraktionsverfahren

Die Behandlung von Polymerwerkstoffen mit geeigneten Lösungsmitteln führt zu einem flüssigen Konglomerat der gelösten Komponenten und zu einem aus unlöslichen Anteilen bestehenden Rückstand. Die Trennung und Identifizierung der gelösten Komponenten läßt sich mittels der Hochleistungs-Flüssigchromatographie (High Performance Liquid Chromatography - HPLC) oder mit der Gel-Permeationschromatographie (Gel Permeation Chromatography - GPC) erreichen. Beide Trennmethoden basieren auf denselben physikalisch/chemischen Grundlagen wie die Gaschromatographie mit dem Unterschied, daß das Probengemisch nicht gasförmig, sondern flüssig vorliegt.

In der *Hochleistungs-Flüssigchromatographie* enthält die Trennkolonne als stationäre Phase ein polares Material mit großer spezifischer Oberfläche. Die mobile Phase, in der die Probensubstanz gelöst ist, ist relativ unpolar. Der Transport der mobilen Phase wird unter Anwendung hohen Drucks erreicht, wobei die Trennung der Komponenten der Probe durch unterschiedliche Adsorption der Molekülsorten an der stationären Phase erfolgt. Ähnlich wie bei der Gaschromatographie werden am Ende der Trennkolonne die Stoffkomponenten durch Detektoren gemessen und in Form eines Chromatogramms dargestellt [10.2].

Die *Gel-Permeationschromatographie* ist eine Variante der HPCL, in der die Moleküle nicht auf Grund ihrer Polarität und ihres Adsorptionsverhaltens, sondern nach ihrer Größe und Form getrennt werden. Die Voraussetzung dafür ist eine stationäre Phase mit geeigneter Porenstruktur. Moleküle der Probe, die wegen ihrer Größe nicht in die Poren der stationären Phase eindringen können, verlassen die Trennkolonne zuerst. Kleinere Moleküle können die poröse Struktur mehr oder weniger vollkommen durchdringen und verlassen die Trennkolonne nach Zeitintervallen, die für die betroffenen Komponenten der Probe typisch sind. Ein wesentliches Ergebnis dieser Untersuchungen ist die Bestimmung der zugehörigen Molekulargewichte. Weitere Identifizierungen sind möglich über Elementaranalysen, die Aufschluß geben über die Mengen von Kohlenstoff, Wasserstoff oder Sauerstoff in den Molekülen der Probe.

10.1.3 Infrarot-Spektroskopie

Die *Infrarot-Spektroskopie* vermittelt Einsicht in die molekulare Struktur von Substanzen, die hinreichend strahlungsdurchlässig sind, um Absorptionsmessungen zu gestatten. Die zu untersuchende Probe, die in gasförmigem, flüssigem oder festem Zustand vorliegen kann, wird mit infrarotem Licht wechselnder Wellenlänge bestrahlt und der Grad der Strahlungsabsorption als Funktion der Wellenlänge registriert. Die Lage und Intensität von Absorptionsspitzen auf der Wellenlängenskala des gemessenen Infrarot-Spektrums geben Hinweise auf die Art der Molekülstruktur der Probe. Von besonderer Wichtigkeit für die Identifizierung der Moleküle sind Wellenlängen im 7 - 14 µm-Bereich, wo das registrierte Absorptionsspektrum für jede Substanz eindeutig ist. Dieser Bereich wird als "finger print area" bezeichnet. Abweichungen von diesem Spektrum signalisieren Änderungen der chemischen Zusammensetzung, so daß Modifikationen von Harzformulierungen leicht erkennbar sind [10.3].

Diese Methode wird auch zur Bestimmung des Aushärtungsgrades von Bauteilen und zur Analyse von Alterungen infolge Strahlung oder thermischer Einflüsse eingesetzt. Die Infrarot-Spektroskopie findet wachsende Akzeptanz, weil ihre Aussagekraft groß und die Probenvorbereitung und Messung schnell und einfach sind.

10.1.4 Analyse unlöslicher Stoffe

Als Teil der quantitativen Analyse von Prepregs werden die unlöslicher Komponenten wie Fasern und gewisse Zusatzmittel nach präzisen Vorschriften gewogen. Weitere Untersuchungen dieser Komponenten sind prinzipiell möglich, aber mit so großem Aufwand verbunden, daß sie für die Qualitätskontrolle von Prepregs nicht in Frage kommen.

10.2 Kontrolle der Aushärtung

Der Reaktionsprozeß von Matrixharzen hängt von der Art und Menge der Harzkomponenten und von der Höhe und Dauer der angewendeten Temperaturen und Drücke ab. Die Festlegung optimaler Kombinationen dieser Parameter kann durch wiederholte Messungen des Viskositätsgrades und durch thermoanalytische Untersuchungen unterstützt werden.

Die Viskosität von Harzsystemen ist zeit- und temperaturabhängig. Sie bestimmt einerseits die für die Zwischenlagerung in Kühlschränken und für die Ablage bei Raumtemperatur verfügbaren Zeitintervalle und andererseits das für die Aushärtung vorteilhafteste Temperaturprofil. Bei den halbfest angelieferten Pregpregharzen fällt im frühen Stadium der Vernetzungsreaktionen die Viskosität zunächst auf einen sehr niedrigen Wert ab (1-2 Pa · s), was die Verdichtung des Laminats und die Entfernung überschüssigen Harzes erleichtert. Wenn die Vernetzung der Polymere soweit fortgeschritten ist, daß die Viskosität Werte um 20-30 Pa · s erreicht, wird Druck auf das entstehende Laminat ausgeübt, der bis zum Ende der Aushärtung beibehalten wird. Die Viskosität steigt in Abhängigkeit von Zeit und Temperatur weiter an und erreicht bei etwa 100 Pa · s die Meßbarkeitsgrenze. Zu diesem Zeitpunkt ist das Harz geliert, das heißt, es ist in einen halbstarren Festkörper übergegangen, der nur kurze Zeit später völlig erstarrt.

Im Rahmen thermoanalytischer Untersuchungen wird zur Messung von Wärmeflüssen häufig die *Dynamische Differenzkalorimetrie* (Differential Scanning Calorimetry - DSC) angewandt. Dabei werden in einem Ofen eine Testprobe des Harzsystems und eine Referenzsubstanz gemeinsam einem Temperatur/Zeit-Programm unterworfen. Im Vergleich zur Referenzsubstanz verringert sich der Wärmefluß zur Testprobe bei einer dort auftretenden exothermen, und nimmt zu bei einer endothermen Reaktion. Solche Variationen sind charakteristisch für bestimmte Kristallisations-, Schmelz- und Oxidationsvorgänge und geben Hinweise auf den Aushärtungsablauf [10.4].

Die gemessenen Wärmeflußänderungen werden in Thermogrammen dargestellt, worin die Höhe der Ordinate der Reaktionsgeschwindigkeit entspricht, während die Flächen unter der Ordinate die umgesetzte Wärmemenge und somit den Verlauf der Aushärtung anzeigen. Daraus ergeben sich Hinweise auf die Temperatur,

- bei der die Härtungsreaktion beginnt,
- bei der die Harzmasse geliert und die Grenze der Verarbeitbarkeit erreicht ist,
- bei der die Härtungsreaktion mit maximaler Geschwindigkeit abläuft,
- die das Ende der Härtungsreaktion anzeigt.

Durch den Vergleich von Thermogrammen lassen sich unter anderem der Einfluß verschiedener Härter auf die Aushärtung oder der zu bestimmten Zeitpunkten erreichte Stand des Aushärtungsgrades erkennen.

10.3 Zerstörungsfreie Prüfverfahren

Moderne Verbundstrukturen können nur dann bis an die Grenzen ihrer vorgesehenen Tragfähigkeit belastet werden, wenn ihre Komponenten fehlerfrei gefertigt und zusammengebaut sind und während ihres Betriebes nicht durch mechanische Überbelastung oder durch Umgebungseinflüsse beschädigt werden. Das kann nicht ohne weiteres vorausgesetzt werden, denn gewisse Abweichungen vom idealen Fertigungsprozeß, wie etwa Lunkerbildung, Fremdeinschlüsse oder Abweichungen vom Laminataufbau sind praktisch unvermeidbar. Auch beim Zusammenbau sind Beschädigungen durch unvorsichtige Trennschnitte, unsauber gebohrte Löcher oder Kratzer und Kerben an exponierten Oberflächen möglich. Schäden durch unerwartete Betriebsbelastungen schließlich können Faserbrüche, Matrixrisse, Versagen der Faser/Matrix-Grenzfläche oder Delaminationen zwischen benachbarten Schichten nach sich ziehen. Die Identifizierung solcher Schäden nach Art, Lage und Ausdehnung ist für den sicheren Betrieb von Verbundstrukturen unabdingbar.

Im Laufe der Zeit sind für diesen Zweck viele Prüfverfahren entwickelt worden, die sich in zerstörende und zerstörungsfreie Verfahren einteilen lassen. Zerstörende Verfahren sind notwendig für die Bewertung des Materialverhaltens oder zur Bestätigung der Tragfähigkeit kritischer Bauteile, eignen sich aber nicht für die Qualitätssicherung während des Betriebs. Der zu erbringende Nachweis, daß bei Übernahme einer Verbundstruktur alle vorgegebenen Spezifikationen erfüllt sind und sie zu jedem Zeitpunkt ihres Lebens betriebssicher ist, stützt sich im wesentlichen auf zerstörungsfreie Prüfverfahren. Deren Palette reicht von einfachen optischen und akustischen Beobachtungstechniken bis hin zu hochempfindlichen physikalischen Meßverfahren, die - individuell eingesetzt - eine oder auch mehrere Schadensarten zuverlässig detektieren, aber nicht das gesamte Schadensspektrum abdecken können. Daraus, und aus der Tatsache, daß es in Verbundstrukturen eine einzelne "kritische" Schadensart nicht gibt, folgt die Notwendigkeit, mit mehreren sich komplementierenden zerstörungsfreien Prüfverfahren einen möglichst vollständigen Überblick über den Schadenszustand zu erreichen.

Einige der dafür in Frage kommenden Prüfverfahren sind stationär, das heißt, die Bauteile werden im unbelasteten Zustand in ortsfesten Einrichtungen untersucht, während andere Verfahren eine "in situ"-Anwendung am belasteten Bauteil erlauben. Die letzteren sind quasi-zerstörungsfrei in dem Sinne, daß sie zwar selbst keine Schäden verursachen, zusätzlicher Schaden aber bei der Lastaufbringung entstehen kann.

10.3.1 Visuelle Beobachtungen und Klopfverfahren

Verschiedene Arten von Oberflächenschäden sind mit dem bloßen Auge entdeckbar. Die Sensitivität visueller Beobachtungen ist erstaunlich hoch, vor allem, wenn sie aus verschiedenen Blickrichtungen und unter verschiedenen Lichteinfallwinkeln gemacht werden. Die Unterstützung der Beobachtungen mit Vergrößerungsgläsern oder Mikroskopen erhöht die Detektierbarkeit von Oberflächenschäden zumal dann, wenn sie mit dünnflüssigen Penetriermitteln vorbehandelt werden, die in sehr kleine Öffnungen einzudringen vermögen und diese durch Farbkontraste sichtbar machen.

Eine sehr einfache Prüftechnik ist auch das manuelle Abklopfen von Laminaten mit einem harten Gegenstand. Der Vergleich der an verschiedenen Stellen erzeugten Klangfarben verrät einem geübten Ohr Abweichungen von der erwarteten gleichförmigen Qualität. Mechanisierte Abklopfverfahren ("Specht-Verfahren") verbessern die Reproduzierbarkeit und Dokumentierbarkeit erheblich. Die so identifizierten suspekten Stellen bedürfen natürlich nachträglicher gründlicher Untersuchungen.

10.3.2 Radiographische Verfahren

Für die zerstörungsfreie Untersuchung von Verbundstrukturen kommen verchiedene Strahlungsarten mit großer Eindringtiefe zur Verwendung. Die Röntgen-Radiographie ist das am weitesten verbreitete Verfahren, weil der Betrieb solcher Anlagen keines großen Aufwandes bedarf. Das Werkstück wird lediglich mit einem Film hinterlegt, der durch die das Werkstück durchdringende Röntgenstrahlen geschwärzt wird. Da die Absorption elektromagnetischer Strahlen in polymeren Werkstoffen gering ist, und hochenergetische Strahlung weniger gut absorbiert wird als niederenergetische Strahlung, können nur Röntgenstrahlen mit sehr niedrigem Energiegehalt die gewünschten Unterschiede der Strahlungsverläufe aufzeigen.

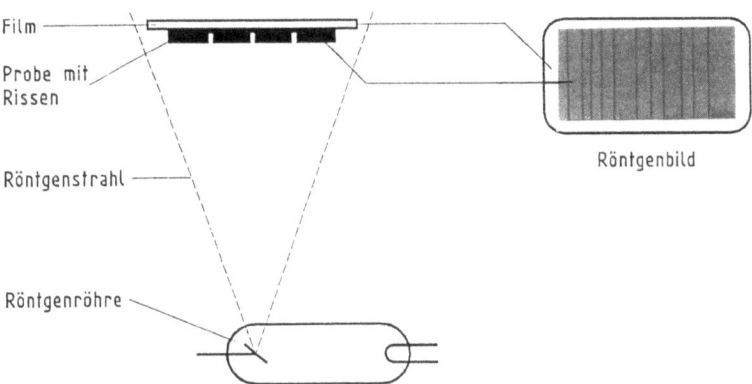

Bild 10.2. Prinzip der Röntgentechnik

Die erforderliche "weiche" Strahlung mit geringer Frequenz und entsprechend großer Wellenlänge läßt sich mit Spannungen im 10-100 kV-Bereich erzeugen. Die damit erzielten Graustufen auf dem Röntgenfilm erlauben in Laminaten mit nominell konstanter Dicke die Entdeckung von Abweichungen der Massenverteilung, wie sie etwa durch Fremdeinschlüsse, Matrixrisse, Porosität oder eine lokale Veränderung der Laminatdicke hervorgerufen werden. Matrixrisse beispielsweise zeigen sich in der in Bild 10.2 dargestellten Form. Normal zur Strahlungsrichtung liegende Delaminationen dagegen beeinflussen die Massenverteilung nicht und können folglich nicht ohne weiteres erfaßt werden [10.5].

Das zentrale Problem bei allen Röntgenuntersuchungen ist die Erzielung möglichst hoher Helligkeitskontraste, die durch eine Vorbehandlung der zu untersuchenden Laminate mit einem Kontrastmittel verbessert werden können. Das Kontrastmittel muß dünnflüssig genug sein, um unter Vakuumeinwirkung auch in kleine Öffnungen oder feine Risse tief genug eindringen zu können. Als brauchbar haben sich auf Grund ihres hohen Anteils an Halogenatomen und ihrer geringen Oberflächenspannung Dijodmethan und Tetrabrommethan erwiesen.

Abgesehen vom Kontrast wird die Qualität der Röntgenuntersuchungen vom Grad der Ortsauflösung beeinflußt, die wiederum von der Art der Strahlungsquelle und den Abmessungen des Laminats abhängt [10.6]. Die Röntgen-Stereographie ist besonders vorteilhaft für die Untersuchung dünner Laminate, weil sie eine dreidimensionale Betrachtung des Schadenszustandes erlaubt.

10.3.3 Ultraschallverfahren

Schallwellen mit Frequenzen über 20 kHz liegen jenseits der menschlichen Hörschwelle und werden Ultraschallwellen genannt. Zerstörungsfreie Ultraschallverfahren basieren auf piezoelektrisch erzeugten Schallimpulsen, die in ein Material eingeleitet und deren reflektierte oder durchgelassene Schallanteile ausgewertet werden. Entsprechend diesen Auswertungsmöglichkeiten unterscheidet man zwischen Impuls/Echo-Verfahren und Durchschallungsverfahren [10.7].

Beide Verfahren sind seit langem bekannt. Ihre Anwendung auf Verbundstrukturen war wegen der dort auftretenden hohen Schallabsorption und Streuung zunächst unbefriedigend, jedoch konnten diese Probleme durch bessere Gerätetechnik und durch hochbedämpfte Prüfköpfe ausgeräumt werden. In dem Bestreben, den Schallkopf möglichst effektiv anzukoppeln, werden Ultraschalluntersuchungen wegen der guten Leitfähigkeit von Wasser und des niedrigen Impedanzsprunges zwischen Wasser und Bauteil häufig in Wasserbassins durchgeführt (submersion technique). Alternativ können ein dünner kontinuierlicher Wasserstrahl (squirter technique) oder Pasten als Ankopplungsmedien dienen. Bei der Untersuchung wird der Probekörper durch den beweglichen Prüfkopf Punkt für Punkt abgerastert.

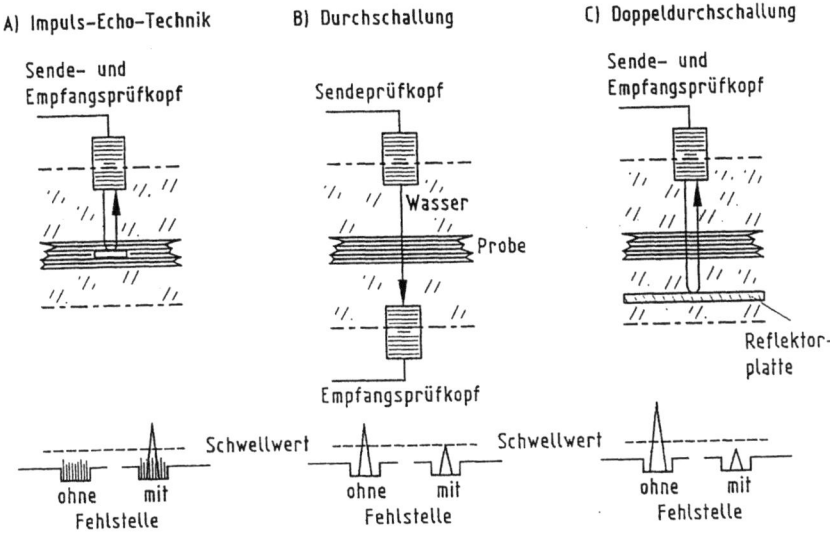

Bild 10.3. Methoden der Ultraschallprüfung

Im *Impuls/Echo-Verfahren* (Bild 10.3a) werden beim Durchgang durch das Laminat die Reflexionen der Schallimpulse an Stellen mit Impedanzsprüngen registriert und ausgewertet. Impedanzsprünge treten an der Vorder- und Rückseite des Laminats und an allen dazwischenliegenden flächigen Schadstellen auf. Messungen der Signallaufzeiten, die im Mikrosekundenbereich liegen, ermöglichen die Lokalisierung einer Schadstelle in Dickenrichtung des Laminats nach dem im Bild 10.4 gezeigten Beispiel. Die Auswertung solcher Signale an einem Punkt des Laminats wird als "A-Scan" bezeichnet. Die Aufzeichnung einer Anzahl von A-Scans entlang einer Linie ergibt einen "B-Scan", der Informationen über den Zustand einer senkrechten Schnittfläche des Laminats enthält. Eng nebeneinander liegende B-Scans ermöglichen eine Projektion des Schadensausmaßes in der Ebene des Laminats, die als "C-Scan" bezeichnet wird. Bild 10.5 zeigt den C-Scan eines Laminats mit absichtlich eingebrachten Fehlstellen verschiedener Größe. Höhere Auflösungen sind mit Hochfrequenzschallköpfen erzielbar [10.8].

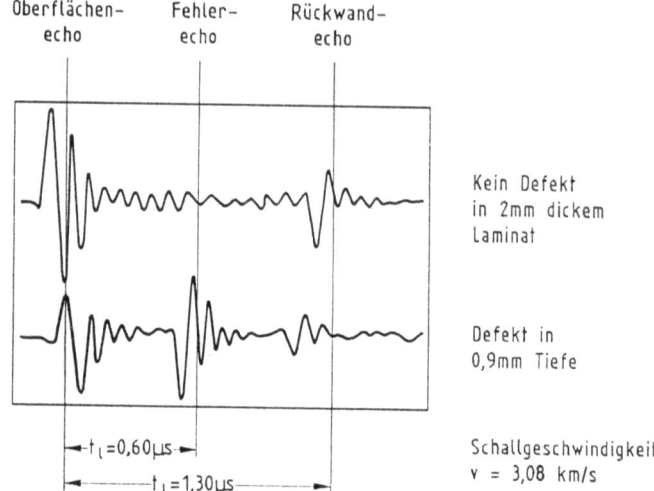

Bild 10.4. Bestimmung der Tiefenlage eines Defekts

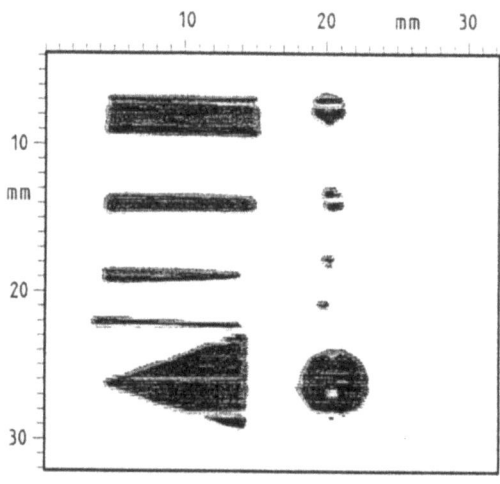

Bild 10.5. C-Scan von Fremdeinschlüssen

Im *Durchschallungsverfahren* wird der Schallimpuls von einem Schallkopf emittiert, der an der Vorderseite des Laminats angebracht ist. Der Grad der Abschwächung des Schallimpulses beim Druchlaufen des Laminats kann entweder direkt durch einen Empfänger an der Rückseite des Laminats gemessen werden (Bild 10.3b), oder indirekt nach Reflexion des Schallimpulses an der Rückwand im Schallkopf selbst (Bild 10.3c). In fehlerfreien Laminaten sind die Abschwächungen des Schallimpulses auch nach zweimaligem Durchlauf durch das Laminat gering. Delaminationen oder Ansammlungen von Matrixrissen dagegen verursachen deutlich meßbare Dämpfungsverluste. Die Einführung eines Schwellwerts oberhalb des Rauschpegels erlaubt eine Klassifizierung der registrierten Schallsignale, so daß die untersuchte Stelle als gut oder schlecht bewertet werden kann. Wie im Impuls/Echo-Verfahren wird auch hier ein das Schadensausmaß beschreibender Schwarz/Weiß-Ausdruck als "C-Scan" bezeichnet.

Die mit dem Impuls-Echo erreichbare Ortsauflösung ist natürlich nicht ausreichend, um einzelne Matrixrisse in den Schichten eines Laminats zu detektieren. Bei eng nebeneinanderliegenden Rissen ist die Schallabschwächung aber genügend groß, um im Durchschallungsverfahren erfaßt zu werden. Dessen laterales Auflösungsvermögen wiederum ist unzureichend, um einzeln auftretende kleine Delaminationen zu orten. Der Gedanke bietet sich an, beide Verfahren miteinander zu koppeln, daß heißt, die von einem Laminat reflektierten Schallsignale gleichzeitig nach dem Impuls/Echo- und dem Durchschallungsverfahren auszuwerten. Die sich gegenseitig ergänzenden C-Scans ergeben ein realistisches Bild eines durch Matrixrisse und Delaminationen hervorgerufenen Schadenszustandes [10.9].

Es empfiehlt sich, bei Ultraschalluntersuchungen grundsätzlich alle Schallsignale digital zu speichern. Die daraus erwachsenden Vorteile liegen einmal in einer objektiveren Interpretation der gemessenen Daten, und zum anderen in der Möglichkeit wiederholter Auswertungen mit anderen Methoden lange nach Beendigung des eigentlichen Prüfvorgangs.

10.3.4 Schallemissionsanalysen

In mechanisch oder thermisch belasteten Verbundstrukturen wird durch das Versagen von Bindungen mechanische Energie freigesetzt. Die Energiefreisetzung ist begleitet von der Entstehung und Fortpflanzung akustischer Wellen, die mit hochsensitiven piezoelektrischen Aufnehmern registriert werden können [10.10].

Interpretierfähige Informationen der Schallemissionsanalyse sind in Bild 10.6 dargestellt. Sie umfassen die Zeitdauer eines Schallereignisses (event), die Anzahl der Signalphasen, die einen vorgebenen Schwellwert übersteigen (counts), die Anstiegs- und Abfallzeiten der Schallamplitude, die maximale Amplitude und den Energieinhalt der Emission. Kontinuierliche Messungen dieser Parameter erlauben eine akustische Verfolgung der Schadensentwicklung in Verbundstrukturen unter zeitabhängigen Belastungen [10.11]. Bei sehr hohem Auflösungsgrad der Signale ist mit Hilfe der Frequenzanalyse auch eine Differenzierung zwischen Faserbrüchen und Matrixrissen möglich.

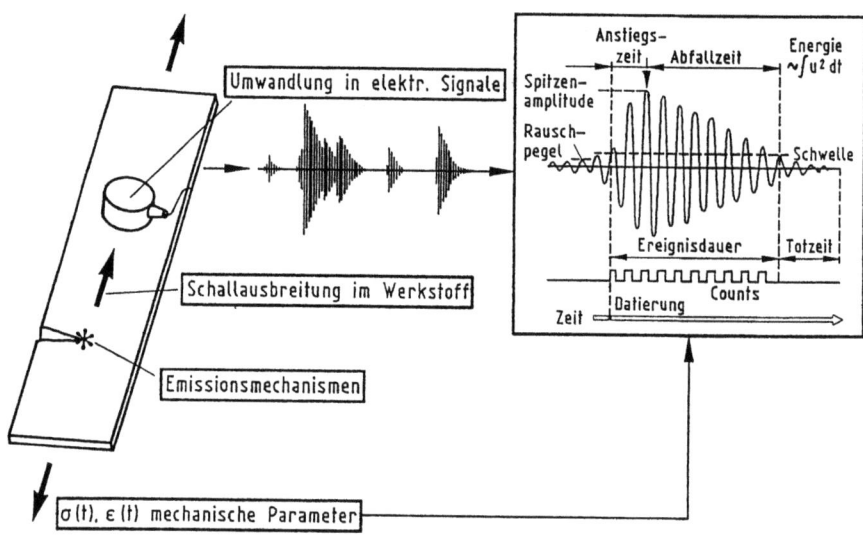

Bild 10.6. Interpretierfähige Parameter der Schallemissionsanalyse

Der naheliegende Gedanke, Schadstellen nach dem Prinzip der Triangulierung durch Laufzeitmessungen der Schallwellen zu orten, ist bei Verbundbauteilen schwierig, weil die Schallgeschwindigkeit in multidirektionalen Laminaten abhängig von den Faserrichtungen der Einzelschichten ist. Lediglich in mehr oder weniger eindimensionalen Bauteilen oder Probestäben kann der Schadensort entlang der Hauptausdehnungsrichtung leicht bestimmt werden [10.12].

Schallemissionsanalysen werden häufig als Ergänzung zu radiographischen und Ultraschalluntersuchungen herangezogen, die nur einen Istzustand ohne Erklärung seiner zeitlichen Entstehung abzubilden vermögen. Zum Beispiel erfaßt bei zyklischen Temperaturbelastungen spröder Laminate eine Röntgenaufnahme nur das entstandene Rißmuster, während die Schallemissionsanalyse Aufschluß darüber gibt, zu welchem Zeitpunkt oder bei welcher Temperatur die ersten Risse einfallen [10.13]. Bild 10.7 läßt die bei zyklischen Thermalbelastungen im Vergleich zu faserverstärkten Epoxidlaminaten weit intensivere Schädigung von Polyimidlaminaten durch Rißbildung erkennen.

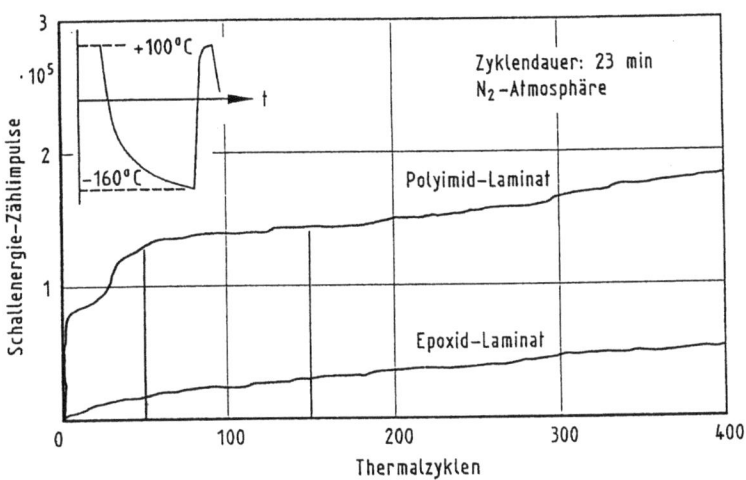

Bild 10.7. Schadensakkumulation bei thermischer Wechselbelastung

10.3.5 Thermographische Verfahren

Die Temperaturverteilung an der Oberfläche von Laminaten kann in Form von isothermen Schichtlinien sichtbar gemacht werden. Das Muster dieser Schichtlinien ändert sich, wenn ein Wärmefluß nicht gleichmäßig verläuft, sondern durch Schadstellen im Inneren des Laminats behindert wird. Die Qualität eines Bauteils kann also durch Auswertung von Temperaturmessungen zerstörungsfrei geprüft werden. Die dafür eingesetzten thermographischen Prüfverfahren lassen sich in passive und aktive Verfahren unterteilen.

In den passiven Verfahren wird der Wärmefluß durch eine externe Energiequelle erzeugt. Beim Wärmedurchgang werden durch Schadstellen Temperaturgradienten verursacht, die Abweichungen von dem Schichtlinienmuster einwandfreier Laminate hervorrufen. Sie signalisieren damit entweder Homogenitätsabweichungen oder Diskontinuitäten, lassen aber eine Unterscheidung zwischen diesen beiden Möglichkeiten nicht zu.

In den aktiven Verfahren wird der Wärmefluß nicht extern generiert, sondern durch die Umwandlung elektrischer, magnetischer oder mechanischer Energieformen im Inneren des Materials. Ähnlich wie bei den passiven Verfahren entstehen isotherme Schichtlinien, deren Verlauf in der Nähe von Schadstellen von dem in ungestörten Bereichen abweicht.

Die Temperatur an den Materialoberflächen kann durch direkten Kontakt oder kontaktfrei gemessen werden. Direkte Messungen basieren häufig auf chemischen Änderungen dünner Filme, die aus Farbe, Phosphor, Flüssigkristallen oder ähnlichen temperaturempfindlichen Substanzen bestehen. Solche Filme sind leicht anwendbar, liefern aber nur ungenaue Temperaturanzeigen, die dazu noch vom Filmmaterial selbst abhängig sind.

Kontaktfreie Messungen sind möglich durch die Auswertung der thermischen Eigenstrahlung des Prüfkörpers, die mit der vierten Potenz seiner Temperatur wächst und linear von der Emissivität seiner Oberfläche abhängt. Mit Infrarot-Detektoren ist also eine indirekte Messung der Oberflächentemperatur möglich, wobei zu beachten ist, daß jede Veränderung der Oberflächenemissivität die aufgenommenen Daten beeinflußt [10.14, 10.15].

Thermographische Prüfverfahren haben in der vergangenen Dekade durch die Einführung video-thermographischer Kameras an Bedeutung gewonnen, mit denen Temperaturverteilungen in Echtzeit und mit hoher Auflösung auf verschiedene Weise aufgenommen und dargestellt werden können.

10.3.6 Optische Verfahren

Optische Verfahren sind auf Messungen der Oberflächenverformungen begrenzt. Das zweifellos präziseste optische Meßverfahren ist die *holographische Interferometrie*, bei der Hologramme eines Bauteils unter zwei verschiedenen Belastungsstufen angefertigt und die resultierenden Interferenzmuster ausgewertet werden. Nachteile dieses Verfahrens sind seine Aufwendigkeit und seine Empfindlichkeit gegenüber unbeabsichtigten Einflüssen wie etwa Starrkörperverschiebungen.

Beim *Moiré-Verfahren* muß ein Beugungsgitter hoher Liniendichte appliziert werden, das durch Überlagerung mit einem Referenzgitter Streifenmuster erzeugt, die nach ihrer Auswertung das Verschiebungsfeld und nach einmaliger Differentiation die Dehnungen liefern. Die beste Auflösung wird durch die Moiré-Interferometrie erreicht, wobei das Referenzgitter durch Überlagerung zweier kohärenter Strahlen erzeugt wird [10.16]. Nachteilig ist die Beschränkung auf ebene Flächen, ferner der große Aufwand der Bildverarbeitung.

Als drittes Verfahren mit kohärentem Licht sei die *Speckle-Technik* erwähnt, bei der durch Rückstreuung an der Mikrostruktur einer rauhen Probenoberfläche und durch die Interferenz vieler Teilkugelwellen sogenannte Specklemuster entstehen. Die bei einer Verformung der Oberfläche erzeugten Speckleverschiebungen ermöglichen die Bestimmung der Verschiebungskomponenten. Ein Nachteil des Verfahrens ist der erhebliche Auswertungsaufwand, der sich allerdings bei genügend großer Rechnerleistung weitgehend automatisieren läßt.

Im Gegensatz zu diesen drei interferometrischen Ganzfeldverfahren, mit denen Verschiebungen gemessen werden, läßt sich jedoch auch direkt die Dehnung messen. Ein solches Verfahren wurde für Untersuchungen an CFK-Laminaten in der DLR entwickelt [10.17]. Es erfordert die Applikation eines Reflexionsbeugungsgitters auf der Oberfläche. Richtet man einen Laserstrahl senkrecht darauf, so können die entstehenden Beugungsordnungen zur Messung von Dehnungen, die durch äußere Belastungen entstanden sind, herangezogen werden. Dazu werden bei diesem *DLR-Verfahren* Winkeländerungen der Beugungsordnungen mit optoelektronischen Positionsdetektoren punktweise gemessen. Durch Abrastern der Oberfläche können bei sehr kurzer Meßzeit auch umfangreiche Dehnungsverteilungen ermittelt werden. Ein Nachteil des Verfahrens ist seine Beschränkung auf ebene Flächen.

Einfacher und für viele Zwecke ausreichend sind die auf Lichtreflexionen basierenden Verfahren. Zum Beispiel läßt sich leicht ein enges Raster paralleler Linien auf die mit einer dünnen Harzschicht verspiegelte Außenseite eines Laminats projizieren [10.18]. Verformungen normal zur Laminatebene führen zu Verzerrungen der im Spiegelbild beobachtbaren Rasterlinien, die sich quantitativ auswerten lassen. Das Verfahren hat sich vor allem bei der Registrierung der Ausbreitung von Delaminationen am Rand oder im Inneren von Probestäben bewährt. Das Einfallen und die Ausbreitung von Randdelaminationen bei steigenden Lasten sind aus Bild 10.8 ersichtlich.

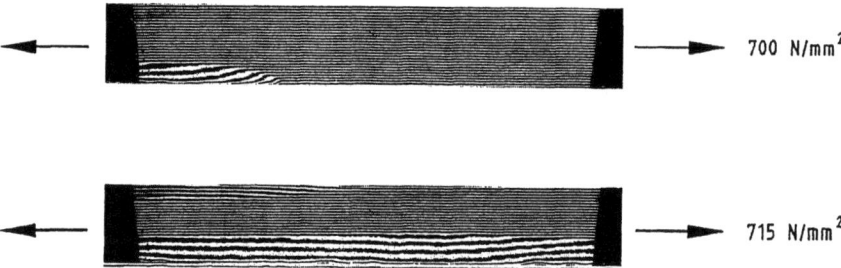

Bild 10.8. Entwicklung von Randdelaminationen

11 Reparatur von Verbundbauteilen

Mit dem Auftreten von Schäden in Verbundstrukturen muß während der Fertigung ihrer Komponenten, bei deren Zusammenbau und auch während ihres Betriebes gerechnet werden. Die Palette möglicher Schadensarten ist groß; sie erstreckt sich von Oberflächenkratzern über Ablösungen und Delaminationen bis hin zu massiven Faserbrüchen. Nach der Identifizierung eines Schadens nach Art, Lage und Ausdehnung durch zerstörungsfreie Prüftechniken führt die Beurteilung seiner potentiellen Auswirkung zu einer von drei möglichen Entscheidungen:

- bei geringfügigen Schäden das Bauteil ohne Reparatur zu akzeptieren,
- bei schwerwiegenden Schäden das Bauteil durch ein neues zu ersetzen oder
- bei moderaten Schäden die strukturelle Integrität des Bauteils wiederherzustellen.

Die Erfahrung lehrt, daß es fast immer wirtschaftlicher ist, ein Bauteil zu reparieren als es zu ersetzen, es sei denn, das Schadensausmaß ist sehr groß oder das Bauteil ist einfach und billig.

Eine Reparatur muß zum Ziel haben, die Integrität der Struktur mit geringster Gewichtszunahme und ohne Verlust der Funktionstüchtigkeit wiederherzustellen. Sie sollte mit möglichst wenig Aufwand ausführbar und auf die unmittelbare Umgebung der Schadstelle begrenzt sein. Die dabei zu berücksichtigenden Aspekte hängen von den Einsatzbedingungen des Bauteils ab und können Festigkeit, Steifigkeit, Stabilität, Oberflächengüte und Dichte einschließen.

Die Beurteilung der Konsequenzen eines Schadens in Verbundbauteilen ist nicht einfach, weil analytische Prozeduren für die Bestimmung der Restfestigkeit noch in der Entwicklung befindlich sind und eine der Bruchmechanik von Metallen analoge Schadensmechanik für Verbundbauteile noch nicht besteht.

Für die Reparatur beschädigter Faserverbundbauteile der Luftfahrt liegen bereits langjährige Erfahrungen vor [11.1, 11.2, 11.3]. Die folgenden Ausführungen befassen sich im wesentlichen mit Reparaturverfahren für kohlenstoffaserverstärkte Epoxidharze, sie sind jedoch prinzipiell auch auf andere Faser/Matrix-Kombinationen anwendbar.

11.1 Behebung leichter Schäden

Ablösungen in Klebfugen oder Delaminationen lassen sich häufig durch Harzinjektionen reparieren. Die Haltbarkeit der Reparatur hängt davon ab, ob es sich um einen Herstellungsfehler oder um einen Betriebsschaden handelt. Die bei der Herstellung durch Druckverlust oder Verunreinigung verursachten Ablösungen oder Delaminationen haben glatte Oberflächen, die sich schwieriger verbinden lassen als die rauheren Oberflächen, die bei Überbelastung auftreten. In jedem Fall muß Sorge getragen werden, daß vor der Reparatur alle Verunreinigungen einschließlich der Feuchtigkeit entfernt werden.

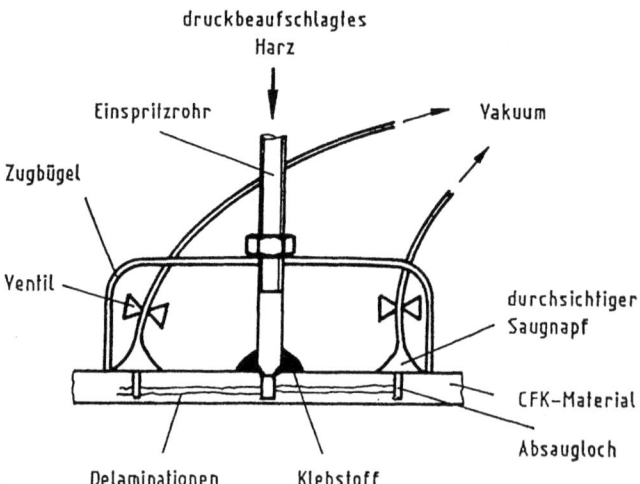

Bild 11.1. Reparatur von Delaminationen

Bei von außen zugänglichen Ablösungen oder Delaminationen erfolgt die Reparatur durch Einspritzen eines mit dem Matrixwerkstoff kompatiblen niedrig-viskosen Harzes direkt in die Klaffungen. Bei Delaminationen im Inneren des Laminats wird das Harz über ein im Delaminationsbereich zentral gelegenes Sackloch eingespritzt. Weitere am Rand der Delamination gebohrte Löcher ermöglichen das Entweichen der sich dort ansammelnden Gase (Bild 11.1). Der Harzfluß kann durch das Anlegen eines Vakuums und durch Erwärmen des Bauteils gefördert werden. Eine Verbesserung des Kontaktes delaminierter Flächen und der Erhalt ebener Oberflächen läßt sich durch Aufbringung von Außendruck erreichen [11.4].

Auch in Bauteilen mit duktilen thermoplastischen Matrixwerkstoffen ist das Auftreten von Ablösungen und Delaminationen nicht auszuschließen. Da Thermoplaste schweißbar sind, ist es möglich, diese Schäden allein durch Anwendung von Temperatur und Druck zu beheben. Bei kohlenstoffaserverstärkten Laminaten entsteht dabei ein Problem durch die hohe Wärmeleitung der Fasern [11.5].

Leichte Unebenheiten der Laminatoberflächen können mit Füllstoffen ausgeglichen werden, wenn keine weiteren Beschädigungen vorliegen. Der Füllstoff, meist ein mit Glaskurzfasern oder Glaskugeln angereichertes Epoxidharz, wird ohne besondere Vorrichtungen aufgestrichen und ausgehärtet. Ähnlich können elongierte oder anderweitig defekte Bohrlöcher, die keinen hohen Belastungen ausgesetzt sind, repariert werden. Die Alternative ist die Erweiterung der Bohrlöcher und das Einsetzen von Buchsen.

11.2 Reparatur mit überlappenden Pflastern

Laminate mit beschädigten Verstärkungsfasern werden häufig durch Aufkleben von Pflastern repariert, mit denen die Schadstellen ein- oder beidseitig überdeckt werden (external patch repairs). Dieses Verfahren ist weit verbreitet, weil es leicht anwendbar ist und bei Laminatdicken bis 2 mm eine weitgehende Wiederherstellung der ursprünglichen Eigenschaften gestattet [11.6]. Vom Prinzip her handelt es sich dabei um eine ein- oder zweischnittige Klebverbindung, die entsprechend ausgelegt wird (Bild 11.2). Die Schäftung am Rand der Pflaster dient der Reduzierung der dort auftretenden Schub- und Schälspannungen, die außer der Klebfuge auch den Zusammenhalt der Laminatschichten gefährden.

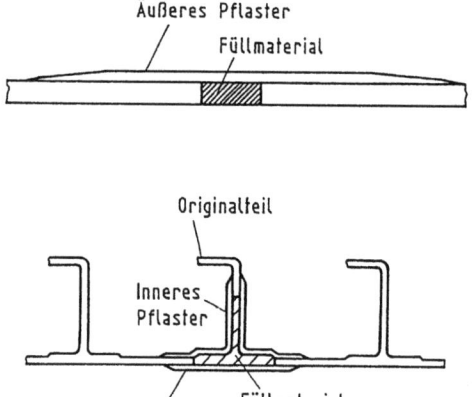

Bild 11.2. Reparatur mit überlappenden Pflastern

Beidseitig symmetrisch angebrachte Pflaster sind einseitigen Pflastern natürlich überlegen, jedoch werden die letzteren wegen beschränkter Zugänglichkeit weit häufiger angewandt. Ihr Hauptproblem ist der exzentrische Kraftfluß, der im Reparaturbereich hohe Biegemomente hervorruft, die unter Druckbelastung auch das Beulverhalten des Laminats beeinträchtigen. Einflüsse dieser Art sind weniger kritisch, wenn das Laminat durch Unterstrukturen abgestützt ist.

Das Pflaster selbst besteht im Regelfall aus Gelegeprepregs mit Schichtenfolgen, die denen des zu reparierenden Bauteils entsprechen. Der Prepregstapel kann entweder naß auf der mit einem Klebfilm versehenen Schadstelle abgelegt und zusammen mit der Klebfuge ausgehärtet, oder vorgefertigt und in einem zweiten Arbeitsgang aufgeklebt werden. Von der Reparaturqualität her ist die zweite Option die bessere, wenn keine durch die Steifigkeit des Pflasters bedingten Paßprobleme auftreten. Bei stark gekrümmten Bauteilen wird die Ablage durch die Verwendung von Gewegeprepregs erleichtert, allerdings auf Kosten der mechanischen Eigenschaften.

Wenn geometrische Beschränkungen oder die Höhe der Schubbeanspruchung die Anwendung aufgeklebter Pflaster nicht erlauben, bietet sich eine Reparatur mit mechanisch befestigten metallischen Dopplern an. Die Befestigung kann durch Blindnieten erfolgen, oder durch einfache Bolzen mittels einer mit Nabenmuttern versehenen Stützplatte an der Rückseite des Laminats. Die Entstehung und Ausbreitung von Delaminationen am hochbelasteten Bohrungsrand wird damit eingeschränkt. Bei der Wahl von Aluminium für Doppler oder Bolzen sind bei kohlenstoffaserverstärkten Bauteilen Schutzmaßnahmen gegen galvanische Korrosion angebracht. Die Dimensionierung der Reparatur entspricht den Praktiken der Bolzenverbindungen.

11.3 Reparatur mit eingesetzten Pflastern

Schäden in Laminaten, deren Dicke über ein kritisches Maß hinausgeht, oder deren Oberflächen keine Unebenheiten aufweisen dürfen, können nicht mit Hilfe von aufgesetzten Pflastern repariert werden. In solchen Fällen werden die beschädigten Schichten so entfernt, daß am Rand der Schadstelle eine möglichst flache Schäftung entsteht. In die entstandene Öffnung werden nach gründlicher Säuberung eine Klebschicht und darauf Prepregzuschnitte so eingepaßt, daß nach der Aushärtung unter Vakuum und Druck- und Temperaturaufbringung die Kontinuität der Laminatschichten weitgehend wiederhergestellt ist. Durch nachträgliches Schleifen und Polieren kann auch die neue Oberfläche gut angeglichen werden (flush patch repair). Dieses Verfahren führt bei genügend langen Schäftungen zu sehr günstigen Schub- und Schälspannungsverteilungen. Auch Delaminationen, für die eine Harzinjektion ungenügend erscheint, lassen sich auf diese Weise reparieren. Anstelle der gradlinigen Schäftungen sind auch eine Reihe von Abstufungen der Laminatschichten möglich, die bei fast gleich gutem Festigkeitsverhalten leichter auszuführen sind (Bild 11.3).

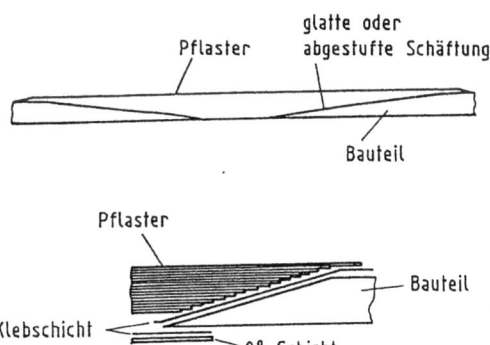

Bild 11.3. Reparatur mit eingesetztem Pflaster

Beide Arten eignen sich für die Reparatur sowohl von Schäden, die sich auf wenige Schichten beschränken als auch für solche, die sich über die ganze Laminatdicke erstrecken. Im letzteren Fall entsteht bei den Reparaturvorbereitungen eine Öffnung im Laminat, die während des Einpassens der Prepregs und ihrer Aushärtung die Anbringung einer Stützplatte an der Laminatrückseite erforderlich macht.

Das Einsetzen von Prepregstapeln ist aufwendiger als das Aufkleben von Pflastern. Ein weiterer Nachteil ist, daß bei der Ausführung der Schäftung sehr viel unbeschädigtes Material entfernt werden muß, um die für die Schubübertragung wichtigen kleinen Schäftwinkel zu erreichen, die bei 3 - 5° liegen [11.6]. Die Dimensionierung der Reparatur erfolgt in Anlehnung an die Auslegung geschäfteter oder abgestufter Klebverbindungen.

11.4 Reparatur von Sandwichpaneelen

In Sandwichpaneelen sind drei Arten von Schäden vorstellbar:

- Oberflächenschäden mit wenig Festigkeitsminderung der Deckschicht,
- Schäden der Deckschicht, die einen Teil des Kernmaterials miterfassen, und
- Schäden, die sich auf beide Deckschichten und den dazwischenliegenden Kern erstrecken.

Die Beseitigung von Oberflächenschäden entspricht völlig der bei Laminaten. Bei Durchbrüchen einer Deckschicht mit teilweiser Schädigung des darunterliegenden Kerns beginnt die Reparatur mit der Vorbehandlung der Deckschicht. Danach wird der freigelegte Kern entweder mit thixotropischen Pasten stabilisiert oder örtlich entfernt und ersetzt. Bei Schäden, die beide Deckschichten und den Kern in Mitleidenschaft ziehen, wird mit Hilfe einer Stützplatte zunächst eine der Deckschichten mit dem Kernersatz und anschließend die andere Deckschicht repariert (Bild 11.4).

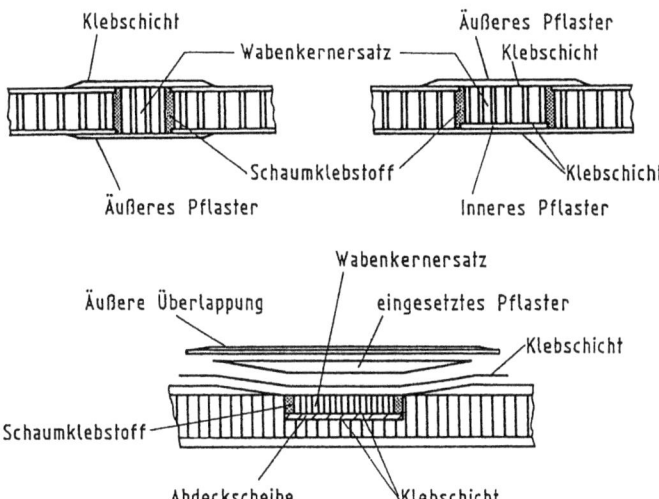

Bild 11.4. Reparatur von Sandwichpaneelen

11.5 Ausführung der Reparatur

Zu Beginn der Reparatur werden die Schadenszone markiert und die Abmessungen des Pflasters festgelegt, wobei Wert auf eine möglichst geringe Überdeckung des gesunden Laminats zu legen ist. Schäftungen und Abstufungen können mit handgehaltenen Fräs- oder Schleifmaschinen hergestellt werden, wobei die Kontrolle des Umfangs oder der Tiefe mit Leitschablonen und Distanzscheiben erleichtert wird. Alternativ sind Abstufungen herstellbar, indem die betroffenen Schichten nacheinander mit einem Messer durchtrennt und dann mit Hilfe von Pinzetten abgeschält werden.

Bei Reparaturen mit aufgeklebten Pflastern ist eine gründliche Säuberung der betroffenen Oberfläche unerläßlich. Die Umgebung der Schadstelle des Laminats und das vorgefertigte Pflaster werden in der Regel durch Sandstrahlen gereinigt. Das Pflaster kann auch mit einem kurz vor der Reparatur zu entfernenden Abreißgewebe versehen werden. Nasse Pflaster, die zusammen mit dem Klebfilm ausgehärtet werden, erfordern keine Vorbereitung.

Als Klebstoffe kommen vorzugsweise Epoxidharze auf Trägerfilmen zur Verwendung, deren Duktilität durch den Einschluß von Gummipartikeln erhöht worden ist. Epoxidnitrile und Epoxidphenole erlauben Betriebstemperaturen bis zu 80 °C bzw. 120 °C. Für höhere Temperaturansprüche kommen Klebstoffe auf Bismaleinimid- oder Polyimidbasis in Frage, die aber schwieriger zu verarbeiten sind.

Die Aushärtung erfolgt unter Aufbringung von Druck und Wärme. Bei nassen Pflastern und auch bei gut angepaßten vorgefertigten Pflastern genügt der mit einem Vakuumsack erreichbare atmosphärische Druck. Im Bedarfsfall lassen sich höhere Drücke auf pneumatischem oder mechanischem Wege erzielen. Die Wärmezufuhr kann bei kleinen Bauteilen in einem geschlossenen Ofen erfolgen. Bei größeren Bauteilen können elektrische Heizelemente verwendet werden, die in Gummimatten eingebettet unter dem Vakuumsack auf die Reparaturzone gelegt werden (Bild 11.5). Auch der Gebrauch von Heizlampen bietet sich an, obwohl eine gleichmäßige Temperaturverteilung damit nur schwer erreichbar ist. In jedem Falle muß vor der eigentlichen Aushärtung die im Laminat oder im Pflaster vorhandene Feuchtigkeit ausgetrieben werden, die zu Delaminationen in der Klebfuge oder zur Porenbildung führen kann. Der dafür erforderliche Zeitaufwand zumal bei dicken Laminaten und Pflastern ist nicht zu unterschätzen [11.7].

Bei mechanisch befestigten Dopplern dient der Doppler selbst als Schablone für die Bohrlöcher. Beim Bohren ist Vorsicht geboten, um Delaminationen beim Durchstoß des Bohrers zu vermeiden.

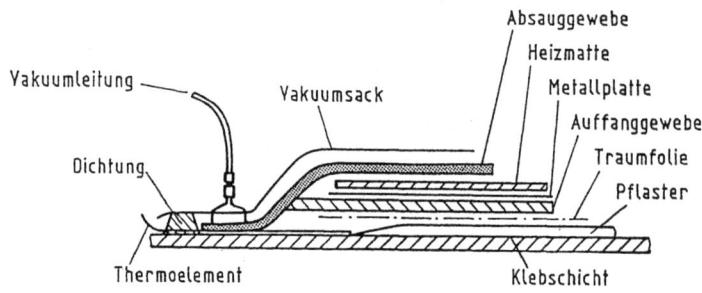

Bild 11.5. Ausführung der Reparatur

12 Spannungsberechnung

Eine notwendige Voraussetzung für die wirtschaftliche Konstruktion und den sicheren Betrieb von Verbundstrukturen ist eine präzise Bestimmung ihrer Festigkeits- und Steifigkeitswerte. Es ist zwar denkbar, die Entwicklung von Verbundstrukturen mit ausgedehnten Testprogrammen ihrer Komponenten zu begleiten und ihre strukturelle Integrität nach der Endmontage durch das Testen von Prototypen zu bestätigen, jedoch wäre solch ein Vorgehen mit erheblichem Aufwand und dem Risiko unerwarteter Ergebnisse verbunden. Außerdem würde die normalerweise bestehende Zeitbegrenzung die Anzahl der Entwurfszyklen und damit die optimale Gestaltungsmöglichkeit einer Struktur reduzieren. Daraus folgt, daß analytische Methoden eingesetzt werden müssen, die drei Forderungen zu erfüllen haben:

- den schnellen Vergleich des Potentials verschiedener Konfigurationen in der Vorentwurfsphase,
- die frühe Kenntnis des Gesamtverhaltens der Verbundstruktur und
- die Identifizierung belastungskritischer Komponenten.

Faserverstärkte Bauteile sind besonders effektiv, wenn sie als Scheiben, Platten oder Schalen eingesetzt werden. Die darin auftretenden Spannungen verlaufen vorwiegend in den Laminatebenen und erlauben in vielen Fällen die Annahme eines ebenen Spannungszustandes. Analytische Untersuchungen von Laminaten basieren daher zum größten Teil auf der sogenannten Schichtentheorie, mit deren Hilfe sich die Verteilung ebener Spannungen in den Einzelschichten kontinuierlicher Laminate bestimmen läßt. Die Analyse dreidimensionaler Spannungsfelder kann auf der Basis anisotroper Elastizitätstheorien durchgeführt werden. In der Regel werden dafür automatisierte Rechenverfahren eingesetzt.

Der Spannungsberechnung in Verbundbauteilen mit komplexer Geometrie oder komplexer Lastverteilung muß eine möglichst genaue Bestimmung der Kraftflüsse oder des Verformungszustands der Gesamtstruktur vorausgehen. Dafür kommt vorwiegend die Methode der finiten Elemente zum Einsatz, in der die reale Struktur durch ein physikalisch-mathematisches Modell ersetzt wird. Das Modell besteht aus einer mehr oder weniger großen Zahl von Balken, Platten- oder Schalenelementen, die an ihren Knotenpunkten miteinander verbunden werden. Die Methode der finiten Elemente führt zu guten Annäherungen der Kraft- oder Verformungsverläufe an den Knotenpunkten der Elemente, aus denen in einem nachfolgenden Schritt die Spannungsverteilungen in allen Einzelschichten nach der Schichtentheorie errechnet werden können [12.1, 12.2, 12.3, 12.4].

12.1 Annahmen der Schichtentheorie

Die Entwicklung von Berechnungsverfahren für Spannungen und Dehnungen in Laminaten wird erleichtert durch die Möglichkeit, die vereinfachenden Annahmen der Theorie dünner Platten und Schalen übernehmen zu können. Diese Theorie beinhaltet, daß eine Normale durch den Querschnitt eines unbelasteten Laminats auch nach dessen Verformung eine Normale bleibt, und daß Normalspannungen senkrecht zur Laminatebene vernachlässigbar sind. In bezug auf die Einzelschichten eines Laminats wird angenommen, daß sie als makroskopisch homogen und orthotrop betrachtet werden können und daß sich der Faser/Matrix-Verbund linear-elastisch verhält.

Der auf Grund der unterschiedlichen Wärmedehnungen von Fasern und Matrix während des Fertigungsprozesses induzierte Vorspannungszustand bleibt unberücksichtigt.

12.2 Bezeichnungen

Die Einzelschichten eines Laminats können unter beliebigen Faserrichtungen angeordnet werden. Daraus ergibt sich für die Erfassung ihres Spannungszustands die Notwendigkeit zur Einführung von verschiedenen Koordinatensystemen. Nach Bild 12.1 definieren die rechtwinkligen Koordinaten x und y die Bezugsrichtungen des Laminats und die Koordinaten x' und y' die Achsen einer um den Winkel α gedrehten

Einzelschicht, wobei x' die Faserrichtung und y' die dazu senkrechte Richtung angeben.

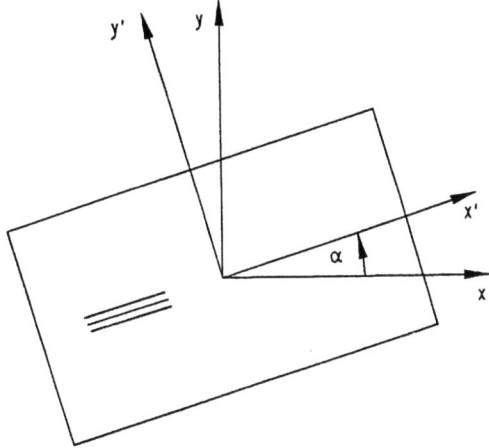

Bild 12.1. Bezugssysteme

Die elastischen Kennwerte der als orthotrop vorausgesetzten Einzelschicht tragen folgende Bezeichnungen:

$E_{x'}$ = Elastizitätsmodul in Faserrichtung,
$E_{y'}$ = Elastizitätsmodul senkrecht zur Faserrichtung,
$\upsilon_{x'y'}$ = Querkontraktion auf Grund einer Belastung in Faserrichtung,
$\upsilon_{y'x'}$ = Querkontraktion auf Grund einer Belastung normal zur Faserrichtung,
$G_{x'y'}$ = Schubmodul.

12.3 Steifigkeitsmatrix der Einzelschicht

Der vorausgesetzte ebene Spannungszustand in den Einzelschichten reduziert die Anzahl der von Null verschiedenen Spannungskomponenten auf $\sigma_{x'}$, $\sigma_{y'}$ und $\tau_{x'y'}$. Die Verknüpfung dieser Spannungen mit ihren zugeordneten Dehnungen erfolgt über eine um ihre Hauptdiagonale symmetrische Steifigkeitsmatrix:

$$\begin{Bmatrix} \sigma_{x'} \\ \sigma_{y'} \\ \tau_{x'y'} \end{Bmatrix} = \begin{bmatrix} C'_{11} & C'_{12} & 0 \\ C'_{12} & C'_{22} & 0 \\ 0 & 0 & C'_{33} \end{bmatrix} \begin{Bmatrix} \varepsilon_{x'} \\ \varepsilon_{y'} \\ \gamma_{x'y'} \end{Bmatrix} \qquad (12.1)$$

Die Elemente der Steifigkeitsmatrix ergeben sich aus den elastischen Kennwerten der Schicht zu

$$C'_{11} = \frac{E_{x'}}{(1 - v_{x'y'} v_{y'x'})} \; ; \; C'_{22} = \frac{E_{y'}}{(1 - v_{x'y'} v_{y'x'})} \; ;$$

$$C'_{33} = G_{x'y'} \; .$$

$$C'_{12} = \frac{v_{y'x'} E_{x'}}{(1 - v_{x'y'} v_{y'x'})} \; ; \; C'_{21} = \frac{v_{x'y'} E_{y'}}{(1 - v_{x'y'} v_{y'x'})} \; ;$$

Aus der Symmetriebedingung $C'_{12} = C'_{21}$ folgt $v_{y'x'} E_{x'} = v_{x'y'} E_{y'}$, beziehungsweise

$$v_{y'x'} = v_{x'y'} \frac{E_{y'}}{E_{x'}}$$

Nach der Schichtentheorie setzen sich die Eigenschaften eines Laminats aus den Beiträgen aller Einzelschichten zusammen. Im Falle eines unidirektionalen Laminats mit n gleich dicken Einzelschichten sind die Steifigkeitskoeffizienten in Gleichung 12.1 folglich nC'_{ij}. In dem allgemeineren Fall multidirektional aufgebauter Laminate müssen die Steifigkeitsmatrizen der Einzelschichten vor ihrer Zusammenfassung auf die Hauptachsen x und y des Laminats transformiert werden. Das heißt, die bekannten Steifigkeitskoeffizienten C'_{ij} einer typischen Einzelschicht k

$$\begin{Bmatrix} \sigma_{x'} \\ \sigma_{y'} \\ \tau_{x'y'} \end{Bmatrix}_k = \begin{bmatrix} C'_{11} & C'_{12} & 0 \\ C'_{12} & C'_{22} & 0 \\ 0 & 0 & C'_{33} \end{bmatrix}_k \begin{Bmatrix} \varepsilon_{x'} \\ \varepsilon_{y'} \\ \gamma_{x'y'} \end{Bmatrix}_k \qquad (12.2)$$

müssen in Koeffizienten C_{ij} transformiert werden, die der Gleichung 12.3 genügen.

$$\begin{Bmatrix} \sigma_x \\ \sigma_y \\ \tau_{xy} \end{Bmatrix}_k = \begin{bmatrix} C_{11} & C_{12} & C_{13} \\ C_{12} & C_{22} & C_{23} \\ C_{13} & C_{23} & C_{33} \end{bmatrix}_k \begin{Bmatrix} \varepsilon_x \\ \varepsilon_y \\ \gamma_{xy} \end{Bmatrix}_k \qquad (12.3)$$

In kompakterer Schreibweise lassen sich die Gleichungen 12.2 und 12.3 als

$$\{\sigma'\} = [C']\{\varepsilon'\}$$

und

$$\{\sigma\} = [C]\{\varepsilon\}$$

darstellen.

Die Entwicklung der folgenden Zusammenhänge hat zum Ziel, Beziehungen zwischen

$$\{\varepsilon'\} \quad \text{und} \quad \{\varepsilon\}$$

$$[C'] \quad \text{und} \quad [C]$$

$$\{\sigma'\} \quad \text{und} \quad \{\sigma\}$$

herzustellen.

12.4 Transformation der Koordinaten und Verschiebungen

Die Transformation der Koordinaten eines Punktes P von einem rechtwinkligen x-y-System in ein ebenfalls rechtwinkliges x'-y'-System ergibt sich aus Bild 12.2.

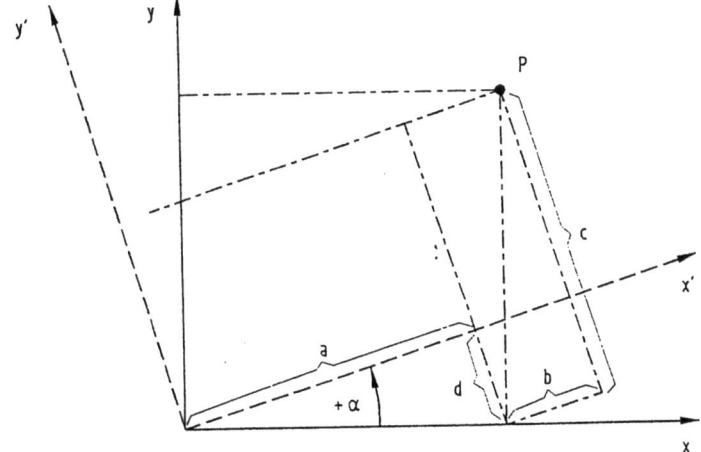

Bild 12.2. Koordinatentransformation

Offensichtlich ist mit $m = cos\alpha$ und $n = sin\alpha$

$$x' = a + b = mx + ny$$
$$y' = c + d = my - nx$$

oder, in Matrixform,

$$\begin{Bmatrix} x' \\ y' \end{Bmatrix} = \begin{bmatrix} m & n \\ -n & m \end{bmatrix} \begin{Bmatrix} x \\ y \end{Bmatrix} \qquad (12.4)$$

Entsprechende Beziehungen bestehen zwischen den Verschiebungen u und v im x-y-System, und den Verschiebungen u' und v' im x'-y'-System. Folglich ist

$$\begin{Bmatrix} u' \\ v' \end{Bmatrix} = \begin{bmatrix} m & n \\ -n & m \end{bmatrix} \begin{Bmatrix} u \\ v \end{Bmatrix} \qquad (12.5)$$

Die Inversion der Transformationsmatrix führt auf

$$\begin{Bmatrix} x \\ y \end{Bmatrix} = \begin{bmatrix} m & -n \\ n & m \end{bmatrix} \begin{Bmatrix} x' \\ y' \end{Bmatrix}$$

und

$$\begin{Bmatrix} u \\ v \end{Bmatrix} = \begin{bmatrix} m & -n \\ n & m \end{bmatrix} \begin{Bmatrix} u' \\ v' \end{Bmatrix}$$

12.5 Transformation der Membranverzerrungen

Unter der Voraussetzung, daß die auftretenden Verzerrungen klein sind, gelten die linearen Beziehungen

$$\varepsilon_x = \frac{\partial u}{\partial x} \qquad \varepsilon_y = \frac{\partial v}{\partial y} \qquad \gamma_{xy} = \frac{\partial u}{\partial y} + \frac{\partial v}{\partial x}$$

beziehungsweise

$$\varepsilon_{x'} = \frac{\partial u'}{\partial x'} \qquad \varepsilon_{y'} = \frac{\partial v'}{\partial y'} \qquad \gamma_{x'y'} = \frac{\partial u'}{\partial y'} + \frac{\partial v'}{\partial x'}$$

Die Substitution von $u = mu' - nv'$ in $\varepsilon_x = \dfrac{\partial u}{\partial x}$ führt auf

$$\varepsilon_x = \frac{\partial u}{\partial x} = \frac{\partial}{\partial x}[mu'(x',y') - nv'(x',y')]$$

Daraus folgt

$$\varepsilon_x = m\left[\frac{\partial u'}{\partial x'} \cdot \frac{\partial x'}{\partial x} + \frac{\partial u'}{\partial y'} \cdot \frac{\partial y'}{\partial x}\right] - n\left[\frac{\partial v'}{\partial x'} \cdot \frac{\partial x'}{\partial x} + \frac{\partial v'}{\partial y'} \cdot \frac{\partial y'}{\partial x}\right]$$

$$\downarrow \quad \downarrow \qquad \downarrow \quad \downarrow \qquad \downarrow \quad \downarrow \qquad \downarrow \quad \downarrow$$

$$\varepsilon_x = m\left[\varepsilon_{x'} \cdot m + \frac{\partial u'}{\partial y'} \cdot (-n)\right] - n\left[\frac{\partial v'}{\partial x'} \cdot m + \varepsilon_{y'} \cdot (-n)\right]$$

$$\varepsilon_x = \varepsilon_{x'} m^2 + \varepsilon_{y'} n^2 - \left(\frac{\partial u'}{\partial y'} + \frac{\partial v'}{\partial x'}\right) m n$$

$$\varepsilon_x = m^2 \varepsilon_{x'} + n^2 \varepsilon_{y'} - m n \gamma_{x'y'}$$

Auf ähnliche Weise erhält man

$$\varepsilon_y = n^2 \varepsilon_{x'} + m^2 \varepsilon_{y'} + m n \gamma_{y'x'}$$

und

$$\gamma_{xy} = 2mn\,\varepsilon_{x'} - 2mn\,\varepsilon_{y'} + (m^2 - n^2)\gamma_{x'y'}$$

In Matrizenschreibweise ergibt sich also der Zusammenhang

$$\begin{Bmatrix}\varepsilon_x\\ \varepsilon_y\\ \gamma_{xy}\end{Bmatrix} = \begin{bmatrix} m^2 & n^2 & -mn \\ n^2 & m^2 & mn \\ 2mn & -2mn & (m^2 - n^2) \end{bmatrix} \begin{Bmatrix}\varepsilon_{x'}\\ \varepsilon_{y'}\\ \gamma_{x'y'}\end{Bmatrix} \qquad (12.6)$$

oder, in verkürzter Form,

$$\{\varepsilon\} = [T_{\varepsilon'}]\{\varepsilon'\}$$

Die Inversion dieser Gleichung führt auf

$$\{\varepsilon'\} = [T_\varepsilon] \{\varepsilon\}$$

worin

$$[T_\varepsilon] = \begin{bmatrix} m^2 & n^2 & mn \\ n^2 & m^2 & -mn \\ -2mn & 2mn & (m^2-n^2) \end{bmatrix} \quad (12.7)$$

12.6 Transformation der Steifigkeitskoeffizienten

Die in einer typischen Einzelschicht gespeicherte Formänderungsarbeit

$$U = \frac{t}{2} \int_A (\sigma'_x \varepsilon'_x + \sigma'_y \varepsilon'_y + \tau'_{xy} \gamma'_{xy}) \, dA$$

ist eine invariante Größe. Daraus folgt, daß

$$\sigma_x \varepsilon_x + \sigma_y \varepsilon_y + \tau_{xy} \gamma_{xy} = \sigma_{x'} \varepsilon_{x'} + \sigma_{y'} \varepsilon_{y'} + \tau_{x'y'} \gamma_{x'y'}$$

oder, in Matrizenschreibweise,

$$\{\sigma\}^T \{\varepsilon\} = \{\sigma'\}^T \{\varepsilon'\} \quad (12.8)$$

sein muß. Die Substitution von

$$\{\sigma\} = [C] \{\varepsilon\} \quad \text{und} \quad \{\sigma'\} = [C'] \{\varepsilon'\}$$

in die obige Gleichung ergibt unter Berücksichtigung von

$$[C]^T = [C] \quad \text{und} \quad [C']^T = [C']$$

die Beziehung

$$\{\varepsilon\}^T [C] \{\varepsilon\} = \{\varepsilon'\}^T [C'] \{\varepsilon'\}$$

Die Substitution von $\{\varepsilon'\}^T$ und $\{\varepsilon'\}$ auf der rechten Seite dieser Gleichung durch

$$\{\varepsilon'\}^T = [\varepsilon]^T [T_\varepsilon]^T \quad \text{und} \quad \{\varepsilon'\} = [T_\varepsilon] \{\varepsilon\}$$

führt auf

$$\{\varepsilon\}^T [C] \{\varepsilon\} = \{\varepsilon\}^T [T_\varepsilon]^T [C'] [T_\varepsilon] \{\varepsilon\}$$

beziehungsweise

$$[C] = [T_\varepsilon]^T [C'] [T_\varepsilon] \tag{12.9}$$

Die Steifigkeitsmatrix $[C]$ ist von der Ordnung 3 x 3 und symmetrisch. Ihre Elemente sind

$$\begin{Bmatrix} C_{11} \\ C_{12} \\ C_{13} \\ C_{22} \\ C_{23} \\ C_{33} \end{Bmatrix} = \begin{bmatrix} m^4 & 2m^2n^2 & n^4 & 4m^2n^2 \\ m^2n^2 & (m^4+n^4) & m^2n^2 & -4m^2n^2 \\ m^3n & -mn(m^2-n^2) & -mn^3 & -2mn(m^2-n^2) \\ n^4 & 2m^2n^2 & m^4 & 4m^2n^2 \\ mn^3 & mn(m^2-n^2) & -m^3n & 2mn(m^2-n^2) \\ m^2n^2 & -2m^2n^2 & m^2n^2 & (m^2-n^2)^2 \end{bmatrix} \begin{Bmatrix} C'_{11} \\ C'_{12} \\ C'_{22} \\ C'_{33} \end{Bmatrix}$$

12.7 Transformation der Spannungen

Die gewünschten Beziehungen zwischen den Spannungen $\{\sigma\}$ im Koordinatensystem x-y und $\{\sigma'\}$ im Koordinatensystem x'-y'

$$\{\sigma\} = [T_{\sigma'}] \{\sigma'\} \quad \text{und} \quad \{\sigma'\} = [T_\sigma] \{\sigma\}$$

lassen sich ebenfalls über die Invarianz der Formänderungsarbeit

$$\{\sigma\}^T \{\varepsilon\} = \{\sigma'\}^T \{\varepsilon'\}$$

ableiten. Aus den obigen Gleichungen folgt

$$\{\sigma'\}^T [T_{\sigma'}]^T \{\varepsilon\} = \{\sigma\}^T [T_\sigma]^T \{\varepsilon'\}$$

Die Substitutionen

$$\{\varepsilon\} = [T_{\varepsilon'}] \{\varepsilon'\} \quad \text{und} \quad \{\varepsilon'\} = [T_\varepsilon] [\varepsilon]$$

ergeben

$$\{\sigma'\}^T [T_{\sigma'}]^T [T_{\varepsilon'}] \{\varepsilon'\} = \{\sigma\}^T [T_\sigma]^T [T_\varepsilon] \{\varepsilon\} \quad (12.10)$$

Diese Beziehung entspricht der Gleichung 12.8, so daß

$$[T_{\sigma'}]^T [T_{\varepsilon'}] = [T_\sigma]^T [T_\varepsilon] = [I]$$

ist.

Aus

$$[T_\sigma]^T = [T_\varepsilon]^{-1} = [T_{\varepsilon'}] \quad \text{und} \quad [T_{\sigma'}]^T = [T_{\varepsilon'}]^{-1} = [T_\varepsilon]$$

folgt

$$[T_\sigma] = [T_{\varepsilon'}]^T \quad \text{und} \quad [T_{\sigma'}] = [T_\varepsilon]^T \quad (12.11)$$

Wenn die Transformationsmatrix für die Verzerrungen bekannt ist, kann man also die entsprechende Transformationsgleichung für die Spannungen bestimmen und umgekehrt.

12.8 Verschiebungs- und Verzerrungszustände

Faserverstärkte Laminate können durch Normalkräfte, Schubkräfte, Biegemomente und Torsionsmomente belastet sein, deren positive Richtungen in Bild 12.3 definiert sind.

Unter solchen Belastungen stellt sich unter den Annahmen der Schichtentheorie ein Verschiebungszustand ein, der in Bild 12.4 dargestellt ist. Der Index o kennzeichnet die Verschiebungskomponenten der Bezugsfläche.

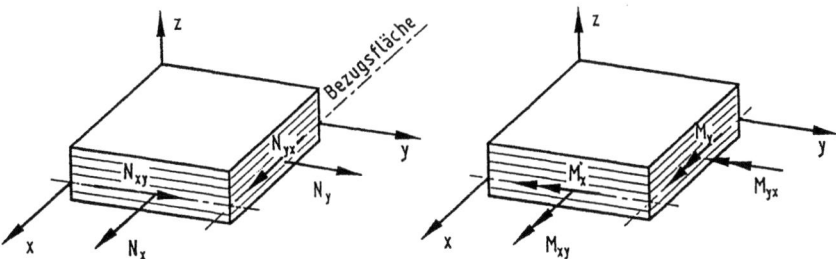

Bild 12.3. Vorzeichen der Schnittreaktionen

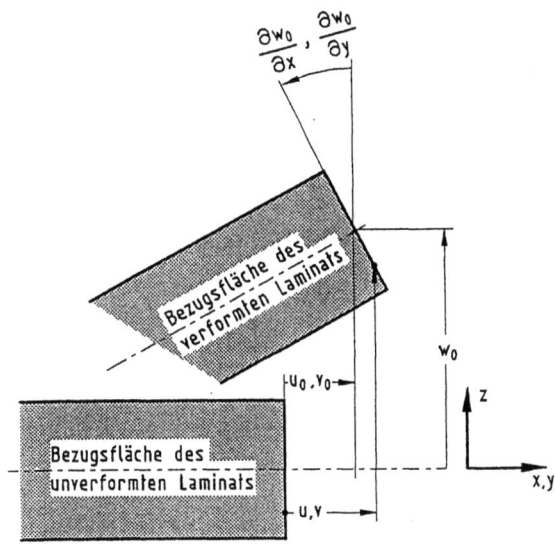

Bild 12.4. Verschiebungszustand

Aus

$$u = u_o - z\frac{\partial w_o}{\partial x} \quad \text{und} \quad v = v_o - z\frac{\partial w_o}{\partial y}$$

folgt mit

$$\varepsilon_x = \frac{\partial u}{\partial x}\,;\quad \varepsilon_y = \frac{\partial v}{\partial y} \quad \text{und} \quad \gamma_{xy} = \frac{\partial u}{\partial y} + \frac{\partial v}{\partial x}$$

nach entsprechender Differentiation

$$\left\{\begin{array}{c}\varepsilon_x\\ \varepsilon_y\\ \gamma_{xy}\end{array}\right\} = \left\{\begin{array}{c}\dfrac{\partial u_o}{\partial x}\\ \dfrac{\partial v_o}{\partial y}\\ \dfrac{\partial u_o}{\partial y} + \dfrac{\partial v_o}{\partial x}\end{array}\right\} - z \left\{\begin{array}{c}\dfrac{\partial^2 w_o}{\partial x^2}\\ \dfrac{\partial^2 w_o}{\partial y^2}\\ 2\dfrac{\partial^2 w_o}{\partial x \partial y}\end{array}\right\} \qquad (12.12)$$

beziehungsweise

$$\{\varepsilon\} = \{\varepsilon_o\} - z\{\kappa\}$$

worin die Terme zweiter Ordnung unschwer als Krümmungen zu erkennen sind.

12.9 Schnittreaktionen

Ein weiterer vorbereitender Schritt für die Spannungsberechnung in Laminaten ist die Einführung von Schnittkräften $\{N\}$ und Schnittmomenten $\{M\}$. Man versteht darunter die Integration der Spannungen σ_x, σ_y und τ_{xy} über die Dicke des Laminats, die auf die Einheitsbreite des Laminats bezogene Kraft- und Momentengrößen sind:

$$\{N\} = \int_t \{\sigma\}\, dz \; ; \quad \{M\} = -\int_t \{\sigma\}\, z\, dz \, .$$

Die Integrale drücken die Summierungen der Beiträge aller Einzelschichten aus. Die Substitution der Spannungen durch Dehnungen in allen Ausdrücken dieser Art führt auf die klassische Beziehung zwischen Normalkräften, Momenten, Verzerrungen und Krümmungen

$$\left\{\begin{array}{c}N_x\\ N_y\\ N_{xy}\\ M_x\\ M_y\\ M_{xy}\end{array}\right\} = \left[\begin{array}{ccc|ccc}A_{11} & A_{12} & A_{13} & B_{11} & B_{12} & B_{13}\\ A_{12} & A_{22} & A_{23} & B_{12} & B_{22} & B_{23}\\ A_{13} & A_{23} & A_{33} & B_{13} & B_{23} & B_{33}\\ \hline B_{11} & B_{12} & B_{13} & D_{11} & D_{12} & D_{13}\\ B_{12} & B_{22} & B_{23} & D_{12} & D_{22} & D_{23}\\ B_{13} & B_{23} & B_{33} & D_{13} & D_{23} & D_{33}\end{array}\right] \left\{\begin{array}{c}\varepsilon_x\\ \varepsilon_y\\ \gamma_{xy}\\ \kappa_x\\ \kappa_y\\ \kappa_{xy}\end{array}\right\} \quad (12.13)$$

oder, in verkürzter Form,

$$\left\{ \begin{array}{c} N \\ M \end{array} \right\} = \left[\begin{array}{cc} A & B \\ B & D \end{array} \right] \left\{ \begin{array}{c} \varepsilon \\ \kappa \end{array} \right\}$$

12.10 Besetzung der Steifigkeitsmatrix

In Gleichung 12.14 sind die Elemente der 3x3-Matrix [A] die Summierungen der Beiträge der Einzelschichten zur Membransteifigkeit des Laminats

$$A_{ij} = \sum_{k=1}^{n} C_{ij}^{(k)} (z_k - z_{k-1}) \qquad (12.14)$$

worin n die Gesamtzahl der Schichten und $z_k - z_{k-1}$ die Dicke der Einzelschicht k ist (Bild 12.5). Die $C_{ij}^{(k)}$ sind die in Gleichung 12.3 auftretenden, auf die Laminatkoordinaten x und y bezogenen Steifigkeitsbeiträge der Schicht k.

Die Elemente der 3x3-Matrix [D] repräsentieren in ähnlicher Weise die Summierungen der Beiträge der Einzelschichten zur Biegesteifigkeit des Laminats

$$D_{ij} = \frac{1}{3} \sum_{k=1}^{n} C_{ij}^{(k)} (z_k^3 - z_{k-1}^3) \qquad (12.15)$$

Die Terme $C_{ij}^{(k)}$ sind dieselben wie die der Matrix [A], und der Term

$$\frac{1}{3} (z_k^3 - z_{k-1}^3)$$

ist unschwer als das auf die Bezugsfläche des Laminats bezogene Trägheitsmoment der Schicht k erkennbar.

Die Elemente der 3x3-Matrix [B], der sogenannten Koppelmatrix, haben die Form

$$B_{ij} = -\frac{1}{2} \sum_{k=1}^{n} C_{ij}^{(k)} (z_k^2 - z_{k-1}^2) \qquad (12.16)$$

Auch hier entsprechen die Terme $C_{ij}^{(k)}$ denen der Matrix [A], während

$$\frac{1}{2}\left(z_k^2 - z_{k-1}^2\right)$$

das auf die Bezugsfläche bezogene statische Moment der Schicht k ist.

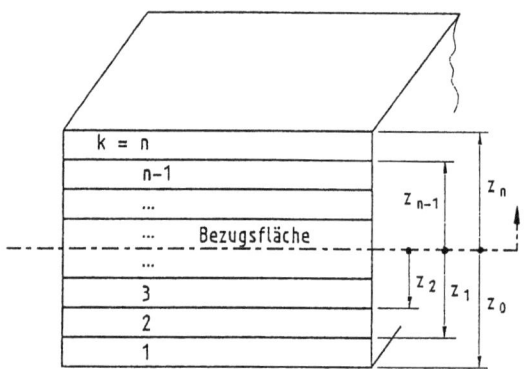

Bild 12.5. Anordnung der Schichten

Die nähere Betrachtung der Gleichung 12.13 zeigt, daß im allgemeinen Fall eine Kopplung zwischen Normalkräften und Biegekrümmungen einerseits, und zwischen Biegemomenten und Längsdehnungen andererseits besteht. Das heißt, das Laminat krümmt sich unter Belastung durch Normalkräfte, und eine Belastung durch Biegemomente verursacht Längsdehnungen.

In der Großzahl der praktisch zur Verwendung kommenden Laminate läßt sich diese Kopplung durch eine relativ zur Mittelfläche symmetrisch angeordnete Schichtenfolge umgehen. Damit heben sich die Beiträge der oberhalb und unterhalb der Mittelfläche liegenden Einzelschichten in der Koppelmatrix auf und die Gleichung 12.13 reduziert sich auf

$$\begin{Bmatrix} N_x \\ N_y \\ N_{xy} \\ M_x \\ M_y \\ M_{xy} \end{Bmatrix} = \begin{bmatrix} A_{11} & A_{12} & A_{13} & & & \\ A_{12} & A_{22} & A_{23} & & 0 & \\ A_{13} & A_{23} & A_{33} & & & \\ \hline & & & D_{11} & D_{12} & D_{13} \\ & 0 & & D_{12} & D_{22} & D_{23} \\ & & & D_{13} & D_{23} & D_{33} \end{bmatrix} \begin{Bmatrix} \varepsilon_x \\ \varepsilon_y \\ \gamma_{xy} \\ \kappa_x \\ \kappa_y \\ \kappa_{xy} \end{Bmatrix} \quad (12.17)$$

Die von den Normalkräften { N } und den Momenten { M } verursachten Spannungsverteilungen können also getrennt berechnet und anschließend superponiert werden.

12.11 Berechnung von Membranspannungen

In ihrer Ebene belastete Laminate mit symmetrischen Schichtfolgen entwickeln einen reinen Membranspannungszustand. Im Rahmen der Symmetrieeinschränkung können die Einzelschichten aus verschiedenen Materialien bestehen und von unterschiedlicher Dicke sein. Den Zusammenhang zwischen den Schnittkräften und den daraus resultierenden Laminatdehnungen bestimmt die Gleichung

$$\begin{Bmatrix} N_x \\ N_y \\ N_{xy} \end{Bmatrix} = \begin{bmatrix} A_{11} & A_{12} & A_{13} \\ A_{12} & A_{22} & A_{23} \\ A_{13} & A_{23} & A_{33} \end{bmatrix} \begin{Bmatrix} \varepsilon_x \\ \varepsilon_y \\ \gamma_{xy} \end{Bmatrix} \qquad (12.18)$$

Die volle Besetzung der Steifigkeitsmatrix zeigt an, daß eine Kopplung zwischen den Normalkräften und den Schubverformungen, beziehungsweise zwischen den Schubkräften und den Normaldehnungen bestehen kann. Die Schnittkräfte { N } liegen normalerweise als Ergebnis einer Finite-Element-Berechnung oder als anderweitig vorgegebene Werte vor. Die Laminatdehnungen ergeben sich durch die Inversion der Steifigkeitsmatrix:

$$\begin{Bmatrix} \varepsilon_x \\ \varepsilon_y \\ \gamma_{xy} \end{Bmatrix} = \begin{bmatrix} A_{11} & A_{12} & A_{13} \\ A_{12} & A_{22} & A_{23} \\ A_{13} & A_{23} & A_{33} \end{bmatrix}^{-1} \begin{Bmatrix} N_x \\ N_y \\ N_{xy} \end{Bmatrix} \qquad . \quad (12.19)$$

Für die Berechnung des Spannungszustandes in einer Einzelschicht werden zunächst die Laminatdehnungen { ε } in die Richtung der Koordinaten x' und y' der Schicht k transformiert:

$$\begin{Bmatrix} \varepsilon_{x'} \\ \varepsilon_{y'} \\ \gamma_{x'y'} \end{Bmatrix}_k = \begin{bmatrix} m^2 & n^2 & mn \\ n^2 & m^2 & -mn \\ -2mn & 2mn & (m^2-n^2) \end{bmatrix}_k \begin{Bmatrix} \varepsilon_x \\ \varepsilon_y \\ \gamma_{xy} \end{Bmatrix}$$

Die Terme $m = \cos\alpha$ und $n = \sin\alpha$ enthalten den Neigungswinkel α der Schicht k relativ zum Koordinatensystem x-y des Laminats. Die diesen Dehnungen entsprechenden Spannungen in der Schicht k folgen aus Gleichung (12.1)

$$\begin{Bmatrix} \sigma_{x'} \\ \sigma_{y'} \\ \tau_{x'y'} \end{Bmatrix}_k = \begin{bmatrix} C'_{11} & C'_{12} & 0 \\ C'_{12} & C'_{22} & 0 \\ 0 & 0 & C'_{33} \end{bmatrix}_k \begin{Bmatrix} \varepsilon_{x'} \\ \varepsilon_{y'} \\ \gamma_{x'y'} \end{Bmatrix}_k$$

Wenn der Schichtenaufbau nicht nur symmetrisch, sondern auch ausgewogen ist, heben sich die Beiträge C_{13} und C_{23} der um $+\alpha$ und $-\alpha$ geneigten Schichtpaare zu den Steifigkeitskoeffizienten A_{13} und A_{23} gegenseitig auf, und da weder die 0°-Schichten noch die 90°-Schichten zu den Summen in A_{13} und A_{23} beitragen, vereinfacht sich Gleichung (12.18) zu

$$\begin{Bmatrix} N_x \\ N_y \\ N_{xy} \end{Bmatrix} = \begin{bmatrix} A_{11} & A_{12} & 0 \\ A_{12} & A_{22} & 0 \\ 0 & 0 & A_{33} \end{bmatrix} \begin{Bmatrix} \varepsilon_x \\ \varepsilon_y \\ \gamma_{xy} \end{Bmatrix} \quad .$$

Bei Laminaten mit symmetrischem und ausgewogenem Schichtenaufbau besteht also weder eine Kopplung zwischen Normalkräften und Schubverzerrungen noch zwischen Schubkräften und Normaldehnungen.

12.12 Berechnung von Biegespannungen

Die Berechnung des Spannungszustandes von Laminaten mit symmetrischem Schichtenaufbau unter Biege- und Torsionsbelastung entspricht formal dem des Membranspannungszustandes. Die Steifigkeitsmatrix stellt hier eine Verbindung zwischen Biege- und Torsionsmomenten und den ihnen zugeordneten Krümmungen her.

$$\begin{Bmatrix} M_x \\ M_y \\ M_{xy} \end{Bmatrix} = \begin{bmatrix} D_{11} & D_{12} & D_{13} \\ D_{12} & D_{22} & D_{23} \\ D_{13} & D_{23} & D_{33} \end{bmatrix} \begin{Bmatrix} \kappa_x \\ \kappa_y \\ \kappa_{xy} \end{Bmatrix} \quad (12.20)$$

Die Inversion der Steifigkeitsmatrix ergibt

$$\begin{Bmatrix} \kappa_x \\ \kappa_y \\ \kappa_{xy} \end{Bmatrix} = \begin{bmatrix} D_{11} & D_{12} & D_{13} \\ D_{12} & D_{22} & D_{23} \\ D_{13} & D_{23} & D_{33} \end{bmatrix}^{-1} \begin{Bmatrix} M_x \\ M_y \\ M_{xy} \end{Bmatrix} \quad . \quad (12.21)$$

Die durch die Biegebeanspruchung entstehenden Krümmungen des Laminats verursachen über die Querschnitte linear verteilte Dehnungen, die ihren Ursprung in der Laminatbezugsfläche haben. Das heißt,

$$\varepsilon_x = -\kappa_x \cdot z \quad , \quad \varepsilon_y = -\kappa_y \cdot z \quad , \quad \gamma_{xy} = -\kappa_{xy} \cdot z \;.$$

Für die Dehnungen der Einzelschicht k in Richtung des Laminatbezugssystems erhält man an der Schichtleibung im Abstand z_k von der Bezugsfläche

$$\{\varepsilon\}_k = \begin{Bmatrix} \varepsilon_x \\ \varepsilon_y \\ \gamma_{xy} \end{Bmatrix}_k = -z_k \cdot \begin{Bmatrix} \kappa_x \\ \kappa_y \\ \kappa_{xy} \end{Bmatrix} \qquad (12.22)$$

Daraus läßt sich der Spannungszustand an den Leibungen der Einzelschicht k über die Transformation

$$\{\varepsilon'\}_k = [T_\varepsilon]_k \{\varepsilon\}_k$$

und die Gleichung

$$\{\sigma'\}_k = [C']_k \{\varepsilon'\}_k$$

errechnen.

Anders als bei Membranbelastungen tritt eine Kopplung zwischen Biegemomenten und Torsionsverformungen, beziehungsweise Torsionsmomenten und Biegeverformungen in der Regel auch dann auf, wenn ein symmetrischer und ausgewogener Laminataufbau vorliegt.

12.13 Beispiel zur Spannungsberechnung

Um das Vorgehen bei der Spannungsberechnung von Laminaten zu verdeutlichen, wird im folgenden ein Beispiel mit Zahlenwerten vorgestellt. Dafür wird ein Laminataufbau von [0,90]$_s$ gewählt, um die Berechnungsschritte einfach und übersichtlich zu halten. Abmessungen und Belastungen sind dem Bild 12.6 zu entnehmen.

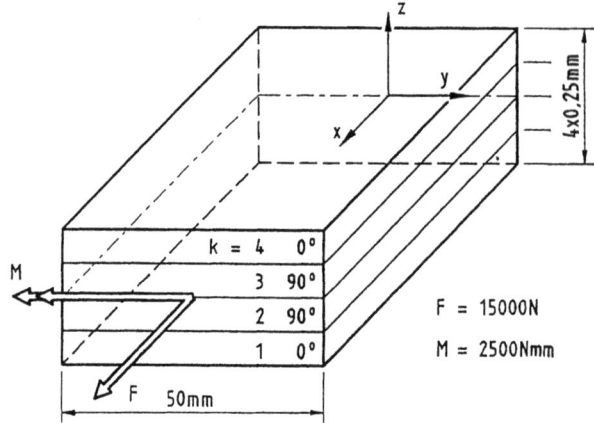

Bild 12.6. Aufgabe zur Spannungsberechnung

Die Materialkennwerte für die vier aus demselben Material bestehenden Schichten sind

$$E_{x'} = 46000 \, N/mm^2 \; ; \quad E_{x'} = 13000 \, N/mm^2 \; ;$$

$$G_{x'y'} = 4400 \, N/mm^2; \quad \nu_{x'y'} = 0{,}3 \; .$$

Man erhält daraus

$$[C']_1 = [C']_2 = [C']_3 = [C']_4 = \begin{bmatrix} 47200 & | & 4000 & | & 0 \\ 4000 & | & 13340 & | & 0 \\ 0 & | & 0 & | & 4400 \end{bmatrix}$$

Bezogen auf das Koordinatensystem x-y des Laminats sind die Schichtwinkel

$$\alpha_1 = \alpha_4 = 0° \; ; \quad \alpha_2 = \alpha_3 = 90°$$

Daraus ergeben sich die Transformationsmatrizen

$$[T_\varepsilon]_1 = [T_\varepsilon]_4 = \begin{bmatrix} 1 & | & 0 & | & 0 \\ 0 & | & 1 & | & 0 \\ 0 & | & 0 & | & 1 \end{bmatrix}$$

und

und

$$[T_\varepsilon]_2 = [T_\varepsilon]_3 = \begin{bmatrix} 0 & | & 1 & | & 0 \\ 1 & | & 0 & | & 0 \\ 0 & | & 0 & | & -1 \end{bmatrix}.$$

Mit der Gleichung

$$[C] = [T_\varepsilon]^T [C'] [T_\varepsilon]$$

erhält man die auf das Laminatsystem x-y bezogenen Schichtsteifigkeiten

$$[C]_1 = [C]_4 = \begin{bmatrix} 47200 & | & 4000 & | & 0 \\ 4000 & | & 13340 & | & 0 \\ 0 & | & 0 & | & 4400 \end{bmatrix} N/mm^2,$$

$$[C]_2 = [C]_3 = \begin{bmatrix} 13340 & | & 4000 & | & 0 \\ 4000 & | & 47200 & | & 0 \\ 0 & | & 0 & | & 4400 \end{bmatrix} N/mm^2.$$

Es ist sinnvoll, die Symmetrieebene als Bezugsfläche ($z=0$) zu wählen. Die Abstände der Schichtleibungen sind dann

$z_0 = -0,50 \; mm$;

$z_1 = -0,25 \; mm$;

$z_2 = 0 \; mm$;

$z_3 = +0,25 \; mm$;

$z_4 = +0,50 \; mm$.

Die Elemente der Steifigkeitsmatrix werden mit den Gleichungen 12.14, 12.15 und 12.16 errechnet:

$$A_{ij} = \begin{bmatrix} 30270 & | & 4000 & | & 0 \\ 4000 & | & 30270 & | & 0 \\ 0 & | & 0 & | & 4400 \end{bmatrix} N/mm$$

$$B_{ij} = \begin{bmatrix} 0 \end{bmatrix}$$

$$D_{ij} = \begin{bmatrix} 3580 & | & 330 & | & 0 \\ 330 & | & 1470 & | & 0 \\ 0 & | & 0 & | & 370 \end{bmatrix} N \cdot mm$$

Mit den auf die Längeneinheit bezogenen Schnittreaktionen $N_x = 300$ N/mm und $M_x = 50\ N$ ergeben sich die Beziehungen

$$\begin{Bmatrix} 300 \\ 0 \\ 0 \end{Bmatrix} = \begin{bmatrix} 30240 & | & 4000 & | & 0 \\ 4000 & | & 30240 & | & 0 \\ 0 & | & 0 & | & 4400 \end{bmatrix} \begin{Bmatrix} \varepsilon_{x_o} \\ \varepsilon_{y_o} \\ \gamma_{xy_o} \end{Bmatrix}$$

$$\begin{Bmatrix} 50 \\ 0 \\ 0 \end{Bmatrix} = \begin{bmatrix} 3580 & | & 330 & | & 0 \\ 330 & | & 1470 & | & 0 \\ 0 & | & 0 & | & 370 \end{bmatrix} \begin{Bmatrix} \kappa_x \\ \kappa_y \\ \kappa_{xy} \end{Bmatrix}$$

Der Index o in den Verzerrungen ε_{x0}, ε_{y0}, γ_{xy0} besagt, daß diese in der Bezugsfläche definiert sind. Die Auflösung der obigen Gleichungen führt auf

$$\begin{Bmatrix} \varepsilon_{x_o} \\ \varepsilon_{y_o} \\ \gamma_{xy_o} \end{Bmatrix} = 10^{-5} \begin{bmatrix} 3.37 & | & -0.45 & | & 0 \\ -0.45 & | & 3.37 & | & 0 \\ 0 & | & 0 & | & 23.00 \end{bmatrix} \begin{Bmatrix} 300 \\ 0 \\ 0 \end{Bmatrix}$$

$$\begin{Bmatrix} \kappa_x \\ \kappa_y \\ \kappa_{xy} \end{Bmatrix} = 10^{-5} \begin{bmatrix} 28.5 & | & -6.4 & | & 0 \\ -6.4 & | & 69.5 & | & 0 \\ 0 & | & 0 & | & 270.0 \end{bmatrix} \begin{Bmatrix} 50 \\ 0 \\ 0 \end{Bmatrix} mm^{-1}$$

Die Gesamtverzerrungen des Laminats sind die Summen der Beiträge aus Normalkräften und Momenten:

$$\{\varepsilon\}_k = \begin{Bmatrix} \varepsilon_{x_o} \\ \varepsilon_{y_o} \\ \gamma_{xy_o} \end{Bmatrix} - z_k \begin{Bmatrix} \kappa_x \\ \kappa_y \\ \kappa_{xy} \end{Bmatrix}$$

An den Leibungen der vier Schichten ergeben sich dann mit $z = 0$, $\pm 0{,}25$ mm und $\pm 0{,}50$ mm

$$\{\varepsilon\}_0 = \begin{Bmatrix} 17.2 \\ -3.0 \\ 0 \end{Bmatrix} \cdot 10^{-3} \; ; \quad \{\varepsilon\}_1 = \begin{Bmatrix} 13.6 \\ -2.2 \\ 0 \end{Bmatrix} \cdot 10^{-3} \; ;$$

$$\{\varepsilon\}_2 = \begin{Bmatrix} 10.1 \\ -1.4 \\ 0 \end{Bmatrix} \cdot 10^{-3} \; ; \quad \{\varepsilon\}_3 = \begin{Bmatrix} 6.5 \\ -0.6 \\ 0 \end{Bmatrix} \cdot 10^{-3} \; ;$$

$$\{\varepsilon\}_4 = \begin{Bmatrix} 3.0 \\ 0.2 \\ 0 \end{Bmatrix} \cdot 10^{-3} \; .$$

Die Spannungen erhält man, indem die Verzerrungen nach Gleichung (12.3) mit den Steifigkeiten der Einzelschichten multipliziert werden. Wenn diese von Schicht zu Schicht unterschiedlich sind, springen die Spannungen an den Schichtleibungen. Man erhält folgende Werte:

Schicht 1

$$\begin{Bmatrix} \sigma_x \\ \sigma_y \\ \tau_{xy} \end{Bmatrix}_0 = \begin{bmatrix} 47200 & | & 4000 & | & 0 \\ 4000 & | & 13340 & | & 0 \\ 0 & | & 0 & | & 4400 \end{bmatrix} \begin{Bmatrix} 17.2 \\ -3.0 \\ 0 \end{Bmatrix} \cdot 10^{-3} \; N/mm^2$$

$$\begin{Bmatrix} \sigma_x \\ \sigma_y \\ \tau_{xy} \end{Bmatrix}_1 = \begin{bmatrix} 47200 & | & 4000 & | & 0 \\ 4000 & | & 13340 & | & 0 \\ 0 & | & 0 & | & 4400 \end{bmatrix} \begin{Bmatrix} 13.6 \\ -2.2 \\ 0 \end{Bmatrix} \cdot 10^{-3} \; N/mm^2$$

Schicht 2

$$\begin{Bmatrix} \sigma_x \\ \sigma_y \\ \tau_{xy} \end{Bmatrix}_1 = \begin{bmatrix} 13340 & | & 4000 & | & 0 \\ 4000 & | & 47200 & | & 0 \\ 0 & | & 0 & | & 4400 \end{bmatrix} \begin{Bmatrix} 13.6 \\ -2.2 \\ 0 \end{Bmatrix} \cdot 10^{-3} \; N/mm^2$$

$$\left\{ \begin{array}{c} \sigma_x \\ \sigma_y \\ \tau_{xy} \end{array} \right\}_2 = \left[\begin{array}{c|c|c} 13340 & 4000 & 0 \\ 4000 & 47200 & 0 \\ 0 & 0 & 4400 \end{array} \right] \left\{ \begin{array}{c} 10.1 \\ -1.4 \\ 0 \end{array} \right\} \cdot 10^{-3} \; N/mm^2$$

Schicht 3

$$\left\{ \begin{array}{c} \sigma_x \\ \sigma_y \\ \tau_{xy} \end{array} \right\}_2 = \left[\begin{array}{c|c|c} 13340 & 4000 & 0 \\ 4000 & 47200 & 0 \\ 0 & 0 & 4400 \end{array} \right] \left\{ \begin{array}{c} 10.1 \\ -1.4 \\ 0 \end{array} \right\} \cdot 10^{-3} \; N/mm^2$$

$$\left\{ \begin{array}{c} \sigma_x \\ \sigma_y \\ \tau_{xy} \end{array} \right\}_3 = \left[\begin{array}{c|c|c} 13340 & 4000 & 0 \\ 4000 & 47200 & 0 \\ 0 & 0 & 4400 \end{array} \right] \left\{ \begin{array}{c} 6.5 \\ -0.6 \\ 0 \end{array} \right\} \cdot 10^{-3} \; N/mm^2$$

Schicht 4

$$\left\{ \begin{array}{c} \sigma_x \\ \sigma_y \\ \tau_{xy} \end{array} \right\}_3 = \left[\begin{array}{c|c|c} 47200 & 4000 & 0 \\ 4000 & 13340 & 0 \\ 0 & 0 & 4400 \end{array} \right] \left\{ \begin{array}{c} 6.5 \\ -0.6 \\ 0 \end{array} \right\} \cdot 10^{-3} \; N/mm^2$$

$$\left\{ \begin{array}{c} \sigma_x \\ \sigma_y \\ \tau_{xy} \end{array} \right\}_4 = \left[\begin{array}{c|c|c} 47200 & 4000 & 0 \\ 4000 & 13340 & 0 \\ 0 & 0 & 4400 \end{array} \right] \left\{ \begin{array}{c} 3.0 \\ 0.2 \\ 0 \end{array} \right\} \cdot 10^{-3} \; N/mm^2$$

Der Verlauf der Spannungen über dem Laminatquerschnitt ist in Bild 12.7 aufgetragen.

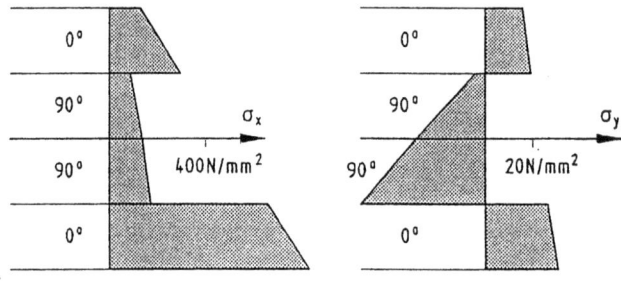

Bild 12.7. Verlauf der Normalspannungen

Um abschätzen zu können, wie hoch die Laminatpannungen im Vergleich zu den Festigkeiten der Einzelschichten sind, ist eine Transformation in das Koordinatensystem x'-y' jeder Einzelschicht erforderlich. Mit

$$[T_\sigma] = [T_\varepsilon]^{-1}$$

ergibt sich, daß für die Schichten 1 und 4 die Transformationsmatrix die Einheitsmatrix ist. Die Spannungen dieser Schichten bleiben also durch die Transformation unverändert.

Für die Schichten 2 und 3 gilt

$$[T_\sigma]_2 = [T_\sigma]_3 = \begin{bmatrix} 0 & | & 1 & | & 0 \\ 1 & | & 0 & | & 0 \\ 0 & | & 0 & | & -1 \end{bmatrix}^{-1} = \begin{bmatrix} 0 & | & 1 & | & 0 \\ 1 & | & 0 & | & 0 \\ 0 & | & 0 & | & -1 \end{bmatrix}$$

Man erhält damit für Schicht 2

$$\begin{Bmatrix} \sigma_{x'} \\ \sigma_{y'} \\ \tau_{x'y'} \end{Bmatrix}_1 = \begin{Bmatrix} -49.4 \\ 173.4 \\ 0 \end{Bmatrix} N/mm^2 \;;\; \begin{Bmatrix} \sigma_{x'} \\ \sigma_{y'} \\ \tau_{x'y'} \end{Bmatrix}_2 = \begin{Bmatrix} -25.7 \\ 129.7 \\ 0 \end{Bmatrix} N/mm^2$$

und für Schicht 3

$$\begin{Bmatrix} \sigma_{x'} \\ \sigma_{y'} \\ \tau_{x'y'} \end{Bmatrix}_2 = \begin{Bmatrix} -25.7 \\ 129.7 \\ 0 \end{Bmatrix} N/mm^2 \;;\; \begin{Bmatrix} \sigma_{x'} \\ \sigma_{y'} \\ \tau_{x'y'} \end{Bmatrix}_3 = \begin{Bmatrix} -2.3 \\ 84.7 \\ 0 \end{Bmatrix} N/mm^2$$

12.14 Temperatur- und Feuchtigkeitseinflüsse

Die Entwicklung wärmebeständiger Matrixharze erhöht die realisierbaren Temperaturgrenzen der Verbundstrukturen beträchtlich, so daß die Berücksichtigung thermal induzierter Spannungen und Verschiebungen zunehmende Bedeutung gewinnt. Darüberhinaus wirken sich die durch Feuchtigkeitsaufnahme verursachten Schwellungen der Matrixharze in einem Maße aus, das zur Beachtung zwingt.

In beiden Fällen entstehen Spannungen, weil die Einzelschichten sich in ihren Ebenen frei zu verformen suchen, aber durch den im Laminat erzwungenen Verbund daran gehindert werden. Die Berechnung der auftretenden Spannungsverteilung beginnt wieder mit der Betrachtung einer makroskopisch homogenen und orthotropen Einzelschicht. Bei Temperaturänderungen ist also zu erwarten, daß die Wärmedehnungen in Faserrichtung und normal dazu unterschiedlich sind, und daß Schubverformungen nicht auftreten.

Der Dehnungszustand in einer Einzelschicht unter thermomechanischer Belastung setzt sich zusammen aus einem mechanisch erzwungenen und einem freien thermalen Beitrag. Die Spannungs/Dehnungs-Beziehungen stellen sich entsprechend dar als

$$\begin{Bmatrix} \sigma_{x'} \\ \sigma_{y'} \\ \tau_{x'y'} \end{Bmatrix} = [C'] \begin{Bmatrix} \varepsilon_{x'} \\ \varepsilon_{y'} \\ \gamma_{x'y'} \end{Bmatrix} - [C'] \begin{Bmatrix} \alpha_{x'} \Delta T \\ \alpha_{y'} \Delta T \\ 0 \end{Bmatrix} \quad (12.23)$$

mit $\varepsilon_{x'}$, $\varepsilon_{y'}$ und $\varepsilon_{x'y'}$ als Gesamtdehnungen, $\alpha_{x'}$ und $\alpha_{y'}$ als Dehnungsänderungen pro Grad Celsius und ΔT als Abweichung von einer Referenztemperatur. In dieser Darstellung läßt sich der Vektor

$$[C'] \begin{Bmatrix} \alpha_{x'} \Delta T \\ \alpha_{y'} \Delta T \\ 0 \end{Bmatrix} = [C'] \{\alpha'\} \Delta T \quad (12.24)$$

physikalisch als eine Berichtigung des Spannungsvektors deuten, mit der die Gesamtdehnungen der Einzelschicht realisiert werden:

$$\begin{Bmatrix} \sigma_{x'} \\ \sigma_{y'} \\ \tau_{x'y'} \end{Bmatrix} + [C'] \begin{Bmatrix} \alpha_{x'} \Delta T \\ \alpha_{y'} \Delta T \\ 0 \end{Bmatrix} = [C'] \begin{Bmatrix} \varepsilon_{x'} \\ \varepsilon_{y'} \\ \gamma_{x'y'} \end{Bmatrix} \quad (12.25)$$

In einem Laminatverbund sind die Thermalspannungen einer beliebig orientierten Einzelschicht k mit der Transformationsgleichung

$$\{\sigma\} = [T_\sigma]_k \{\sigma'\}$$

in das Koordinatensystem des Laminats überführbar, so daß bei Membranspannungszuständen

$$\left\{ \begin{array}{c} N_x \\ N_y \\ N_{xy} \end{array} \right\} + \sum_{i=1}^{n} [T_{\sigma'}]_k [C']_k \{\alpha'\}_k \Delta T (z_k - z_{k-1}) =$$

$$[A] \left\{ \begin{array}{c} \varepsilon_{x'} \\ \varepsilon_{y'} \\ \gamma_{x'y'} \end{array} \right\} \quad (12.26)$$

oder, in verkürzter Schreibweise,

$$\{N + N_T\} = [A] \{\varepsilon\}$$

wird.

Bei auf Biegung belasteten symmetrisch aufgebauten orthotropen Laminaten ergibt sich ein ähnlicher Zusammenhang mit dem Unterschied, daß die Berichtigung des Spannungsvektors bei der Aufsummierung der Beiträge der Einzelschichten im Momentenvektor des Laminats die Form

$$\sum_{k=1}^{n} [T_{\sigma'}]_k [C']_k \{\alpha'\}_k \Delta T \left(\frac{z_k^2 - z_{k-1}^2}{2} \right)$$

haben, so daß sich

$$\left\{ \begin{array}{c} M_x \\ M_y \\ M_{xy} \end{array} \right\} + \sum_{k=1}^{n} [T_{\sigma'}]_k [C']_k \{\alpha'\}_k \Delta T \left(\frac{z_k^2 - z_{k-1}^2}{2} \right) =$$

$$[D] \left\{ \begin{array}{c} \kappa_x \\ \kappa_y \\ \kappa_{xy} \end{array} \right\} \quad (12.27)$$

beziehungsweise

$$\{M + M_T\} = [D] \{\kappa\}$$

ergibt.

Im allgemeinen Fall eines symmetrisch aufgebauten anisotropen Laminats sind die Membran- und Biegezustände gekoppelt und es gilt

$$\left\{ \begin{array}{c} N + N_T \\ M + M_T \end{array} \right\} = \left[\begin{array}{cc} A & B \\ B & D \end{array} \right] \left\{ \begin{array}{c} \varepsilon \\ \kappa \end{array} \right\} \quad (12.28)$$

Die Berücksichtigung von Feuchtigkeitseinflüssen verläuft völlig analog. Änderungen des Feuchtigkeitszustandes wirken sich wie bei Temperatureinflüssen durch volumetrische Änderungen aus. Die sogenannten Quelldehnungen in orthotropen Einzelschichten werden mit $\beta_{x'}\Delta F$ und $\beta_{y'}\Delta F$ bezeichnet, worin $\beta_{x'}$ und $\beta_{y'}$ als Dehnungen pro Prozent Feuchtegehalt und ΔF als tatsächliche Änderung des Feuchtegehalts relativ zu einem Referenzzustand zu verstehen sind. Bezüglich ihrer physikalischen Auswirkungen entsprechen, $\beta_{x'}$, $\beta_{y'}$ und ΔF den Termen $\alpha_{x'}$, $\alpha_{y'}$ und ΔT, so daß in den Lastspalten des Laminats Kräfte

$$\{N_F\} = \sum_{k=1}^{n} [T_{\sigma'}]_k [C']_k \{\beta'\}_k \Delta F (z_k - z_{k-1}) \quad (12.29)$$

und Momente

$$\{M_F\} = \sum_{k=1}^{n} [T_{\sigma'}]_k [C']_k \{\beta'\}_k \Delta F \left(\frac{z_k^2 - z_{k-1}^2}{2}\right) \quad (12.30)$$

wirken.

Bei gleichzeitigem Auftreten von Temperatur und Feuchtigkeit gilt also die Gleichung

$$\begin{Bmatrix} N + N_T + N_F \\ M + M_T + M_F \end{Bmatrix} = \begin{bmatrix} A & B \\ B & D \end{bmatrix} \begin{Bmatrix} \varepsilon \\ \kappa \end{Bmatrix} \quad (12.31)$$

Aus der Gleichung (12.31) lassen sich die resultierenden Dehnungen und Krümmungen des Laminats nach Inversion der Steifigkeitsmatrix durch die Überlagerung von drei Lastfällen gewinnen

$$\begin{Bmatrix} \varepsilon \\ \kappa \end{Bmatrix} = \begin{bmatrix} A & B \\ B & D \end{bmatrix}^{-1} \begin{Bmatrix} N + N_T + N_F \\ M + M_T + M_F \end{Bmatrix}$$

Die sich anschließende Berechnung der Spannungen in den Einzelschichten des Laminats erfolgt nach bekannten Regeln.

13 Festigkeitsberechnung

Die Berechnung der Spannungs- und Dehnungszustände eines Verbundes dient in erster Linie zur Abschätzung seiner Funktionsfähigkeit. Die notwendige Einsicht darin kann auf experimenteller Basis nur selten gewonnen werden, weil bei der großen Anzahl möglicher Laminatkonfigurationen, von denen jede ein Strukturelement mit mehreren Kenngrößen darstellt, der Aufwand dafür zu groß ist.

Daraus ergibt sich die Forderung nach analytisch ableitbaren Kriterien für die Belastbarkeit von Laminaten. Solche Kriterien liegen noch nicht in befriedigender Form vor, aber es gibt brauchbare Ansätze, die neben den Belastungsgrenzen eines Laminats auch die Art seines Versagens (failure mode) vorauszusagen suchen. Die folgenden Ausführungen beschränken sich auf die Festigkeit fehlerfrei gefertigter Laminate, die mit der klassischen Schichtentheorie analysierbar sind.

Die meisten Versagenskriterien gehen von dem Ansatz aus, daß bei steigender Belastung die am höchsten belastete Einzelschicht zuerst versagt (first-ply failure), was zu einer Umverteilung des Spannungszustandes im Laminat führt, aber nicht notwendigerweise das Ende seiner Tragfähigkeit bedeutet. Die Umverteilung selbst, oder weitere Belastungssteigerungen, können das Versagen einer zweiten Einzelschicht einleiten, was eine erneute Umverteilung der Spannungen nach sich zieht. Dieser Vorgang wiederholt sich so oft, bis die Lastaufnahmefähigkeit der verbleibenden Schichten erreicht ist und das Laminat als Ganzes bricht.

Eine analytische Festigkeitsuntersuchung erfordert daher die Bestimmung der Spannungszustände in allen Einzelschichten für jeden Belastungsschritt und den Vergleich dieser Spannungen mit einem Versagenskriterium. Überschreitet eine Kombination von σ_x, σ_y und τ_{xy} das Kriterium, versagt die betroffene Einzelschicht.

Die Anwendung eines Versagenskriteriums setzt die experimentell zu bestimmende Kenntnis der Festigkeitsparameter in den Hauptrichtungen der Einzelschichten voraus.

13.1 Versagenskriterien

In isotropen Werkstoffen, die einem ebenen Spannungszustand unterworfen sind, kann eine Vergleichsspannung

$$\sigma_v = f(\sigma_x, \sigma_y, \tau_{xy})$$

errechnet werden. Es ist vorstellbar, daß der Werkstoff versagt, wenn σ_v die Bruchfestigkeit eines unidirektional belasteten Probestabes erreicht [13.1].

Die Übertragung einer solchen Vorgehensweise auf faserverstärkte Einzelschichten eines Laminats ist wegen der Richtungsabhängigkeit ihrer Festigkeiten schwierig, so daß Kriterien anderer Art notwendig sind. Eine oft gewählte Formulierung ist

$$f(\sigma_x, \sigma_y, \tau_{xy}, X_z, Y_z, X_d, Y_d, S) = 1$$

Darin stellen σ_x und σ_y die Spannungen parallel und normal zur Faserrichtung, τ_{xy} die Schubspannung, X_z und Y_z die Zugfestigkeiten parallel und normal zur Faserrichtung, X_d und Y_d die entsprechenden Druckfestigkeiten, und S die Schubfestigkeit dar. Die fünf Festigkeitsparameter sind in faserverstärkten Matrixharzen natürlich temperatur- und feuchtigkeitsabhängig.

Im Laufe der Zeit ist eine Reihe von Versagenskriterien entwickelt worden, die den Eigenarten von Verbundwerkstoffen Rechnung zu tragen suchen. Einige dieser Kriterien werden im folgenden vorgestellt.

13.1.1 Maximalspannungskriterium

Nach dem Maximalspannungskriterium versagt die Einzelschicht eines Laminats, wenn irgendeine ihrer Spannungskomponenten in den Schichtrichtungen, unabhängig von allen anderen, ihre experimentell bestimmte Bruchfestigkeit erreicht. Ein Versagen der Schicht tritt also ein, wenn

$$\sigma_x = X_z \quad \text{oder} \quad \sigma_x = X_d \quad \text{oder} \quad \sigma_y = Y_z \quad \text{oder} \quad \sigma_y = Y_d \quad \text{oder} \quad \tau_{xy} = S.$$

Das Maximalspannungskriterium führt wegen der völlig vernachlässigten Interaktion der Spannungskomponenten zu ungenauen Einschätzungen der Schichtfestigkeiten, wird jedoch wegen seiner Einfachheit in der Praxis gern benutzt.

13.1.2 Maximaldehnungskriterium

Das Maximaldehnungskriterium wird aus dem Maximalspannungskriterium abgeleitet, indem die Spannungen durch Dehnungen und die Bruchfestigkeiten durch Dehngrenzen ersetzt werden. Das Versagen der Einzelschicht erfolgt also, wenn zum Beispiel

$$\varepsilon_x = \frac{X_z}{E_x} \; ; \; \varepsilon_y = \frac{Y_z}{E_y} \quad \text{oder} \quad \gamma_{xy} = \frac{S}{G_{xy}}$$

Dieses Kriterium ist mit dem Maximalspannungskriterium nicht identisch, weil in einem ebenen Spannungszustand die Dehnungen ε_x auch von den Spannungen σ_y und den Querkontraktionen abhängen. Das Maximaldehnungskriterium berücksichtigt also in gewissem Maße die Interaktion der Spannungskomponenten.

13.1.3 Quadratische Interaktionskriterien

Die einfachen Maximalspannungs- und Maximaldehnungskriterien geben brauchbare Hinweise auf die Belastungsgrenzen von Einzelschichten, befriedigen jedoch gehobene Ansprüche nicht. Ein besser fundiertes Versagenskriterium für orthotrope Werkstoffe, abgeleitet von der von Mises/Hencky-Hypothese [13.1], wurde als "Distortional Energy"-Kriterium von Norris in der Form

$$\frac{\sigma_x^2}{X_z^2} - \frac{\sigma_x \sigma_y}{X_z Y_z} + \frac{\sigma_y^2}{Y_z^2} + \frac{\tau_{xy}^2}{S^2} = 1$$

eingeführt. Die obige Formulierung gilt, wenn σ_x und σ_y Zugspannungen sind. Wenn σ_x und/oder σ_y als Druckspannungen vorliegen, werden die Bruchfestigkeiten X_z und Y_z entsprechend durch X_d und Y_d ersetzt. In manchen Anwendungen wird der gemischte Term vernachlässigt, womit sich das Versagenskriterium auf

$$\frac{\sigma_x^2}{X_z^2} + \frac{\sigma_y^2}{Y_z^2} + \frac{\tau_{xy}^2}{S^2} = 1$$

vereinfacht [13.2]. Das Norris-Kriterium gehört zur Klasse der partiellen Interaktionskriterien.

Ein vollständiges Interaktionskriterium wurde von Tsai-Wu vorgelegt, das sowohl als Funktion von Spannungs- als auch von Dehnungskomponenten formuliert werden kann [13.3]. In Tensorschreibweise ergibt sich im Spannungsraum die Beziehung

$$F_{ij} \sigma_i \sigma_j + F_i \sigma_i = 1$$

und im Dehnungsraum entsprechend

$$G_{ij} \varepsilon_i \varepsilon_j + G_i \varepsilon_i = 1$$

Die Reduktion der Spannungsbeziehungen auf den ebenen Spannungszustand führt auf

$$F_{xx} \sigma_x^2 + 2F_{xy} \sigma_x \sigma_y + F_{yy} \sigma_y^2 + F_{ss} \tau_{xy}^2 + F_x \sigma_x + F_y \sigma_y = 1$$

Fünf der sechs Festigkeitsparameter F_{ij} in dieser Gleichung können aus den Bruchfestigkeiten X_z, X_d, Y_z, Y_d und S abgeleitet werden. Man erhält

$$F_{xx} = \frac{1}{X_z X_d} \; ; \quad F_x = \frac{1}{X_z} - \frac{1}{X_d} \; ; \quad F_{ss} = \frac{1}{S^2} \; ;$$

$$F_{yy} = \frac{1}{Y_z Y_d} \; ; \quad F_y = \frac{1}{Y_z} - \frac{1}{Y_d} \; .$$

Eine präzise Bestimmung von F_{xy} würde einen aufwendigen Test unter zweiachsiger Belastung erfordern. Alternativ kann F_{xy} durch geometrische Überlegungen mit

$$F_{xy} = -\frac{1}{2}\sqrt{F_{xx}F_{yy}}$$

angenähert werden. Mit diesen Substitutionen ergibt sich das Versagenskriterium dann als

$$F_{xx}\sigma_x^2 - \sqrt{F_{xx}F_{yy}}\;\sigma_x\sigma_y + F_{yy}\sigma_y^2 + F_{ss}\tau_{xy}^2 + F_x\sigma_x + F_y\sigma_y = 1\;.$$

13.2 Anwendbarkeit der Bruchmechanik

In den vergangenen Jahren ist dem Bruchverhalten faserverstärkter Strukturen vermehrte Aufmerksamkeit gewidmet worden. Theoretische und experimentelle Untersuchungen richteten sich vor allem auf das Verhalten von Laminaten mit Bohrungen und Kerben mit Betonung der Kerbempfindlichkeit, des Schadenswachstums an den Kerbgründen, mikro- und makromechanischer Versagensformen und kritischer Abmessungen von Schadenszonen. Die Ansätze sind mannigfaltig, weil Verbundwerkstoffe verschiedenartige Schadensmechanismen und Versagensformen aufweisen und noch kein Konsens in bezug auf gültige Versagenskriterien besteht. Dieser Zustand ist unbefriedigend, weil die optimale Nutzung von Verbundwerkstoffen ein Verständnis ihrer Versagensweisen voraussetzt.

Die Meinungen über die Anwendbarkeit der klassischen linearelastischen Bruchmechanik auf Verbundstrukturen waren lange geteilt. Die Erkenntnisse der letzten Jahre deuten darauf hin, daß eine direkte Anwendung nur in wenigen Fällen möglich ist. Gegen die klassische Bruchmechanik als allgemein brauchbares Verfahren für Verbundstrukturen sprechen gewichtige Gründe:

- Der auf der Gültigkeit des Hooke'schen Gesetzes beruhende Begriff der Spannungssingularität ist für multidirektionale Laminate nicht anwendbar. Während man bei Metallen einen homogenen Aufbau bis an die Korngrenzen ($\sim 10^{-4}$ mm) annehmen kann, besteht ein solcher bei Laminaten schon bei $\sim 10^{-1}$ mm nicht mehr. Das heißt, daß auf diese Weise errechnete

Spannungen in Laminaten unterhalb von 10^{-1} mm keine rationale Basis haben. Während gemäß Bild 13.1 eine lineare Spannungsberechnung in einem gekerbten Laminat in einer Entfernung $r = 10^{-4}$ mm vom Kerbgrund eine Spannungserhöhung um den Faktor 100 ergibt, was dem Begriff einer Singularität nahe kommt, ist dieser Faktor bei $r = 10^{-1}$ mm nur etwa 10 und hat keine Relevanz zu einer Singularität.

- Die klassische Bruchmechanik setzt voraus, daß ein einzelner Riß vorliegt, dessen Anwachsen in Kerbrichtung erfolgt und insofern mit nur einem Parameter beschreibbar ist. Diese Voraussetzung ist in multidirektionalen Laminaten mit ihren komplexen Schadensmustern nicht haltbar.

- Während in Metallen Schäden von praktischer Bedeutung einige Größenordnungen länger sind als mögliche Heterogenitäten im Gefüge, ist das bei den meisten Verbundwerkstoffen nicht der Fall. Dieser sogenannte "size effect" zwingt zu einer anderen Behandlung faserverstärkter Laminate.

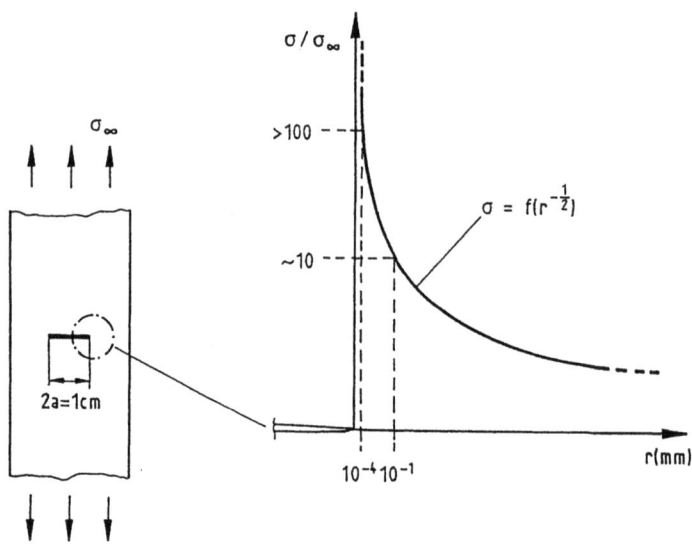

Bild 13.1. Grenzen der Homogenität

13.3 Bruchmodelle

Trotz der Ernsthaftigkeit der Einwände gegen die Anwendbarkeit der klassischen Bruchmechanik sind viele Versuche gemacht worden, Bruchmodelle für multidirektionale Laminate auf eben dieser Grundlage zu entwickeln [13.4, 13.5, 13.6]. Solche Modelle können die mikromechanischen Komplexitäten der Schadensausbreitung natürlich nicht berücksichtigen. Sie fußen auf dem Begriff einer Schadenszone, die aus einer Ansammlung von Faserbrüchen, Matrixrissen und Randdelaminationen besteht. Das kontrastierte Röntgenbild in Bild 13.2 zeigt eine solche Schadenszone in der Umgebung einer Bohrung. Es wird angenommen, daß ein Laminat versagt, wenn das Ausmaß der Schadenszone normal zur Lastrichtung eine kritische Abmessung übersteigt, die experimentell ermittelt werden muß. Da sich mit solchen Tests freie Parameter in der Gleichung eines Bruchmodells bestimmen lassen, ist für ein gekerbtes Laminat mit vorgegebenem Aufbau eine gute Korrelation zwischen den Modellvorhersagen und den Laminateigenschaften zu erwarten, obwohl die tatsächlichen Versagensmechanismen nicht identifiziert werden.

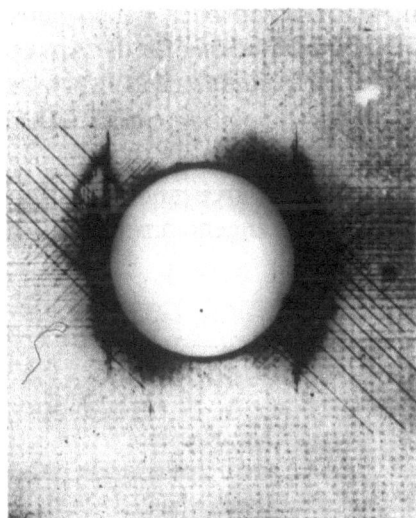

Bild 13.2. Schadenszone in der Umgebung einer Bohrung

Die Auswertung und der Vergleich zahlreicher Testergebnisse mit von der klassischen Bruchmechanik abgeleiteten Bruchmodellen erlaubt folgende Schlüsse [13.7]:

- Alle Bruchmodelle sind semi-empirisch und erfordern die Kenntnis der Festigkeit des ungekerbten Laminats, seiner elastischen Eigenschaften und eines Parameters, der die Festigkeit des gekerbten Laminats charakterisiert.

- Die experimentell ermittelten Parameter hängen von der Laminatgeometrie, vom Laminataufbau, den Umgebungsbedingungen und anderen Variablen ab und müssen bei jeder Änderung neu bestimmt werden.

- Wenn die für einen speziellen Fall benötigten Parameter vorliegen, führen alle Bruchmodelle zu mehr oder weniger identischen Aussagen.

Eine besondere Art von Bruchmodellen sind solche, die nicht von bruchmechanischen Voraussetzungen, sondern von kritischen Bruchspannungen ausgehen. Die prominentesten dieser Modelle sind das sogenannte "average stress criterion" und das "point stress criterion" [13.8, 13.9]. In beiden Fällen wird analog zur Entwicklung plastischer Zonen in Metallen eine Schadenszone definiert, innerhalb derer örtliches Versagen in Form von Faserbrüchen, Matrixrissen oder Randdelaminationen als akzeptabel betrachtet wird. Die Voraussetzung für die Anwendung dieser Kriterien sind die experimentell zu bestimmenden Bruchspannungen σ_K und σ_0 des gekerbten und des ungekerbten Laminats.

Bei orthotropen Laminataufbauten mit kreisrunden Löchern wird eine linear-elastische Spannungsverteilung angenommen, die entlang der x-Achse mit

$$\sigma_y(x,0) = \frac{\sigma}{2}\left\{2 + \left(\frac{R}{x}\right)^2 + 3\left(\frac{R}{x}\right)^4 - (K_T - 3)\left[5\left(\frac{R}{x}\right)^6 - 7\left(\frac{R}{x}\right)^8\right]\right\}$$
(13.1)

angenähert werden kann [13.10]. Der darin auftretende orthotrope Spannungskonzentrationsfaktor K_T hat die Form

$$K_T = 1 + \left\{2\left[(E_x/E_y)^{\frac{1}{2}} - v_{xy}\right] + E_x/G_{xy}\right\}^{\frac{1}{2}}$$
(13.2)

Das "average stress criterion" sagt Versagen eines gelochten Laminats voraus, wenn gemäß Bild 13.3 der Mittelwert der zwischen $x = R$ und

$x = R + a_0$ herrschenden Spannungsverteilung die Bruchspannung des ungelochten Laminats erreicht, wenn also

$$\frac{1}{a_0} \int_R^{R+a_0} \sigma_y(x,0) \, dx = \sigma_0. \qquad (13.3)$$

ist.

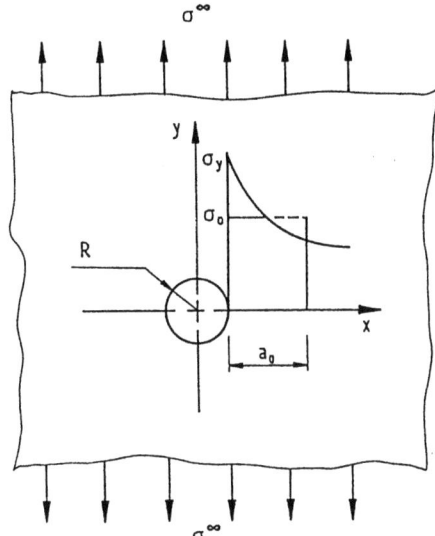

Bild 13.3. "Average Stress" Kriterium

Die Einführung dieses Kriteriums in Gleichung 13.1 führt auf das Verhältnis der Festigkeiten der gekerbten zur ungekerbten Probe

$$\frac{\sigma_K}{\sigma_0} = \frac{2(1-\Phi)}{2-\Phi^2-\Phi^4+(K_T-3)(\Phi^6-\Phi^8)} \qquad (13.4)$$

worin

$$\Phi = R/(R+a_0)$$

Mit dem aus entsprechenden Tests ermittelten Verhältnis σ_K/σ_0 läßt sich die obige Gleichung nach a_0 auflösen. Damit aber sind die Bruchspannungen σ_K von gelochten Laminaten mit beliebigen Lochradien voraussagbar, solange der Laminataufbau dem Spannungskonzentrationsfaktor K_T genügt.

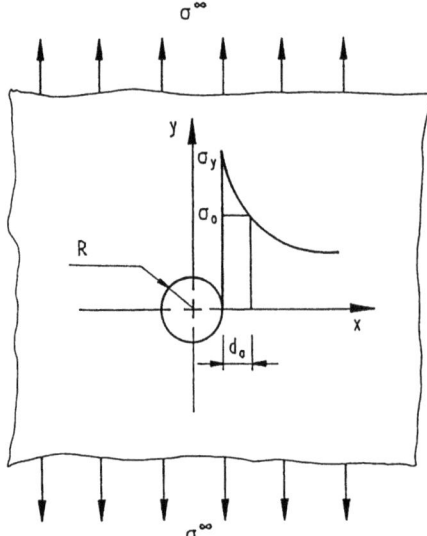

Bild 13.4. "Point Stress" Kriterium

Nach dem "point stress criterion" tritt Versagen ein, wenn gemäß Bild 13.4 die an der Stelle $x = R + d_0$ auftretende Spannung σ_y die Bruchspannung des ungelochten Laminats erreicht

$$\sigma_y(x,0)|_{x = R + d_0} = \sigma_0 \qquad (13.5)$$

Das Einsetzen dieser Beziehung in Gleichung 13.1 führt auf

$$\frac{\sigma_K}{\sigma_0} = \frac{2}{2 + \Theta^2 + 3\Theta - (K_T - 3)[5\Theta^6 - 7\Theta^8]} \qquad (13.6)$$

mit

$$\Theta = R/(R + d_0)$$

Die Auflösung nach d_0 erlaubt wiederum die Voraussage der Bruchspannungen von Laminaten mit verschiedenen Lochdurchmessern.

Die Erklärung der "average stress" - und "point stress" - Kriterien wird hier auf Laminate mit kreisrunden Löchern beschränkt. Beide Kriterien sind jedoch anwendbar auf Kerben beliebiger Geometrie unter der Voraussetzung, daß die Spannungsverteilung in der Nähe des Kerbgrunds bekannt ist. In der Luft- und Raumfahrt ist vor allem das "average stress criterion" weit verbreitet und hat auch Anwendung unter zweiachsigen Zugbelastungen und unter Druckbelastung gefunden. Die

Erfahrung zeigt, daß die Genauigkeit beider Kriterien bei faser-dominierten Laminaten höher ist als bei matrix-dominierten.

13.4 Begriff der Schadensmechanik

Die vorangegangenen Betrachtungen führen zu dem Schluß, daß die Auswirkung von Schäden in faserverstärkten Verbundstrukturen mit den Mitteln der linear-elastischen Bruchmechanik nur begrenzt beschreibbar ist. Angesichts der steigenden Bedeutung solcher Verbundstrukturen ist aber ein Verständnis ihrer Belastungsgrenzen und ihrer Versagensmechanismen unverzichtbar. Das Fernziel entsprechender Untersuchungen muß die Entwicklung einer der Bruchmechanik für Metalle analogen Schadensmechanik für Verbundwerkstoffe sein. Der sich damit verbindende Kosten- und Zeitaufwand wird von Kritikern häufig als unangemessen hoch bezeichnet. Dabei wird übersehen, daß in den vergangenen Jahrzehnten weltweit unzählige Mannjahre für den jetzigen Erkenntnisstand der Bruchmechanik benötigt wurden, die lediglich die Auswirkungen eines einzelnen Risses in einer auf Zug belasteten Zone in einem analytisch leicht zugänglichen homogenen Material zum Inhalt hat. Im Vergleich dazu ist die Schadensentwicklung in inhomogenen faserverstärkten Werkstoffen mit ihren auf Zug und Druck empfindlichen zahlreichen Versagensmustern eine ungleich schwierigere Aufgabe.

Eine Voraussetzung für die Entwicklung einer Schadensmechanik ist die einwandfreie Identifizierung von Schadstellen mittels zerstörungsfreier Prüfverfahren. Dafür sind konventionelle Techniken nur begrenzt brauchbar, so daß sie durch Modifizierungen den besonderen Erfordernissen faserverstärkter Werkstoffe angepaßt, beziehungsweise durch Neuentwicklungen ergänzt werden müssen.

Die Auswirkung von Schäden in Faserverbunden kann an eigens dafür gefertigten Probestäben beobachtet werden. Eine anfängliche Begrenzung der Untersuchungen auf einachsige Belastungsfälle mit realistisch simulierten Umgebungseinflüssen erscheint angesichts der Komplexität des Problems ratsam. Entsprechende Tests müssen im Zug- und Druckbereich und unter statischer Belastung und Schwingbelastung durchgeführt werden.

Aus solchen Untersuchungen gewonnene Testergebnisse geben Aufschluß über Anfangs- und Restfestigkeiten von Laminaten bei verschiedenen Schadenszuständen sowie über Toleranzgrenzen, unterhalb derer kein Anwachsen zu erwarten ist, und oberhalb derer ein Schadensfortschritt erfolgt. Solche Testergebnisse allein haben nur einen begrenzten Wert, weil sie von vielen Parametern abhängen, deren Zusammenspiel das Verständnis des Laminatversagens erschwert. Sie müssen von analytischen Untersuchungen begleitet werden mit dem Ziel, Einsicht in den Ablauf der Mechanismen zu gewinnen, unter denen der Schaden fortschreitet. Schwerpunkte der analytischen Arbeiten sollten präzise Spannungsberechnungen, die Bestimmung des möglichen Anwendungsbereichs der Bruchmechanik, und die Aufstellung von Schadensakkumulationshypothesen sein.

Allein diese Aspekte der Schadensmechanik beinhalten ein sehr umfangreiches Arbeitsfeld. Die daraus gewonnen Erkenntnisse für einachsig belastete Probestäbe sind jedoch von geringem Wert für praktische Bedürfnisse. Der ergänzende Schritt muß die Ausweitung der schadensmechanischen Untersuchungen auf zweiachsig belastete Probekörper sein, aus denen ein allgemeineres Verständnis für das Verhalten von Laminaten abgeleitet werden kann.

Der letzte Schritt in diesem Szenar wäre der Nachweis, daß die an einfachen Laminaten gewonnenen schadensmechanischen Erkenntnisse auf echte Bauteile übertragbar sind. Erst damit lassen sich die für die Praxis notwendigen Kriterien für die Annahme, die Reparatur oder den Ausschuß eines beschädigten faserverstärkten Bauteiles formulieren. Der Weg dorthin ist zeitaufwendig und mühsam. Er muß jedoch gegangen werden, um das große Potential der Verbundbauweisen wirklich ausschöpfen zu können.

13.5 Sicherheitsfaktoren

Die Bemessung einer Struktur erfolgt auf der Grundlage vorgegebener Belastungen und bekannter Werkstoffeigenschaften. Dabei ist zu berücksichtigen, daß weder die Höhe der Belastungen noch die Werkstoffeigenschaften mit absoluter Genauigkeit voraussagbar sind. Außerdem ist nicht auszuschließen, daß während der Fertigung von Verbundstrukturen oder während ihres Betriebs Schäden entstehen, die die Festigkeit der Struktur mindern. Um die damit verbundenen Risiken abzudecken, muß die Bemessung von Bauteilen so erfolgen, daß die Struktur eine gewisse Toleranz gegenüber potentiell auftretenden Schäden oder unsicheren Belastungs- oder Festigkeitsabschätzungen aufweist. Das heißt, daß die Bruchspannngen über den Betriebsspannungen liegen müssen. Das Verhältnis von Bruchspannungen zu Betriebsspannungen wird als Sicherheitsfaktor S bezeichnet. Das Bestreben nach hoher Sicherheit steht im Widerspruch zu dem Wunsch nach möglichst geringem Gewicht oder höchster struktureller Effizienz und zwingt zur Abwägung der Prioritäten, die von Fall zu Fall verschieden sein können.

Im Flugzeugbau wurden Sicherheitsfaktoren ursprünglich nach rein empirischen Erfahrungen festgelegt; neuerdings werden sie vorwiegend auf Grund probabilistischer Auswertungen bestimmt. Sie decken eine Reihe von Unsicherheiten ab, die

- Abweichungen von Lastannahmen,
- Ungenauigkeiten in der Strukturberechnung,
- Unsicherheiten der Werkstoffkennwerte,
- unentdeckbare Schäden in der Fertigung oder
- Bauteilausfall im Betrieb

einschließen.

Für metallische Luftfahrtstrukturen ist der Gebrauch eines Sicherheitsfaktors $S = 1,5$ allgemein üblich, der an besonders kritischen Stellen durch Aufschlagfaktoren erhöht werden kann. In der Raumfahrt wird häufig mit einem Sicherheitsfaktor $S = 1,4$ gearbeitet mit der Begründung, daß die Belastungsfälle besser definierbar seien.

Die Übernahme dieser Faktoren für Verbundstrukturen mit polymeren Matrixwerkstoffen ist bedenklich wegen der Ungewißheiten, die sich aus

- dem Zustand der Halbzeuge nach längerer Lagerung,
- möglichen Abweichungen vom idealen Aushärtungsprozeß und
- schädlichen Umwelteinflüssen während des Betriebs

verbinden. Obwohl im Entwurf und in der Fertigung von Verbundstrukturen große Fortschritte erzielt worden sind, ist ein den Metallstrukturen ähnlicher Vertrauensgrad noch nicht erreicht worden. Es empfiehlt sich daher, für hochbelastete Verbundstrukturen zumindest für festigkeitskritische Belastungsfälle einen etwas höheren Sicherheitsfaktor als für Metallstrukturen zu wählen.

13.6 Reservefaktoren und Sicherheitsmargen

In Verbindung mit der Spannungsberechnung eines Laminats für eine gegebene Belastung entsteht die Frage, um welchen gemeinsamen Faktor die Lastkomponenten erhöht werden können, bevor die am höchsten belastete Einzelschicht versagt. Mit anderen Worten: wie groß ist die Reserve, die zwischen der maximalen Belastbarkeit und dem tatsächlichen Spannungszustand der Einzelschicht besteht? Die Voraussage der maximalen Belastbarkeit, und damit die eines Reservefaktors, hängt von der Wahl des Versagenskriteriums ab.

Die meisten Versagenskriterien für Einzelschichten lassen sich als flächenförmige Gebilde in einem dreidimensionalen Spannungs- oder Dehnungsraum darstellen. Die sogenannten Versagensflächen sind die geometrischen Orte aller Kombinationen σ_x, σ_y und τ_{xy}, die das Versagenskriterium erfüllen. Das vereinfachte Kriterium von Norris

$$\frac{\sigma_x^2}{X_z^2} + \frac{\sigma_y^2}{Y_z^2} + \frac{\tau_{xy}^2}{S^2} = 1$$

hat eine zigarrenähnliche Versagensfläche. Jede Kombination von σ_x, σ_y und τ_{xy} stellt einen Punkt im Spannungsraum dar, der entweder innerhalb, auf oder außerhalb der Versagensfläche liegt und durch einen Vektor charakterisiert werden kann, der vom Ursprung des Koordinatensystems ausgeht. Wenn das Vektorende innerhalb der Versagensfläche liegt, hat die rechte Seite des Versagenskriteriums einen Wert $H < 1$

$$\frac{\sigma_x^2}{X_z^2} + \frac{\sigma_y^2}{Y_z^2} + \frac{\tau_{xy}^2}{S^2} = H \ .$$

Der Versagensgrenzwert wird erreicht, wenn durch die Multiplikation der Spannungskomponenten mit einem Reservefaktor *RF* die rechte Seite der Gleichung den Wert 1 annimmt

$$\frac{(RF\sigma_x)^2}{X_z^2} + \frac{(RF\sigma_y)^2}{Y_z^2} + \frac{(RF\tau_{xy})^2}{S^2} = (RF)^2 H = 1 \ .$$

Daraus folgt, daß $RF = \sqrt{1/H}$ ist.

Sicherheitsmargen (margins of safety) haben die Definition $MS = RF - 1$.
Offensichtlich bedeutet

$MS > 0$, daß der Versagensgrenzwert noch nicht erreicht ist,
$MS = 0$, daß der Versagensgrenzwert gerade erreicht ist, und
$MS < 0$, daß der Versagensgrenzwert überschritten ist.

14 Schadenstoleranz von Verbundbauteilen

Moderne Verbundbauweisen suchen das Potential von Hochleistungswerkstoffen bis an die Grenzen ihrer Belastungsfähigkeit auszuschöpfen. Das lokale Versagen von Verbundstrukturen kann dabei nicht völlig ausgeschlossen werden, so daß die Frage nach ihrer Schadenstoleranz, beziehungsweise nach ihrer Funktionstüchtigkeit und Sicherheit in Gegenwart von Schadstellen, zunehmende Bedeutung gewinnt. Eine diesbezügliche Bewertung faserverstärkter Verbundstrukturen setzt ein Verständnis der Auswirkung möglicher Schäden voraus, die sich in drei Kategorien unterteilen lassen:

- Schäden, die während der Fertigung in Form von fehlerhaften Faseranordnungen, Einschlüssen von Fremdstoffen, Lunkern, Harznestern usw. auftreten;
- Schäden, die beim Zusammenbau durch unsachgemäße spanende Bearbeitung, erzwungene Passungen, abweichende Klebschichtdicken oder falsche Oberflächenbehandlung der Fügeteile entstehen;
- Schäden, die während des Betriebs durch mechanische oder thermische Überbelastung, durch aggressive Medien, Stoßbelastung durch Vogel- oder Steinschlag oder ähnliches verursacht werden.

Eine Beurteilung der möglichen Auswirkungen setzt voraus, daß solche Schäden mit geeigneten Prüfverfahren entdeckt werden können. Unterhalb gewisser Abmessungen sind bestimmte Schäden mit normalen Inspektionsmitteln jedoch nicht auffindbar.

Wirksame Vorsichtsmaßnahmen gegen nicht entdeckbare Schäden sind gründliche Qualitätskontrollen bei der Fertigung und eine maßvolle

Überdimensionierung der Bauteile. Zum Beispiel können Laminate mit Bohrlöchern so ausgelegt werden, daß die Dehnung an den Lochrändern einen vorgegebenen Wert nicht übersteigt. In mit Kohlenstoffasern verstärkten Epoxidharzen wird für die zulässige Dehnung unter maximaler Belastung häufig der Grenzwert 0,5 %. gewählt. Damit enthält der ungestörte Bereich des Laminats, in dem keine Spannungsüberhöhungen auftreten, entsprechende Festigkeitsreserven.

Bei einem entdeckten und nach Art, Ort und Ausmaß präzise definierten Schaden entsteht die Frage, ob dieser Schaden ohne jegliche Behandlung tolerierbar ist, oder ob eine Reparatur, beziehungsweise eine Auswechslung des Bauteils notwendig ist. In den letzteren Fällen muß auch entschieden werden, zu welchem Zeitpunkt solche Maßnahmen stattfinden sollen.

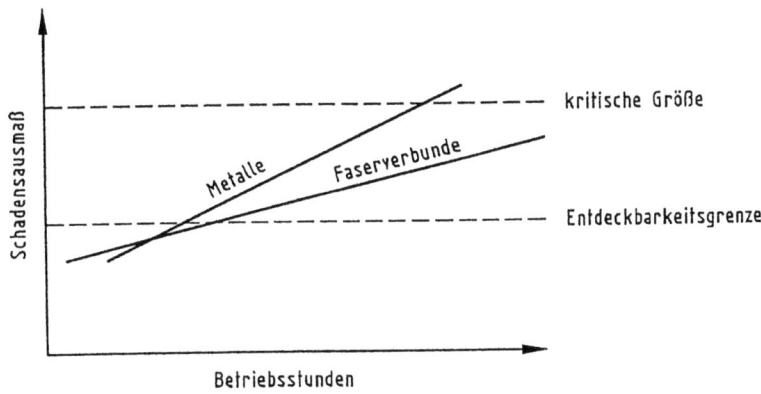

Bild 14.1. Schadensausbreitung in Metallen und Faserverbunden

Die in den vergangenen Jahren gesammelten Erfahrungen in der Luft- und Raumfahrt haben ihren Niederschlag in empirisch erstellten Vorschriften für Toleranzgrenzen und Reparaturverfahren gefunden. Zu diesen Erfahrungen gehört, daß faserverstärkte Verbundstrukturen gegenüber Fertigungs- und Montageschäden relativ unempfindlich sind und sich unter Betriebsbedingungen im allgemeinen schadenstoleranter verhalten als Metallstrukturen. Insbesondere unter Schwingbelastung wachsen die Schäden in CFK-Strukturen wegen der hohen Ermüdungsfestigkeit der Kohlenstoffasern nur langsam. Das führt zu der Erkenntnis, daß die Wartung von Verbundstrukturen anderen Gesetzmäßigkeiten unterliegen sollte als die der Metallstrukturen. Aus der vereinfachten Darstellung in Bild 14.1 läßt sich zum Beispiel entnehmen, daß wegen des langsameren Schädigungsfortschritts eine Verlängerung der Inspektionsintervalle möglich ist. Verbundstrukturen könnten also einer neuen Wartungsphilosophie unterliegen, die darauf fußt,

- daß nicht entdeckbare Schäden tolerierbar sind, wenn während der Lebensdauer des Bauteils seine Restfestigkeit die Bemessungsbruchlast nicht unterschreitet, und
- daß bei entdeckbaren Schäden die Restfestigkeit des Bauteils zwischen zwei aufeinanderfolgenden Inspektionen eine vorgebene Grenze nicht unterschreitet.

Bei der letzteren Vorgabe müssen der Schadensfortschritt und die damit verbundenen Auswirkungen voraussagbar sein. Daraus folgt ein Bedarf nach empirisch oder analytisch entwickelten Kriterien, die einerseits die Toleranzgrenzen definieren, unterhalb derer Schäden akzeptabel sind, und die andererseits erlauben, die Art und Geschwindigkeit des Schadensfortschritts oberhalb der Toleranzgrenzen festzulegen, um damit zum Zeitpunkt einer Inspektion eine Aussage über die Restfestigkeit des Bauteils machen zu können. Da die Erstellung brauchbarer Kriterien wegen der Mannigfaltigkeit der Bauteilgeometrien, Laminataufbauten und Lastfälle schwierig ist, muß es ein dringliches Anliegen des Konstrukteurs sein, durch die Wahl geeigneter Werkstoffe und Bauweisen ein Maximum an inhärenter Schadenstoleranz zu erzielen.

Die Bilder der folgenden Abschnitte wurden Veröffentlichungen des Instituts für Strukturmechanik der DLR entnommen [14.8, 14.10, 14.11, 14.12].

14.1 Schadensarten

Schäden in faserverstärkten Verbundstrukturen manifestieren sich auf unterschiedliche Art. Den meisten ist gemein, daß sie auf einfache Versagensmechanismen zurückführbar sind:

- Brüche von Fasern oder Faserbündeln,
- Mikrorisse in der Matrix,
- Matrixrisse in den Einzelschichten des Laminats und
- Delaminationen zwischen benachbarten Schichten.

Faserbrüche und Mikrorisse werden als Mikroschäden bezeichnet. Sie führen zu Schadensentwicklungen, die nur statistisch belegt werden können. Im Gegensatz dazu gelten Matrixrisse und Delaminationen als Makroschäden, die sowohl einer analytischen als auch einer experimentellen Behandlung zugänglich sind. Die Schadensarten beeinflussen sich gegenseitig und können in zahlreichen Kombinationen zu verschiedenen Schadensmustern führen.

Faser- oder Faserbündelbrüche in Laminaten treten infolge unregelmäßiger Faserdurchmesser, gewellter oder nicht-paralleler Faseranordnungen oder anderer Abweichungen auf. Die Lastanteile der gebrochenen Fasern werden durch Schubspannungen in der Matrix auf die Nachbarfasern übertragen. Die Konsequenzen von Faser- oder Faserbündelbrüchen sind einsichtig: Die lokale Zugfestigkeit des Laminats fällt proportional zur Menge der versagenden Fasern ab; die lokale Druckfestigkeit dagegen ist wegen der gegenseitigen Stützwirkung der Faserenden weniger betroffen [14.1].

Mikrorisse können durch mechanische Belastung, durch Umwelteinflüsse oder durch Alterung auftreten. Man unterscheidet zwischen Haarrissen im Gefüge der Matrix (crazing) und Ablösungen an den Faser/ Matrix-Grenzflächen (debonding). Bild 14.2 zeigt typische Ablösungen in einem auf Zug beanspruchten Laminat. In größeren Mengen auftretende Mikrorisse mindern nicht nur die Eigenschaften des Laminats, sondern sind häufig die Vorläufer ausgedehnterer Schäden.

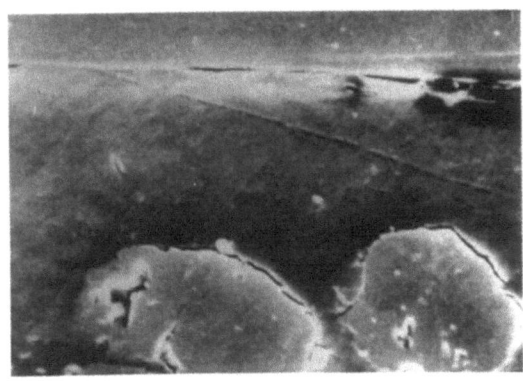

3200fache Vergrößerung

Bild 14.2. Typische Ablösungen an der Faser/Matrix-Grenzfläche

14.1.1 Matrixrisse

Matrixrisse, auch Zwischenfaserrisse genannt, werden unter mechanischen Belastungen durch das Überschreiten der Dehnfähigkeit in den Einzelschichten multidirektionaler Laminate verursacht. Sie verlaufen parallel zu den Fasern über die gesamte Dicke der betroffenen Schichten bis hin zu Nachbarschichten unterschiedlicher Faserrichtung (Bild 14.3). Auf ähnliche Weise entstehen Matrixrisse bei thermischen Belastungen, wenn sich bei fallenden Temperaturen auf Grund unterschiedlicher Wärmedehnungen die Matrix in einer Schicht mehr zusammenzieht als es die Fasern in den angrenzenden Schichten zulassen. Zusätzlich besteht dabei die Gefahr von Ablösungen an den Faser/Matrix-Grenzflächen.

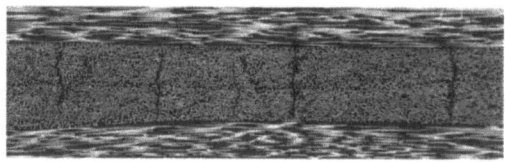

Bild 14.3. Typische Matrixrisse

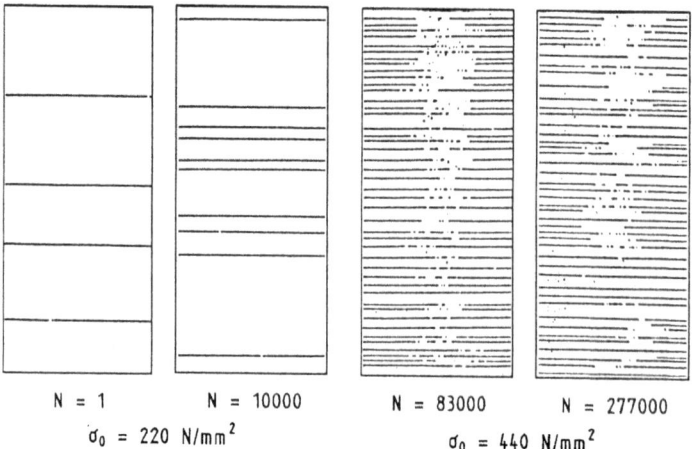

Bild 14.4. Entwicklung von Rißmustern bei steigenden Lastspielzahlen (R = 0,1)

Die Anzahl der Risse hängt von der Höhe der Belastung, beziehungsweise der Anzahl der Lastspiele im Zugbereich ab. Bild 14.4 zeigt die Entwicklung eines Rißmusters in einem $[0°_4, 90°_4]_s$-Laminat bei steigenden Lastspielzahlen. Die an den Rißstellen der Schichten verschwindenden Zugspannungen werden in der Nähe der Risse durch Schubspannungen wieder zu ihrer ursprünglichen Höhe aufgebaut. Es leuchtet ein, daß sich keine neuen Risse mehr bilden können, wenn der Rißabstand so klein geworden ist, daß die Zugspannungen ihren ursprünglichen Maximalwert nicht mehr erreichen. Dieser Zustand wird mit "characteristic damage state" bezeichnet [14.2]. Er hängt von der Dehnfähigkeit des Matrixwerkstoffes ab, die temperatur- und feuchteabhängig ist. Es ist also möglich, daß bei steigender statischer Belastung im feucht/warmen Zustand keine Risse entstehen, während sie im trocken/kalten Zustand in größeren Mengen auftreten.

Matrixrisse fallen schlagartig ein und schädigen durch ihre dynamische Wirkung oft auch die Grenzflächen benachbarter Schichten mit anderen Faserrichtungen. Es entstehen Mikrodelaminationen, in deren Bereich es auch zu vereinzelten Faserbrüchen kommen kann [14.3]. Allerdings ändern sich die mechanischen Eigenschaften eines faser-dominierten Laminats auch bei dichten Rißmustern nur wenig. Anders liegt der Fall bei matrix-dominierten Laminaten, wo die Festigkeits- und Steifigkeitsverluste gravierender sein können.

14.1.2 Delaminationen im Laminatinneren

Bei Delaminationen unterscheidet man grundsätzlich zwischen Delaminationen, die im Inneren eines Laminats und solchen, die an seinen freien Rändern auftreten. Delaminationen im Inneren eines Laminats können durch Schlageinwirkung (impact) während des Betriebs, oder durch unbeabsichtigte Fremdeinschlüsse bei der Fertigung entstehen. Schlagschäden führen in der Regel zu mehrfachen und unregelmäßig geformten Delaminationen in mehreren Tiefenlagen des Laminats, während Fremdeinschlüsse normalerweise nur eine einschichtige Delamination hervorrufen. Die Hauptursachen dafür sind unbeabsichtigte Verschmutzungen der Prepregoberfläche, verbliebene Schnitzel von Prepregschutzfolien oder die Auswirkung von Gasentwicklung bei der Aushärtung. Bild 14.5 zeigt einen massiven Stoßschaden, während Bild 14.6 die Umrisse von absichtlich eingebrachten dünnen Teflonfolien darstellt, deren Ausmaße in der Ebene und deren Lage in Dickenrichtung des Laminats präzise festgestellt werden können.

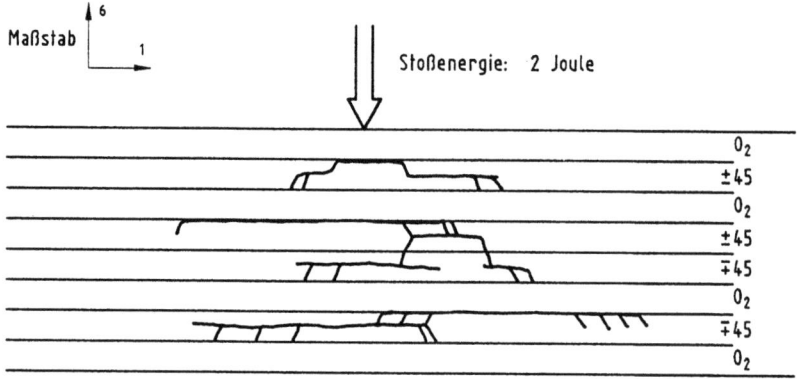

Bild 14.5. Mehrfachdelaminationen durch Stoßbeanspruchung in einem CFK-Laminat

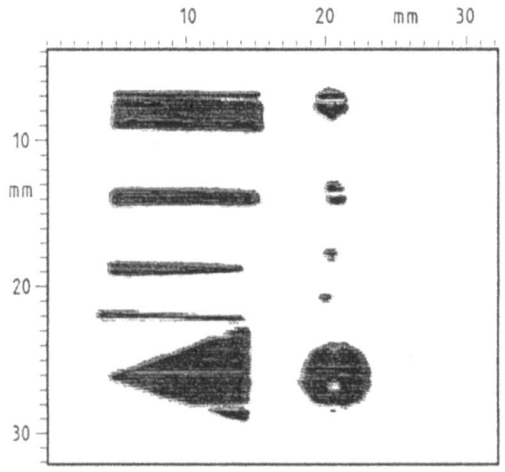

Bild 14.6. C-Scans von Fremdeinschlüssen

Eine andere Art innen liegender Delaminationen kann unter mechanischer oder thermischer Wechselbelastung von Matrixrissen ausgehen, die an den Grenzflächen benachbarter Schichten Mikrodelaminationen bilden, die bei zunehmender Rißdichte zusammenlaufen und größere Delaminationen hervorrufen. Typisch dafür ist Bild 14.7, das den Beginn einer solchen Schadensentwicklung in einem sehr niedrigen Temperaturen ausgesetzten CFK-Laminat erkennen läßt.

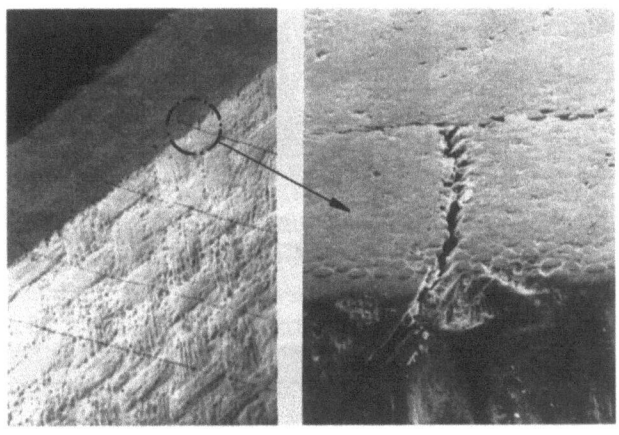

30fache Vergrößerung   400fache Vergrößerung

Bild 14.7. Von Matrixrissen ausgehende Mikrodelaminationen

Die Auswirkung von Delaminationen auf die Tragfähigkeit von Verbundstrukturen sind Gegenstand intensiver experimenteller und analytischer Bemühungen. Ein Großteil der bekannt gewordenen Untersuchungen an impaktgeschädigten CFK-Laminaten wurde an unterschiedlichen Bauteilen und mit unterschiedlichen Randbedingungen durchgeführt, die verallgemeinernde Aussagen kaum zulassen [14.4-14.7]. Ein besseres Verständnis für die Auswirkung von Delaminationsschäden läßt sich am ehesten mit präzisen Untersuchungen des Verhaltens künstlich eingebrachter Delaminationen mit unterschiedlichen Abmessungen und in verschiedenen Tiefenlagen in Laminaten mit verschiedenen Schichtenfolgen und unter verschiedenen Lastfällen entwickeln.

Entsprechende Tests mit einfachen, in der Mittelebene multidirektionaler Laminate eingebrachten Delaminationen mit 10 mm Durchmesser zeigen, daß unter statischen Zugbelastungen kein Anwachsen der Delaminationen erfolgt. Das ist verständlich, weil bei Zugbelastungen alle Laminatschichten eben und die an der Peripherie der Delaminationen auftretenden Spannungen gering bleiben. Eine Bestätigung dieser Aussage ist aus dem C-Scan in Bild 14.8a ersichtlich, der bis zum Bruch keine Änderung der Delaminationsabmessungen erkennen läßt. Die weißen Flächen an den Rändern der Probe sind während des Tests eingesprungene Randdelaminationen, die die innere Delamination nicht beeinflussen.

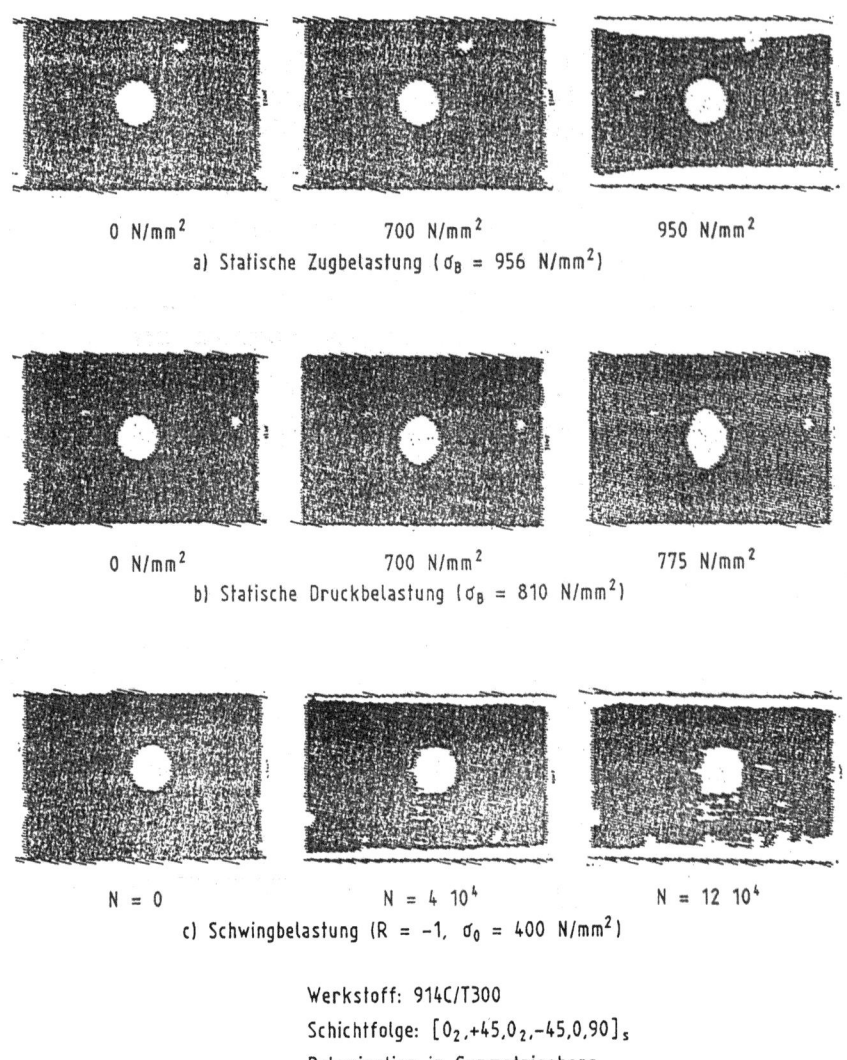

Bild 14.8. Delaminationswachstum

Bei statischen Druckbelastungen ist der dreidimensionale Spannungszustand am Delaminationsrand kritischer, weil die separierten Schichtpakete zum Ausbeulen tendieren. Allerdings setzt auch hier ein mäßiges Anwachsen der Delamination erst bei Erreichen von etwa 90 % der Bruchlast ein. Bild 14.8b zeigt C-Scans dieser Testreihe, die im Gegensatz zu den Zugtests keine Randdelaminationen aufweisen. Es ist selbstverständlich, daß solche Drucktests eine seitliche Abstützung erfordern, die ein Stabilitätsversagen des Laminats unterbindet, ohne das örtliche Beulen der delaminierten Schichten zu beeinträchtigen. Bild 14.8c bestätigt die oben gemachte Aussage über die geringen Auswirkungen von Delaminationen dieser Größenordnung bei Schwingbelastungen mit mittleren Spannungsamplituden selbst unter Zug/Druck-Belastung. Die C-Scans lassen erkennen, daß sich bei etwa 40 % der statischen Bruchlast die Umrisse der Delamination nur allmählich und geringfügig ändern, während Schäden anderer Art sichtbar werden, die kontinuierlich wachsen und letztlich das Versagen des Laminats auslösen.

Bei ausgedehnteren Delaminationen beobachtet man ein allmähliches Anwachsen in einer Richtung, die zwischen den Hauptachsen für die größten Steifigkeiten der angrenzenden Schichten liegt. Wenn die Delamination eine kritische Größe erreicht hat, beult das schwächere der benachbarten Schichtpakete aus, wonach sich das Wachstum der Delamination erheblich beschleunigt. Das Laminat versagt schließlich, wenn nach den Spannungsumlagerungen die Belastungen von den verbleibenden Schichtpaketen nicht mehr getragen werden können. Da die Tendenz zum Ausbeulen im wesentlichen von der Biege- und Koppelsteifigkeit der Sublaminate abhängt, sind Laminate mit oberflächennahen Delaminationen weniger belastbar als solche mit Delaminationen in ihrer Mittelfläche.

Eine exakte Analyse des Delaminationswachstums ist kaum durchführbar, weil die benachbarten Schichten häufig durch enge Folgen von Matrixrissen geschädigt sind. Die Homogenisierung dieser Schichten erlaubt eine angenäherte Berechnung des Delaminationsfortschritts mit bruchmechanischen Methoden. Die Voraussetzungen dafür sind die Bestimmung des dreidimensionalen Spannungszustandes an der Delaminationsfront und die Formulierung geeigneter Versagenskriterien, unter denen das Aufbrechen des Matrixharzes erfolgt. Die Spannungsanalyse muß das nicht-lineare Nachbeulverhalten der delaminierten Schichtenpakete einschließen und ist deshalb wohl nur mit einer Finite-Element-Methode möglich. Bei der Wahl der dafür erforderlichen physikalisch/mathematischen Modelle bieten sich mehrere Optionen an:

- hochaufgelöste dreidimensionale Modelle, in denen jede Einzelschicht in Volumenelemente unterteilt wird,

- Platten- oder Schalenmodelle, in denen mehrere Einzelschichten zusammengefaßt und als homogene Elemente mit anisotropen Eigenschaften betrachtet werden,
- Balkenmodelle, in denen Platten oder Schalen als zweidimensionale Trägerroste mit äquivalenten Eigenschaften aufgefaßt werden oder
- Kombinationen dieser Modelle nach Maßgabe der von Ort zu Ort unterschiedlichen Genauigkeitsanforderungen.

Mit Hilfe solcher Modelle können mit ausreichender Genauigkeit Energiefreisetzungsraten zur Formulierung von Versagenskriterien errechnet werden. Wenn die theoretische Lösung für die Singularität an der Rißspitze bekannt ist, lassen sich über die Energiefreisetzungsraten auch die Spannungsintensitätsfaktoren ermitteln.

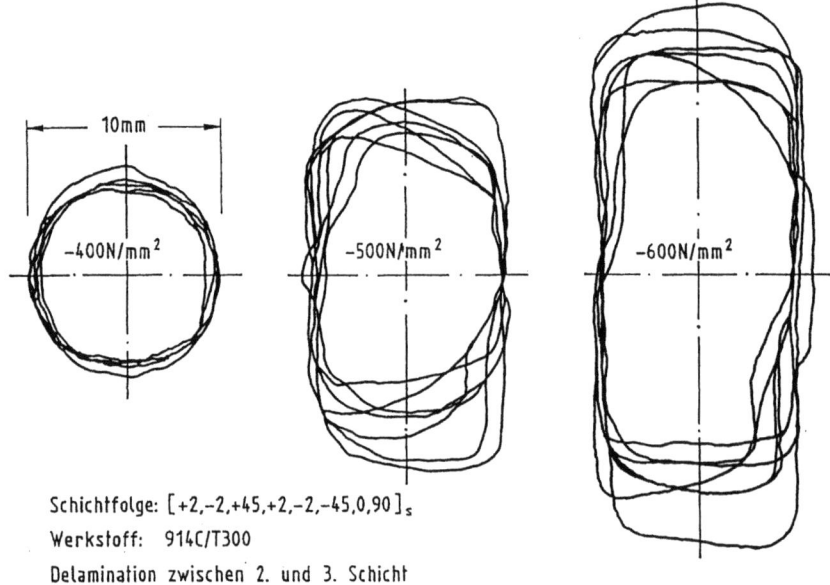

Bild 14.9. Wachstum einer exzentrisch gelegenen Delamination unter Druckbelastung

Die kritischen Spannungsintensitätsfaktoren oder kritischen Energiefreisetzungsraten sind als Werkstoffparameter nur experimentell bestimmbar. Für die Tests wurden [+2°,-2°,+45°,+2°,-2°,-45°,0°,90°]$_s$-Laminate mit 10 mm großen Delaminationen zwischen der zweiten und dritten

Schicht gewählt. Die Wahl der ±2°-Winkelrichtungen ergab sich aus dem Bemühen, ein Aufbrechen der Außenschichten an den Rändern der Delamination zu vermeiden. Bild 14.9 zeigt die Überlagerung des Delaminationswachstums in sechs identisch vorbereiteten Probestäben [14.8].

Das Bestreben geht dahin, mit Hilfe solcher Testergebnisse kritische Energiefreisetzungsraten zu bestimmen und mit deren Kenntnis ein Versagenskriterium für den Delaminationsfortschritt zu entwickeln, das die Form

$$F(G, G_i; G_c, G_{ic}) = 1, \quad (i = I, II, III)$$

haben könnte, worin G und G_i Energiefreisetzungsraten und G_c und G_{ic} kritische Energiefreisetzungsraten sind.

14.1.3 Randdelaminationen

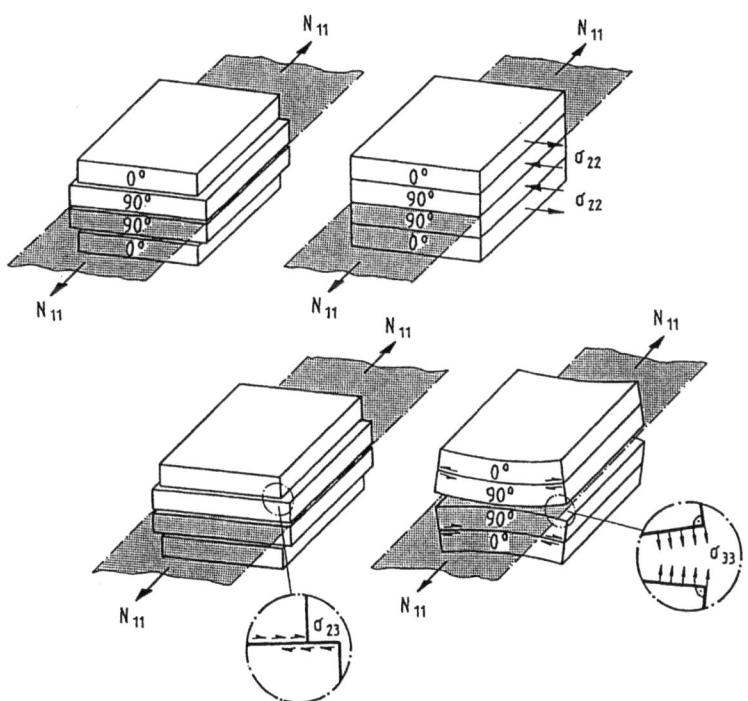

Bild 14.10. Ursache der Randdelaminationen

Eine in ihren Auswirkungen den innen liegenden Delaminationen ähnliche, aber auf eine völlig andere Art verursachte Kategorie von Delaminationen sind die an freien Rändern multidirektionaler Laminate auftretenden Randdelaminationen. Sie finden sich auch in fehlerfrei gefertigten Laminaten an seitlichen Begrenzungen von Platten, Schalen, Gurten, Ausschnitten, Bohrungen usw. Das Aufspalten des Laminats in einer oder in mehreren Ebenen kommt durch die unterschiedlichen Querkontraktionen der Einzelschichten zustande, die bereits durch den Aushärtungsprozeß eingeleitet und durch mechanische Belastungen verstärkt werden. Während in den inneren Zonen des Laminats die unterschiedlichen Thermaldehnungen durch Normalspannungen in der Ebene der Schichten unterdrückt werden, kann das an einem freien Rand nur durch interlaminare Schubspannungen erfolgen, die ihrerseits wiederum zu Normalspannungen senkrecht zu den Schichtebenen führen. Dieser Zusammenhang - beschränkt auf mechanische Effekte - ist in Bild 14.10 für den einfachen Fall eines [$0°$, $90°_2$, $0°$]-Laminats dargestellt. Da solche Delaminationen stets zur Minderung der statischen und der Ermüdungsfestigkeit der betroffenen Bauteile führen, ist die Verhinderung ihres Auftretens, beziehungsweise das Minimieren ihres Einflusses wichtig.

Versuche zur exakten Berechnung des dreidimensionalen Spannungszustandes an freien Laminaträndern sind bisher erfolglos verlaufen. Näherungslösungen mit finiten Elementen zeigen, daß die Spannungsverteilung in hohem Maße vom Schichtenaufbau des Laminats abhängig ist. Nach Bild 14.11 ergeben sich bei zugbelasteten quasi-isotropen Laminaten mit der Schichtenfolge [$0°,-45°,+45°,90°$]$_s$ sehr hohe Normalzugspannungen in der Mittelfläche des Laminats, die bei Änderung der Schichtenfolge in [$90°,+45°,-45°,0°$]$_s$ ihre Intensität und und zum Teil sogar ihre Richtung wechseln. Die Maxima der interlaminaren Schubspannungen bleiben von dieser Änderung im wesentlichen unberührt. Aus dem Bild geht auch hervor, daß sich bei Druckbelastungen die Verhältnisse umkehren, so daß bei Wechselbelastung mit einem Spannungsverhältnis von $R = -1$ aus der Änderung der Schichtenfolge, der auch aus anderen Erwägungen Grenzen gesetzt sind, kein Vorteil erwächst.

Eine andere Art der Unterdrückung der Delaminationsbildung besteht darin, die freien Ränder zu verstärken. Die Verstärkung kann zum Beispiel durch Vernähen erfolgen oder durch aufgeklebte Überlappungen. Die Erfahrung zeigt, daß hochbelastete schlanke Probestäbe ohne Verstärkung fast über ihre gesamte Breite delaminieren und daß

Verstärkungen zwar das Ausmaß der Randdelaminationen reduzieren, sie aber nicht gänzlich zu unterdrücken vermögen.

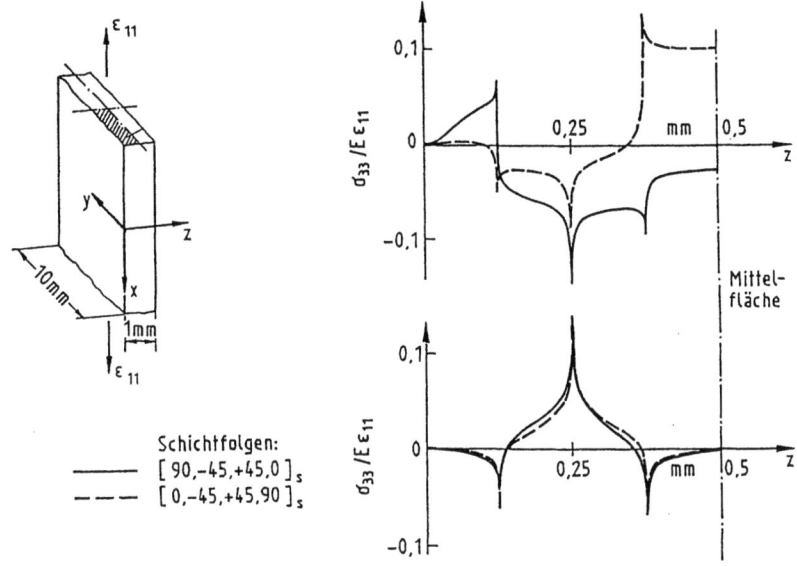

Bild 14.11. Einfluß der Schichtenfolge auf die Spannungsverteilung am freien Rand

Für Probestäbe bestimmter Art bietet sich statt der Verstärkungen die Wahl einer ausreichenden Breite an. Dabei wird vor allem bei kurzen Testfeldern das Anwachsen der Randdelaminationen durch die starren Einspannungen so stabilisiert, daß das Laminat im Interessenbereich der Untersuchung ungestört bleibt.

14.2 Schadensentwicklung in ungekerbten Laminaten

Im Zusammenhang mit Schadenstoleranzvorschriften ist das Verhalten von Verbundbauteilen unter zyklischer Belastung von besonderem Interesse. Für die Beurteilung der Schadensauswirkungen ist ein Verständnis der Versagensformen ursprünglich fehlerfreier und ungestörter Laminate unter Schwingbelastung zur Schaffung einer Vergleichsbasis wichtig.

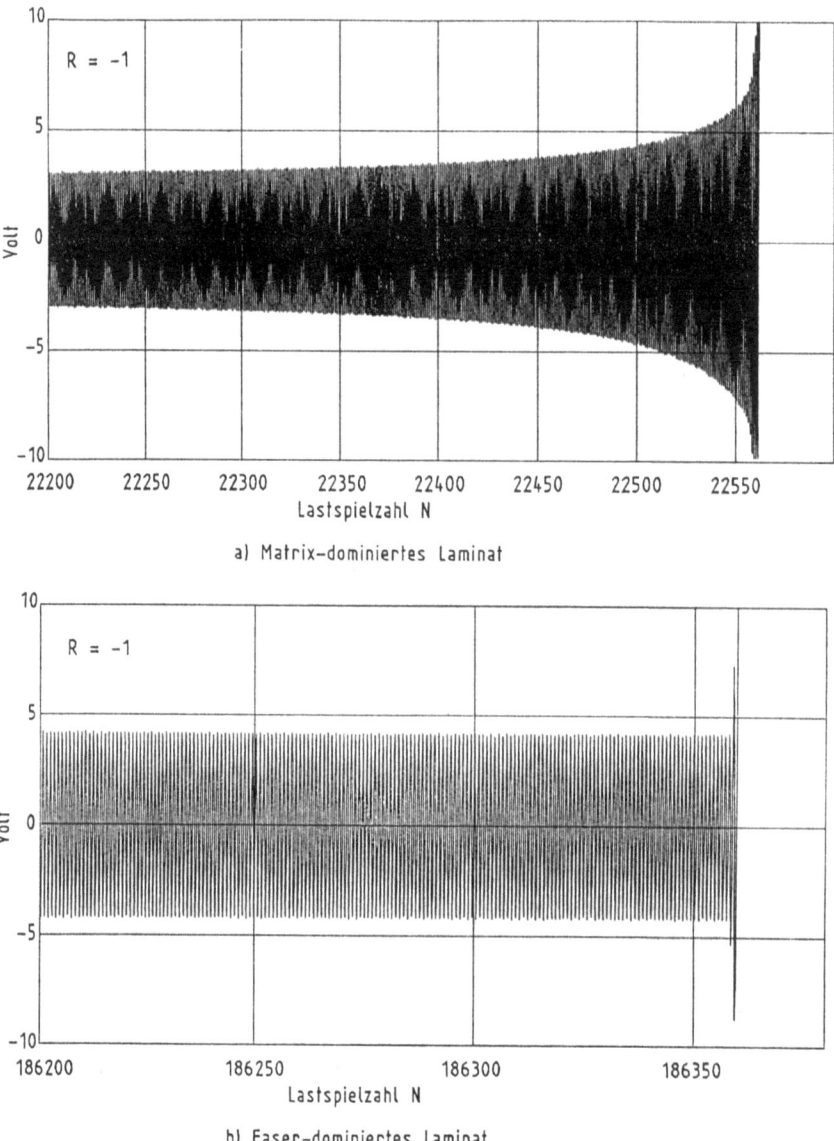

Bild 14.12. Steifigkeitsänderungen am Ende der Lebensdauer von 914C/T300-Laminaten

Eine Bewertung der sich akkumulierenden Ermüdungsschäden läßt sich in einigen Fällen aus den Steifigkeitsänderungen von Probestäben unter steigenden Lastspielzahlen bestimmen. Entsprechende Beobachtungen zeigen, daß das Dehnungsverhalten multidirektionaler Laminate von ihrem Schichtenaufbau abhängt. In Winkellaminaten, die ein extremer Fall matrix-dominierter Aufbauten sind, verhalten sich die Fasern wie Gelenkvierecke, die durch die auf Druck oder Zug belastete Matrix diagonal abgestützt werden. Die allmähliche Zerrüttung des Harzes zeigt sich in Form deutlicher und am Lebensende der Probe exponentiell ansteigender Dehnungsänderungen, wie es aus Bild 14.12a für ein ±45°-Laminat hervorgeht. Bei faser-dominierten Laminataufbauten, in denen der Anteil der 0°-Schichten im Laminat überwiegt, entstehen nach der Zerrüttung der Matrix plötzlich große Delaminationen, deren Ausbeulen ohne vorhergehende Dehnungsänderungen zum Versagen führt. Diese Art von Versagen wird im amerikanischen Sprachgebrauch mit "sudden death" bezeichnet und ist in Bild 14.12b illustriert. Allerdings geht dem vorletzten oder letzten Drucklastspiel eine geringe Abweichung von dem sonst gleichmäßigen Dehnungsverhalten voraus, das in Bild 14.13 erkennbar ist. Solche Abweichungen können meßtechnisch erfaßt und als Signal für die Zurücknahme der Belastung vor dem Versagen des Laminats genutzt werden. Damit ist es möglich, Einsicht in den Schadenszustand unmittelbar vor dem Ermüdungsbruch zu gewinnen.

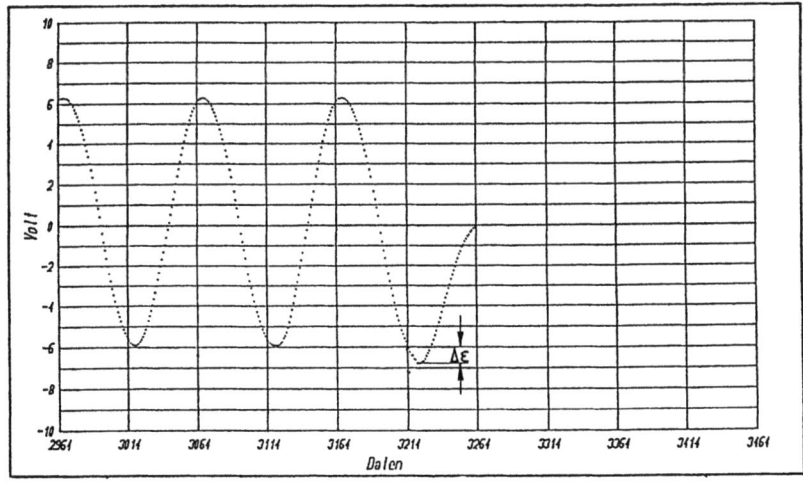

Bild 14.13. Dehnungsabweichung unmittelbar vor dem Bruch

14.3 Schadensentwicklung in gekerbten UD-Laminaten

Ein guter Ausgangspunkt für die Entwicklung schadensmechanischer Zusammenhänge ist die Untersuchung unidirektionaler Laminate mit innen oder außen liegenden Kerben unter statischer Belastung. Die Rißentwicklung in solchen Laminaten hat Ähnlichkeit mit der von Matrixrissen und ist phänomenologisch seit langem bekannt [14.9].

In gekerbten 0°-Laminaten kann die Entstehung von zwei Rissen an jedem der Kerbgründe beobachtet werden, die gemäß Bild 14.14 parallel zu den Fasern im Matrixwerkstoff verlaufen. Der Rißfortschritt wird sowohl durch das kohäsive Versagen der Matrix als auch durch adhäsives Versagen an den Faser/Matrix-Grenzflächen beeinflußt. Es ist möglich, daß fehlorientierte Fasern den Riß überbrücken und bei ihrem Bruch unstetige Rißfortschritte erzeugen. Zahlreiche Beobachtungen erlauben jedoch die Annahme eines makroskopisch homogenen Materialverhaltens, das eine bruchmechanische Behandlung zuläßt.

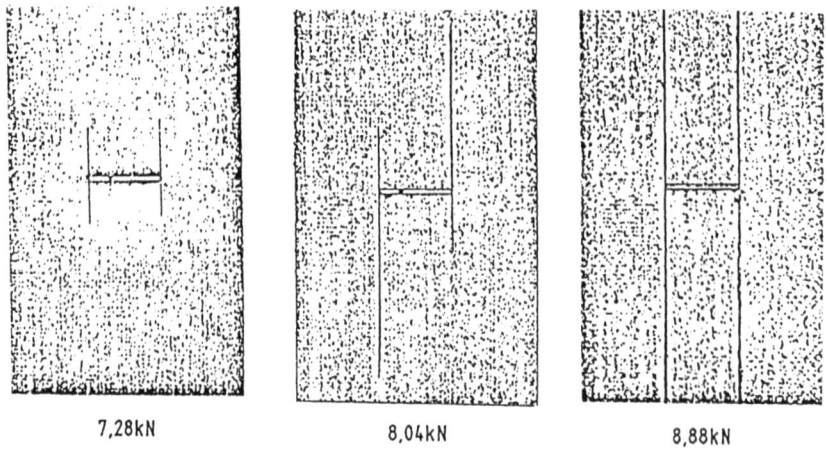

Bild 14.14. Rißentwicklung am Kerbgrund eines UD-Laminats

Auf dieser Basis lassen sich auf mathematischem Wege Spannungsintensitätsfaktoren ermitteln [14.10]. Natürlich sind solche Ableitungen auf Grund der bestehenden funktionalen Zusammenhänge auch über Energiefreisetzungsraten möglich. Aus einer Zusammenfassung der experimentell ermittelten kritischen Spannungsintensitätsfaktoren ist erkennbar, daß K_{Ic} und K_{IIc} von der Rißlänge fast unabhängig sind, und daß der Rißfortschritt überwiegend von K_{Ic} und nur geringfügig von K_{IIc} abhängt. Als Bruchmodell hat sich die Formulierung

$$\frac{K_I}{K_{Ic}} + \frac{K_{II}}{K_{IIc}} = 1$$

als erfolgreich erwiesen [14.9].

Es ist zu erwarten, daß sich bei Änderung des Laminataufbaus von $[0_8]$ in $[\pm \alpha]_{2s}$ der Rißfortschritt auch bei kleinen Winkeln α erheblich verzögert. In der Tat steigt bei $\alpha = \pm 2°$ die Rißzähigkeit um den Faktor 2,5 an, ohne daß sich damit ein merkbarer Festigkeits- oder Steifigkeitsverlust verbindet.

Die Bedeutung der vorgehenden Untersuchungen liegt in der Erkenntnis, daß der zu den Fasern parallele Rißfortschritt mit analytisch/experimentellen Mitteln beschrieben werden kann. Mit solchen Ansätzen müßte auch das flächenförmige Anwachsen von Delaminationen erfaßbar sein, das nach ähnlichen Stoffgesetzen zwischen benachbarten Schichten des Laminats verläuft.

14.4 Schadensentwicklung in gekerbten MD-Laminaten

Die Versagensmechanismen in multidirektionalen Laminaten unterscheiden sich drastisch von denen in unidirektionalen Laminaten. Die Schadensentwicklung hängt hier nicht allein von den Materialeigenschaften, sondern vor allem auch vom Aufbau des Laminats ab.

In multidirektionalen Laminaten mit innen oder außen liegenden Kerben entwickeln sich am Kerbgrund bei steigenden statischen Belastungen zunächst Risse in den Faserrichtungen der 0°- und 90°-Schichten und schließlich auch in allen anderen Schichten des Laminats. Die Länge dieser Risse ist begrenzt, weil ihr Anwachsen durch die Gegenwart benachbarter Schichten mit unterschiedlichen Faserrichtungen behindert wird. Bei genügend hohen Belastungsniveaus lösen sich in der Nähe des Kerbgrundes die Einzelschichten voneinander und bilden Delamina-

Delaminationen von zunächst begrenztem Ausmaß. Der Bereich der Risse und Delaminationen wird mit Schadenszone (damage zone) bezeichnet. Bild 14.15 illustriert den Schadensfortschritt bei ansteigender Zugbelastung in einem $[0°_2, +45°, 0°_2, -45°, 0°, 90°]_s$-Laminat.

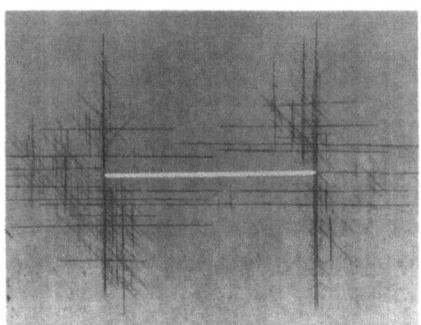 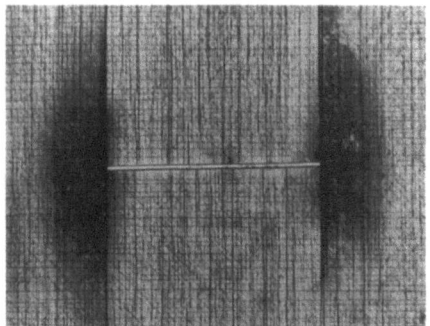

Bild 14.15. Schadensentwicklung in MD-Laminaten

Testergebnisse belegen, daß der Bruchverlauf in multidirektionalen Laminaten durch die Freisetzung hoher Bruchenergien in der Schadenszone verzögert wird, und daß die Restfestigkeit gekerbter Laminate selbst bei massiven Schäden noch hoch ist. Wärend des Belastungsvorgangs durchgeführte Kerböffnungsmessungen lassen mehrere markante Phasen erkennen:

- ein kontinuierliches Anwachsen der Kerböffnung bis zur Grenze der Linearität;
- eine geringe Unstetigkeit der Meßwerte bei der Bildung der ersten Matrixrisse;
- eine größere Unstetigkeit, die sich wahrscheinlich mit dem Auftreten von Delaminationen am Kerbgrund verbindet;
- ein Maximalwert der Kerböffnung beim Bruch des Laminats.

Die sich mit diesen Phasen verbindenden Durchschnittsspannungen der Nettoquerschnitte sind in Bild 14.16 aufgetragen. Die Versuche zeigen, daß die Spannungsniveaus bei unterschiedlichen Kerblängen 2a/W nur geringe Abweichungen aufweisen und daß vergleichbare Ergebnisse bei Probestäben mit innen und außen liegenden Kerben auftreten [14.11].

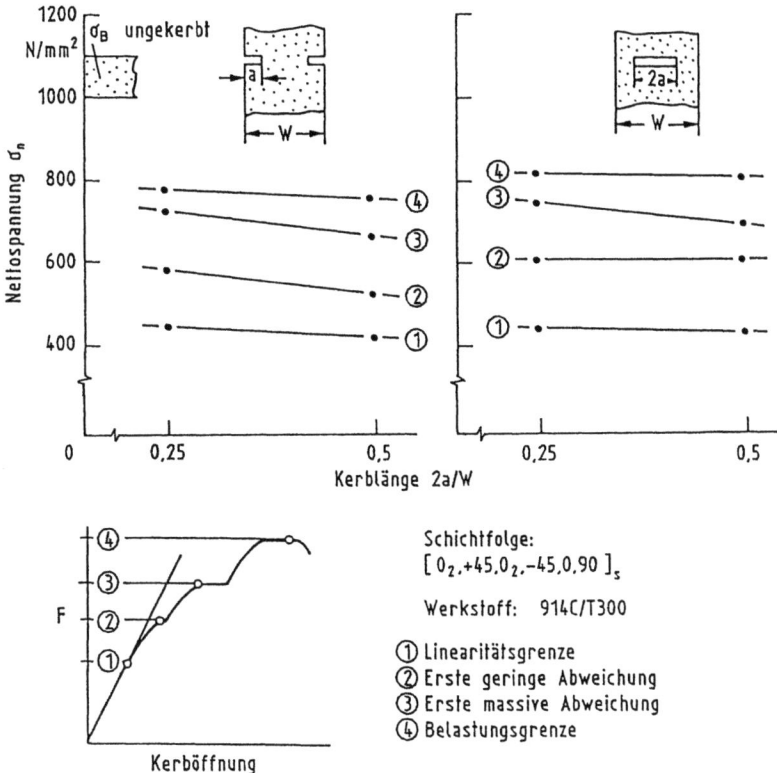

Bild 14.16. Kerbempfindlichkeit von MD-Laminaten

Diese Ergebnisse werden mit dem Vorbehalt vorgelegt, daß die Komplexität des Versagensvorganges eine analytische Behandlung auf deterministischer Basis ausschließt. Der gegenwärtige Notbehelf mit von der klassischen Bruchmechanik abgeleiteten Bruchmodellen ist zwar gangbar, aber im Grunde doch unbefriedigend, so daß sich der Forschung hier ein weites Feld öffnet.

Untersuchungen an multidirektionalen Laminaten mit Bohrungen machen gleichermaßen deutlich, daß auch die Größe des Bohrungsdurchmessers nur einen relativ geringen Einfluß auf die statische Festigkeit, Schwingfestigkeit und Restfestigkeit nach vorausgegangener Schwingbelastung hat [14.12].

15 Konstruktionsprozeß

Das Wort Konstruktion hat eine doppelte Bedeutung. Man versteht darunter einerseits das Endprodukt einer schöpferischen Tätigkeit, andererseits aber auch den Prozeß des Konstruierens, das heißt, die Synthese eines zweckdienlichen Ganzen aus einer Anzahl von Komponenten.

Der Konstruktionsprozeß ist ein evolutionärer Vorgang, der von einer Konzeptphase über Vorentwürfe zu einem Detailentwurf führt. Diese Aufteilung hat sich bewährt; sie ermöglicht es, kritische Entwurfsaspekte früh zu erkennen, sie zu vermeiden oder gebührend zu berücksichtigen.

Den im Konstruktionsauftrag festgelegten Anforderungen entsprechend, werden in der *Konzeptphase* unter Berücksichtigung der geometrischen Vorgaben, Belastungen und Umgebungseinflüsse erste Vorstellungen über die mögliche Gestalt der Struktur entwickelt. Einer der Kernpunkte ist die Werkstoffwahl, die wegen der großen Anzahl von Optionen bei Verbundbauweisen dem Konstruieren eine viel weitere Dimension gibt als bei Metallbauweisen. Die konzeptionellen Vorstellungen beinhalten auch Annäherungen an die Bauteilabmessungen und Gewichtsabschätzungen, sowie Untersuchungen, ob die funktionellen Anforderungen erfüllbar und eine kostengünstige Produktion möglich ist. Am Ende der Überlegungen steht ein Strukturkonzept.

Auf der Grundlage dieses Konzeptes beginnt in der *Vorentwurfsphase* die Entwicklung alternativer Konfigurationen und deren qualitativer und quantitativer Vergleich. Einbezogen darin sind Variationen des Produktionsablaufs, der Lösbarkeitsnachweis technischer Probleme durch Tests an einfachen Modellen und der Nachweis, daß die Entwurfsanforderungen erfüllbar sind. Die Vorentwurfsphase schließt

auch ein Verständnis des Einflusses der untersuchten Parameter auf das
Gewicht, die Kosten und die Funktionstüchtigkeit der Struktur ein. Der
Übergang vom Konzept zum Vorentwurf ist iterativ und interdisziplinär
und erfordert die Einbindung von Werkstoff- und Fertigungsfachleuten.
Das Resultat der Vorentwurfsphase ist *eine* Konfiguration mit vorläufiger Werkstoffwahl für eine reasilierbare Bauteilgestaltung.

Die sich anschließende *Detailentwurfsphase* erstreckt sich auf die genaue Bemessung aller Komponenten einschließlich ihrer Verbindungen
und Krafteinleitungen. Sie verlangt außerdem präzise Spannungs- und
Verformungsanalysen und ein lückenloses Verständnis der Systemzusammenhänge. Der Detailentwurf wird unterstützt durch Tests kritischer
Komponenten mit realistischen Abmessungen. Zu diesem Zeitpunkt
müssen auch endgültige Aussagen über Funktionsfähigkeit, Gewicht und
Kosten vorliegen. Abhängig von dem Ausmaß der Verwendung neuartiger Entwurfs- und Fertigungskonzepte können experimentelle Bestätigungen der analytischen Aussagen und Verifikationen der Durchführbarkeit der Fertigung angebracht sein, um das Vertrauen in den Entwurf
zu erhöhen.

Die Vorgehensweise bei der Konstruktion eines Bauteils läßt sich an
Hand des Blockdiagramms in Bild 15.1 verfolgen. Für die Belange der
Luft- und Raumfahrt ist dieser Ablauf typisch; bei weniger anspruchsvollen Anwendungen sind Abweichungen oder Vereinfachungen natürlich möglich. Die wichtigsten Elemente des Konstruktionsprozesses
werden in den folgenden Abschnitten erörtert.

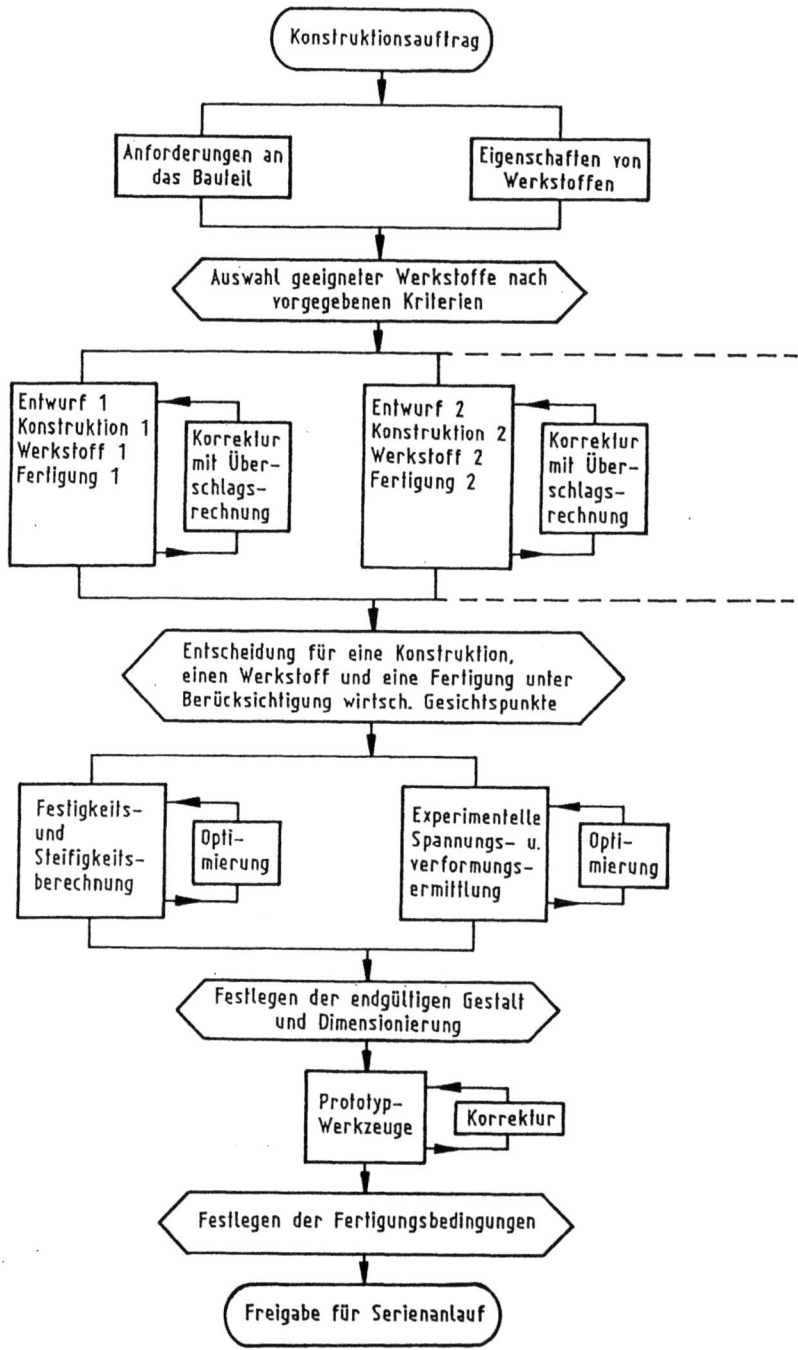

Bild 15.1. Ablauf der Bauteilkonstruktion

15.1 Anforderungen

Die Gestaltung einer Struktur ist abhängig von den Aufgaben, die sie zu erfüllen hat. Sie unterliegt Anforderungen, die in Form von Zielvorstellungen und einschränkenden Bedingungen festgelegt werden. Diese können sich sowohl auf mechanische Vorgaben wie Festigkeit, Steifigkeit, Stabilität oder Lebensdauer, als auch auf chemisch/physikalische Vorgaben wie Korrosion, Isolation oder Leitfähigkeit beziehen. Für Maschinen gelten andere Anforderungen als für Gebäude, für die Schiffstechnik andere als für die Luft- und Raumfahrt, für konventionelle Metallbauweisen andere als für Verbundbauweisen.

In der Regel stehen mehrere der Zielvorstellungen miteinander im Konflikt, beispielsweise die gleichzeitige Forderung nach hoher Qualität und geringen Kosten. Eine gute Konstruktion wird eine möglichst optimale Kompromißlösung darstellen. Dabei entzieht sich der Begriff der "optimalen Lösung" einer objektiven Beurteilung. Im Gegensatz zu wissenschaftlichen Problemstellungen, die normalerweise zu eindeutigen Aussagen führen, kann eine Konstruktion nur durch den subjektiven Vergleich mehrerer Alternativen bewertet werden. Hinzu tritt, daß eine heute als "gut" erkannte Konstruktion morgen bereits als "schlecht" gelten kann, wenn neue wissenschaftliche oder technologische Erkenntnisse, beziehungsweise neue gesellschaftliche, ökonomische oder ökologische Entwicklungen andere Wertvorstellungen erzwingen.

15.2 Konzepte

Das Ziel, eine vorgegebene Belastung aufzunehmen, kann mit einer großen Anzahl struktureller Konfigurationen erfüllt werden. Die konzeptionell einfachsten Strukturkomponenten sind Zug- und Druckstäbe, die zu zwei- oder dreidimensionalen Fachwerken verbunden werden können. Konstruktiv komplizierter als Fachwerke sind einfach oder doppelt gekrümmte Schalen. Der Unterschied zwischen Fachwerken und Schalen wird häufig dadurch verwischt, daß Fachwerke mit Verkleidungen versehen werden, die sie wie Schalen aussehen lassen, aber nicht deren strukturelle Funktion ausüben.

In der Hierarchie der Strukturen werden Schalentragwerke im Vergleich mit Fachwerken häufig als fortschrittlicher angesehen, obwohl es dafür keine objektive Rechtfertigung gibt. Für die Aufnahme von Drucklasten ist ein dreidimensionales Fachwerk in bezug auf Gewicht und Kosten einer Schalenstruktur fast immer überlegen. Bei Zugbeanspruchung hingegen kann dieser Vorzug durch die schwierigeren Verbindungsprobleme in Frage gestellt werden. Schalenstrukturen zeichnen sich andererseits durch höhere Belastbarkeit im Schub- und Torsionsbereich aus.

In diesem Zusammenhang ist der Übergang von den leichten stoffbespannten Stabbauweisen der ersten Flugzeuge auf metallische Schalenstrukturen folgerichtig, als kritischere Belastungen und Geschwindigkeiten höhere Torsionsfestigkeit und -steifigkeit verlangten. Ebenso folgerichtig ist der neuzeitliche Vorzug verkleideter Stabkonstruktionen für weniger belastete Drachensegler. Auch die Auslegung superleichter Raumplattformen als reine Stabstrukturen ist ein Zeugnis für den bleibenden Wert konzeptionell einfacher Bauweisen [15.1].

Zwischen den Extremen reiner Stab- und reiner Schalenstrukturen liegt eine große Anzahl von Variationsmöglichkeiten. Im modernen Leichtbau haben sich im wesentlichen drei unterschiedliche Auslegungskonzepte herausgebildet:

- Fachwerkstrukturen mit dünnen Beplankungen, in denen alle Lasten von den Fachwerkelementen aufgenommen werden und die Beplankungen nur Verkleidungen darstellen,
- Fachwerkstrukturen mit Beplankungen, in denen die Fachwerkelemente die Normalkräfte und die Beplankungen die Schubkräfte aufnehmen, und
- Schalenstrukturen, in denen versteifte oder unversteifte Schalenelemente sowohl Normal- als auch Schubkräfte abtragen.

In der Praxis sind Kombinationen aller drei Konzepte üblich, die aber als solche unterscheidbar bleiben.

Größere Bauteile bestehen in der Regel aus einer Reihe von Komponenten, die verschiedenartige Aufgaben wahrnehmen. Beispielsweise werden in Fluggeräten die Beplankungen vorwiegend durch Membrankräfte belastet, die Stege von Rippen, Holmen oder Rahmen durch Schubkräfte und deren Gurte durch Normalkräfte. In bezug auf den Zusammenbau solcher Komponenten lassen sich zwei Kategorien erkennen:

- Differentialbauweisen, in denen vorgefertigte Komponenten nachträglich durch lösbare oder unlösbare Verbindungen zusammengebaut werden,
- Integralbauweisen, in denen mehrere Baugruppen in einem Produktionsschritt, das heißt, ohne nachträgliche Verbindungen hergestellt werden.

Bei komplexen Strukturen ist der Einsatz beider Bauweisen möglich und meist auch erforderlich.

15.3 Werkstoffwahl

Verstärkungsfasern und Matrixharze sind kommerziell in großer Anzahl erhältlich. Die Entscheidung, mit welchen Fasern und mit welchen Harzsystemen eine Verbundstruktur hergestellt werden soll, hängt neben den spezifischen Eigenarten der Halbzeuge von den verfügbaren Fertigungsmöglichkeiten und natürlich von den Entwurfsanforderungen ab. Sie wird darüberhinaus von technologischen und kommerziellen Erwägungen beeinflußt.

Abgesehen von mechanischen, thermischen und chemischen Anforderungen müssen auch die Verfügbarkeit und gleichförmige Qualität der Verstärkungsfasern, Matrixharze und Additive sowie günstige Lagerungs- und Langzeiteigenschaften berücksichtigt werden. Die Werkstoffwahl wird ferner beeinflußt durch Verarbeitungsparameter, wobei die Art und Kapazität verfügbarer Fertigungsmittel, Handhabungsprobleme, mögliche Fertigungsschwierigkeiten, Produktionsraten, konsistente Bauteilqualität und ähnliches maßgeblich sind. Schließlich muß Wert auf Funktionstüchtigkeit und Betriebssicherheit bei möglichst geringen Gesamtkosten und niedrigem Gewicht gelegt werden.

Die Werkstoffwahl kann durch die Aufstellung von Kriterien unterstützt werden, gegenüber denen die konkurrierenden Werkstoffe mit Bewertungszahlen belegt werden. Die Kriterien sind von Anwendungsfall zu Anwendungsfall verschieden, denn die Automobilindustrie wird die Kostenfrage anders wichten als die Flugzeugindustrie, und die Frage der Umwelteinflüsse ist bei Raumfahrtanwendungen bedeutsamer als bei Sportartikeln. Solche Unterschiede können durch die Einführung von Wichtungsfaktoren Berücksichtigung finden, mit denen die Bewertungszahlen multipliziert werden. Der Vergleich der Produktsummen für die verschiedenen Werkstoffe erleichtert die endgültige Entscheidung.

Die Vorgehensweise bei der Auswahl von Matrixharzen für eine Raumfahrtanwendung ist in Bild 15.2 dargestellt. Die fünf in diesem Fall als wesentlich betrachteten Kriterien umfassen ausgesuchte Werkstoffkennwerte (Temperaturbeständigkeit, Restfestigkeit), Fertigungstechnik (Ablage und Aushärtung, Abweichungstoleranz), Beschaffungsaspekte (Qualität, Lieferbarkeit, Ersatzmöglichkeit), Anwendbarkeit vorhandener Fertigungsmittel (Autoklaven, Pressen, Öfen), und Gesundheitsrisiken (Gerüche, Hautirritationen). Die Wichtung dieser Kriterien geht aus der zweiten Spalte der Matrix hervor. Die Aufsummierung der Bewertungen in der letzten Zeile ergibt eine Rangordnung der vier untersuchten Matrixharze.

Kriterium	P %	N 5250-2	SX 5564-1	LaRC 160	PMR 15 T
Werkstoff-kennwerte	35	8 / 280	5 / 175	10 / 350	10 / 350
Fertigungsaspekte	35	10 / 350	8 / 280	8 / 280	6 / 210
Beschaffung	20	7 / 140	8 / 160	9 / 180	10 / 200
Anforderung an Fertigungsanlagen	5	10 / 50	10 / 50	8 / 40	8 / 40
Gesundheits-risiken	5	10 / 50	10 / 50	8 / 40	6 / 30
Gesamtpunktzahl		870	715	890	830

Quelle: ESA

Bild 15.2. Kriterien für die Werkstoffwahl

15.4 Strukturberechnung und Dimensionierung

Der Entwurf von Verbundstrukturen muß von Strukturberechnungen begleitet werden, die verschiedene Ziele haben

- die Erfassung der Kraftflüsse und die Gesamtverformung der Struktur,
- die Dimensionierung der Strukturkomponenten,

- detaillierte Untersuchungen von Spannungsverteilungen und
- die Unterstützung der Strukturoptimierung.

Alle Berechnungen setzen die Substitution der realen Struktur durch physikalisch/mathematische Modelle voraus, deren Komplexität sich von groben Annäherungen der Gesamtstruktur über vereinfachte Formen auf Komponentenebene bis zu detaillierten Darstellungen der Struktur durch homogenisierte, orthotrope Elemente erstrecken kann. Mit wenigen Ausnahmen werden solche Berechnungen mit finiten Elementen durchgeführt, wobei die Genauigkeitsgrade den gegebenen Erfordernissen angepaßt werden. Für die Erfassung der Spannungsverteilung in den Einzelschichten eines Laminats ist eine weitere Verfeinerung der Modelle notwendig, die sich bis auf die Interaktion von Fasern und Harz auf mikromechanischer Ebene erstrecken kann (Bild 15.3).

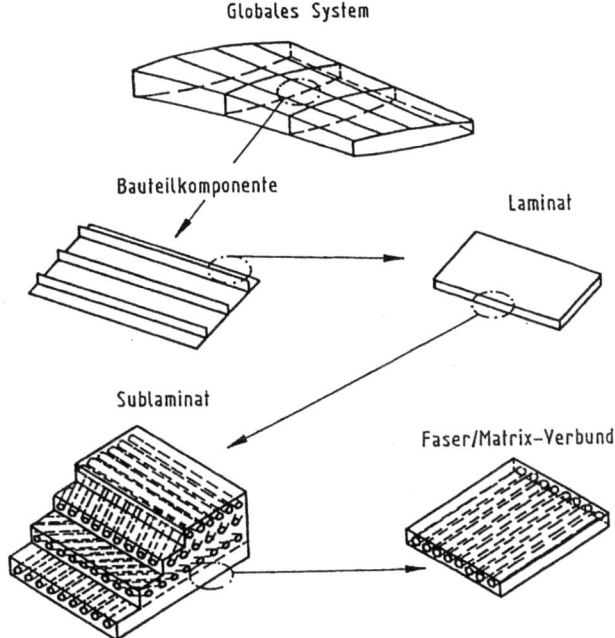

Bild 15.3. Auflösungsgrad der Modellierung

Die Berechnung beginnt mit einer Näherungslösung der Kraftflüsse und Verformungszustände zur Unterstützung der Plazierung von Verbindungen und Verstärkungselementen, zur Erkenntnis des dynamischen oder thermalen Verhaltens, zur Verifizierung von Systemzusammenhängen und ähnlichem. Unter Umständen zeichnet sich schon hier ein Zwang zur Änderung des Werkstoffs, der Strukturgeometrie oder des ganzen Strukturkonzeptes ab.

Die darauffolgende Dimensionierung von Strukturkomponenten beginnt auf der Laminatebene und basiert auf präziseren Kraftflüssen aus einem detaillierten globalen Modell. Das Kernproblem dabei ist die Festlegung der Laminataufbauten in bezug auf die Anzahl der Schichten und deren Faserrichtungen. Versteifungen können notwendig werden, wenn hochfeste, aber dünne Laminate zur Instabilität neigen. Nach der Dimensionierung der Bauteilkomponenten ist eine Überprüfung der Kraftflüsse angebracht, wenn Änderungen der ursprünglichen Auslegung die Steifigkeitsverteilung des globalen Modells verändern.

Detaillierte Spannungsberechnungen sind notwendig an allen Unstetigkeitsstellen der Struktur, wo auf Grund von Bohrungen, Ausschnitten, Verbindungen, lokalen Erhitzungen usw. Spannungsüberhöhungen auftreten.

15.5 Strukturoptimierung

Der Entwurf einer Struktur ist ein vielseitiger Vorgang, dessen Komplexität aus Bild 15.4 hervorgeht. Die einfach erscheinende Aufgabe, eine gewisse Entfernung mittels einer Struktur zu überbrücken, führt zunächst auf die Berücksichtigung der Entwurfsanforderungen, die geringe Kosten, niedriges Gewicht, lange Lebensdauer oder andere Vorgaben beinhalten mögen. Wenn bei Beachtung aller Umstände die Wahl des Brückentyps auf eine Rahmenbrücke anstatt einer Hängebrücke fällt, so folgt darauf die Frage nach der Art des Rahmensystems, das mehr als die drei gezeigten Varianten haben kann. Bei Festlegung auf ein Rahmensystem mit gelenkigen Knoten mag als nächstes die Topologie der Rahmen zu bestimmen sein, gefolgt von der Werkstoffwahl. Nach der endgültigen Fixierung der geometrischen Abmessungen der Rahmen kann dann die Dimensionierung der Rahmenelemente erfolgen.

Die Reihenfolge der Schritte ist nicht vorgeschrieben; es ist durchaus denkbar, daß die Werkstofffrage schon nach der Wahl des Brückentyps gestellt wird, oder daß dessen geometrische Abmessungen als erstes festgelegt werden. Stets aber wird jeder Schritt des Entwurfsprozesses von einer kritischen Bewertung einer Reihe alternativer Möglichkeiten begleitet sein. Natürlich ist auch denkbar, daß eine spät gewonnene Erkenntnis zur Wiederholung vorhergegangener Schritte mit veränderten Entscheidungen zwingt.

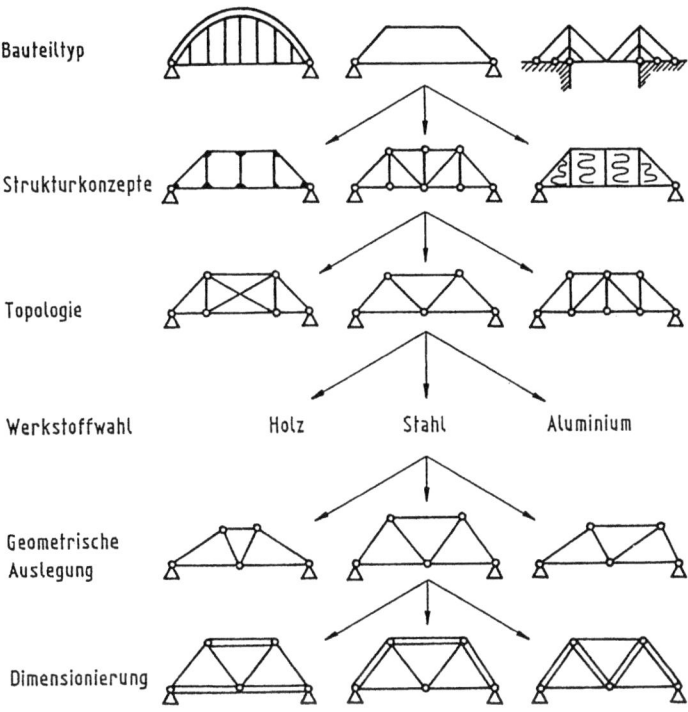

Bild 15.4. Optimierungsparameter

Der Entwurf einer Struktur ist also ein Informationsverarbeitungsprozeß mit den Anforderungen an das Produkt als Input und dem fertigen Entwurf des Produktes als Output. Dieses Ziel kann nur selten in einem einzigen Schritt erreicht werden. In der Regel wird ein erstes Modell erstellt und analysiert und das Ergebnis der Analyse mit den Entwurfsanforderungen verglichen. Erkennbare Diskrepanzen führen zu Modifikationen des Entwurfs mit erneutem Analysieren, Vergleichen und Modifizieren. Dieser Iterationsprozeß wird fortgesetzt, bis sich aus den Vergleichen keine Notwendigkeit für weitere Änderungen mehr ergibt, also das Optimum des Entwurfs erreicht ist.

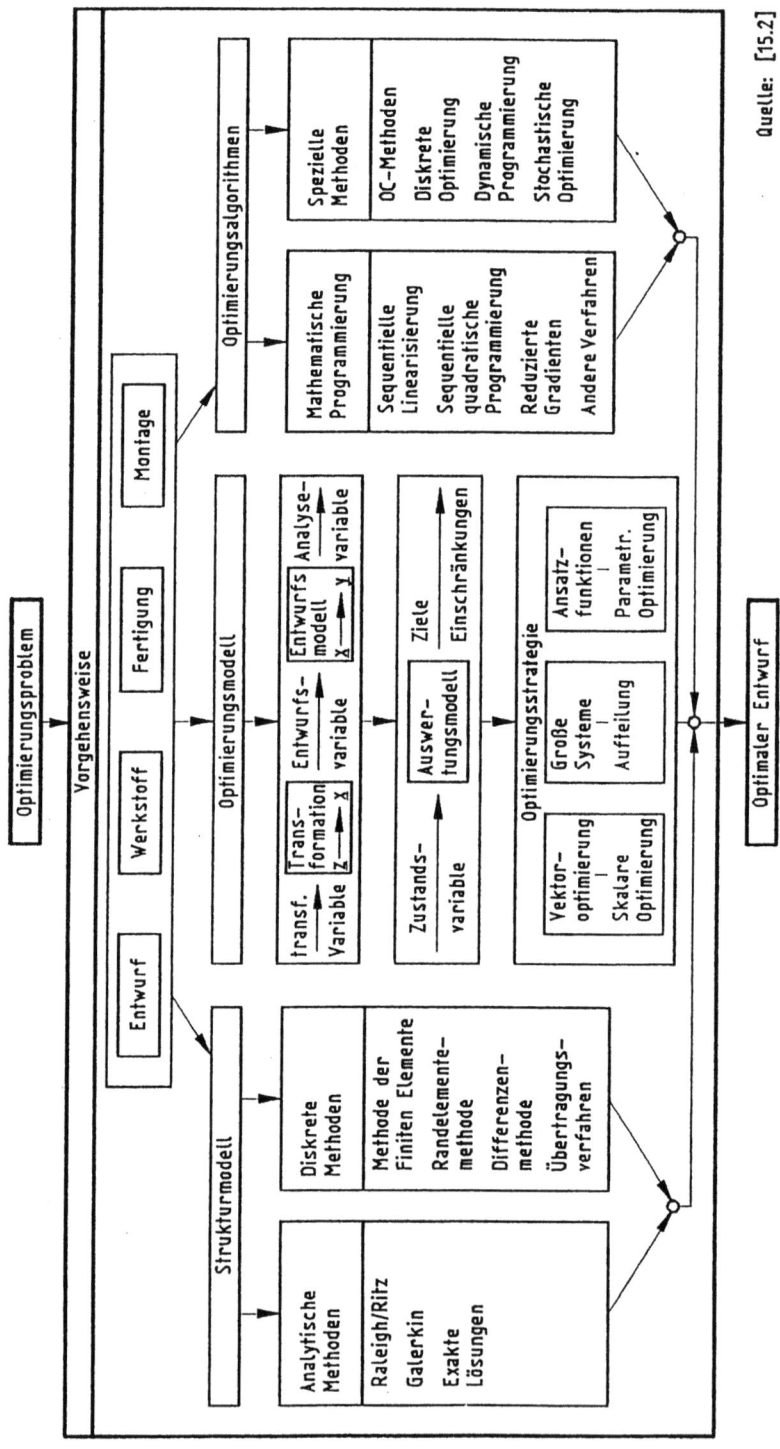

Bild 15.5. Konzept der Strukturoptimierung

Strukturoptimierung in diesem Sinne betreibt jeder gut arbeitende Konstrukteur, gestützt auf das bestehende technische Wissen und die Erfahrungen vieler Jahre. Auf diesem Wege sind für konventionelle Strukturen seit Jahrhunderten akzeptable Lösungen verwirklicht worden. Es ist auch vorstellbar, den gesamten Entwurfsablauf analytisch zu formulieren und eine direkte Lösung der mathematischen Zusammenhänge über die Differential- oder Variationsrechnung zu erreichen. Dieser an sich höchst attraktive Weg ist jedoch wegen der vielfach verflochtenen Zusammenhänge praktisch nur selten gangbar. Wohl aber ist es möglich, bei komplexen Entwurfsproblemen - und Verbundstrukturen neigen fast immer zur Komplexität - einen Teil der zeitaufwendigen Schritte des Entwurfsablaufs mit automatisierten Rechenverfahren durchzuführen. Zur Beschleunigung des rechnerischen Analysierens können spezielle Verfahren eingesetzt werden, die eine modifizierte Struktur unter Benutzung der Ergebnisse vorangegangener Analysen mit geringem Aufwand zu berechnen gestatten. Darüber hinaus kann das zielgerichtete, systematische Modifizieren auch mit Hilfe von Optimierungsstrategien und -verfahren unterstützt werden, deren Entwicklung weit fortgeschritten ist. Das in Bild 15.5 erkennbare Zusammenspiel von Optimierungsmodellen, Optimierungsalgorithmen und Analyseverfahren ist das, was in engerem Sinne unter Strukturoptimierung verstanden wird [15.2].

15.6 Optimierung des Laminataufbaus

Multidirektionale Laminate bestehen aus mehreren Schichten, die unterschiedlich angeordnet werden können, so daß der zielgerichtete Aufbau eines solchen Laminats bereits als Entwurfsproblem angesehen werden muß. Die Optimierung kann in der Weise erfolgen, daß die Eigenschaften einer Anzahl willkürlich eingeführter Modifikationen miteinander verglichen werden und der am geeignetsten erscheinende Laminataufbau ausgewählt wird. Dieses Vorgehen ist offensichtlich aufwendig und bietet zudem keine Gewähr für das Auffinden der tatsächlich besten Lösung. Alternativ kann der Entwurfsprozeß durch numerische Methoden beschleunigt werden, die gezielt zu einem optimalen Laminataufbau führen. In einer mathematischen Analogie entspricht der erste Weg einem Suchverfahren, das die Lösung der Gleichung $f(x) = 0$ durch eine größere Anzahl von Änderungen der Variablen x über einen gewissen Bereich annähert, während der optimierte Entwurfsprozeß einer Verkürzung des Lösungsweges durch die Anwendung der Newton'schen Methode entspricht.

Ein Laminataufbau mit den Faserrichtungen als Entwurfsparametern kann nach verschiedenen Zielvorstellungen optimiert werden, wobei hohe Festigkeit bei minimalem Gewicht in der Regel im Vordergrund steht. Zur Vereinfachung des Problems mag es zweckmäßig sein, die Anzahl der zulässigen Winkelrichtungen zu beschränken. Damit wird in Laminaten der Art $[0°_i, \pm 45°_j, 90°_k]_{ns}$ das Problem auf die Suche nach optimalen Kombinationen von i, j, und k reduziert.

Bei der Optimierung der *Zug- oder Druckfestigkeit* beginnt der Prozeß mit der Berechnung des Spannungszustands in einem vorgegebenen Laminataufbau. Aus dem Vergleich dieses Spannungszustands mit einem Versagenskriterium ergibt sich die Belastungsgrenze des Laminats. Bei systematischen Änderungen des Laminataufbaus führt dieses Vorgehen durch den Vergleich der Belastungsgrenzen zum angestrebten Ziel, wobei die Wirksamkeit des Vorgehens von der Art der Systematik abhängt.

Eine gebräuchliche Variante beginnt mit der Untersuchung einer UD-Schicht, deren Faserrichtung zwischen -90° und +90° inkrementell verändert wird. Bei einer vorgegebenen zweidimensionalen Belastung ergibt sich eine optimale Faserrichtung α_1. Die nächste UD-Schicht wird - unter Beibehalt des Faserwinkels der ersten Schicht - ebenfalls zwischen -90° und +90° inkrementell rotiert, woraus sich die maximale Festigkeit des Verbundes $[\alpha_1, \alpha_2]$ ableiten läßt. Um sich dem Optimum weiter zu nähern, wird bei konstantem Winkel α_2 der Winkel α_1 erneut variiert, und anschließend bei konstantem Winkel α_1 der Winkel α_2. Nach dem Hinzufügen der dritten, vierten und folgenden Einzelschichten verfährt man sinngemäß, wobei die Anzahl der Optimierungsschritte beliebig gewählt werden kann. Bei vielen unterschiedlichen Einzellagen steigt die Anzahl der Rechenoperationen zwar rapide an, andererseits erfordern aber auch Tausende solcher einfacher Operationen nur geringe Rechenzeiten. Alternativ zu diesem Vorgehen bietet sich der Einsatz mathematischer Optimierungsmethoden an.

Bei dünnwandigen, auf Druck beanspruchten Laminaten liegen die Verhältnisse anders, weil die Festigkeitsaspekte hier vom *Stabilitätsverhalten* bestimmt werden. Das damit verbundene Optimierungsproblem wird im folgenden an einer Zylinderschale demonstriert (Bild

15.6), deren Laminataufbau ausgewogen, aber nicht notwendigerweise symmetrisch ist, das heißt, daß für jede von 0° oder 90° abweichende Schichtrichtung +α eine entsprechende und direkt benachbarte Schichtrichtung -α vorliegt. Im trivialen Fall eines einzigen Schichtenpaares ist die optimale Richtung des Winkels α durch Variation und Vergleich leicht zu finden, aber schon die Einführung eines zweiten Schichtenpaares macht ein mathematisches Suchverfahren nötig [15.3].

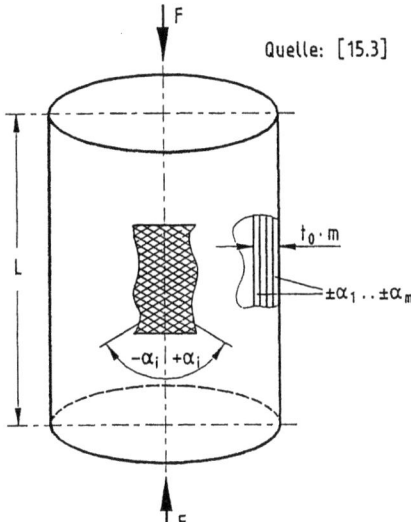

Bild 15.6. CFK-Zylinderschale unter Axiallast

Die Begrenzung der Winkelpaare auf zwei erlaubt die Darstellung der Beulfestigkeiten in der Form von Höhenschichtlinien (Bild 15.7). Die Indizes der Winkel $\pm\alpha_1$ und $\pm\alpha_2$ geben die an der Innenseite der Zylinderwand beginnende Schichtenfolge an. Aus dem Bild geht hervor,

- daß der Unterschied zwischen den Beullasten $\tilde{F}_{max}$ = 31.29 kN und $\tilde{F}_{min}$ = 17.61 kN sehr erheblich ist;
- daß neben dem globalen Maximum $\tilde{F}_{max}$ eine Anzahl lokaler Maxima existiert;
- daß der Unterschied der Beulfestigkeit von $[0°_2, \pm45°]$- und $[\pm45°, 0°_2]$-Laminaten auf einen hohen Kopplungseffekt zwischen Axialdehnungen und Krümmungen hinweist.

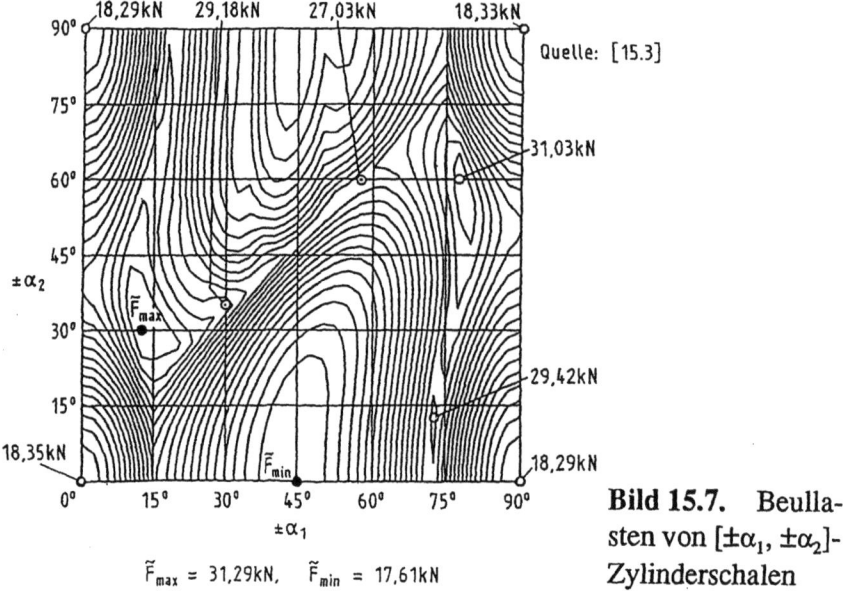

Bild 15.7. Beullasten von [$\pm\alpha_1$, $\pm\alpha_2$]-Zylinderschalen

Klassische Beullasten, $\tilde{F}_{max}$ (kN)

R = 250mm, L = 510mm, t_0 = 0,25mm
Werkstoff: T300/LY556/HY917

Nummer der Schichtpaare, i	6,375	27,36	73,94	160,0	278,2	407,6	558,3	734,4	928,1	1150,0
10										0
9									45	90
8								45	45	90
7							45	45	45	45
6						45	45	45	45	90
5					45	45	0	90	0	0
4				45	0	0	45	45	45	0
3			45	90	90	90	90	0	90	45
2		45	90	0	0	0	0	90	0	90
1	45	0	45	45	45	45	45	45	45	45

Optimierte Faserrichtungen, $\pm\alpha_i$ Quelle: [15.3]

Bild 15.8. Maximale Beullasten bei optimaler Faserausrichtung in CFK-Zylinderschalen unter Axiallast ($\pm\alpha_i$ = 0°, 45°, 90°).

Mit zielgerichteten Suchverfahren ist auch die Optimierung von Zylinderschalen mit mehr als zwei Winkelrichtungen bei relativ geringem Aufwand möglich. Bild 15.8 faßt die Ergebnisse der Optimierung von langen Zylinderschalen mit bis zu zehn Schichtpaaren zusammen. Da die Beulfestigkeit eines langen Zylinders von seinem Radius weitgehend unabhängig ist, kann eine Tabelle dieser Art bereits als Entwurfshilfe dienen. Es läßt sich daraus entnehmen, daß für eine Belastung von beispielsweise F = 500 kN sieben Schichtpaare mit den vorgegebenen Faserrichtungen erforderlich sind.

Bild 15.9 schließlich demonstriert zwei weitere Aspekte:

- der Unterschied der Beulfestigkeit zwischen guten und schlechten Auslegungen von Zylinderschalen mit gleich dicker Wandstärke ist so groß, daß der potentielle Gewinn den Optimierungsaufwand mehr als rechtfertigt;
- eine aus praktischen Gründen wünschenswerte Beschränkung auf die drei Winkel 0°, 45° und 90° führt bei dickeren Wandstärken zu keiner wesentlichen Reduzierung der Beulfestigkeit.

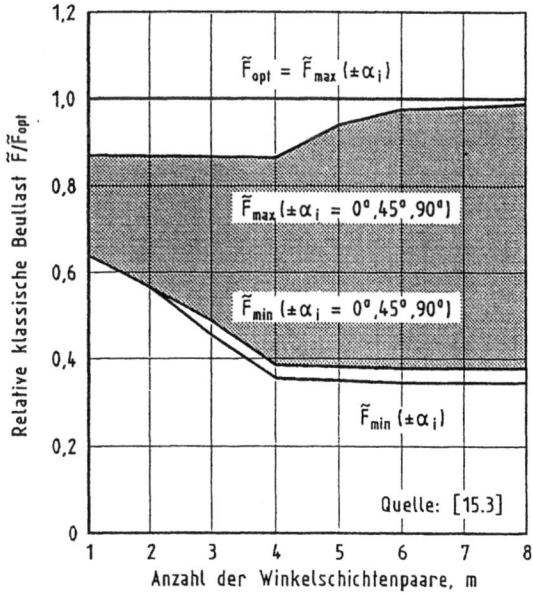

Bild 15.9. Potential des durch Optimierung erzielbaren Gewinns

Optimierungen dieser Art sind Hilfsmittel zur schnellen Annäherung der Auslegung eines Bauteils. Der Festigkeitsnachweis des Bauteils erfordert nachträgliche, präzisere Berechnungen mit weniger vereinfachenden Annahmen und Voraussetzungen.

15.7 Wahl des Fertigungsverfahrens

Die Einbeziehung der Fertigungsaspekte in den Entwurfsprozeß muß bereits zu einem frühen Zeitpunkt erfolgen. Dabei ist zu berücksichtigen, daß die Wahl des Fertigungsverfahrens durch die Verfügbarkeit geeigneter Fertigungsanlagen beschränkt sein mag. In größeren Betrieben mit entsprechend umfangreichen Ausrüstungen ist es eher möglich, ein den Abmessungen, der Form oder der Funktion des Bauteils ideal angepaßtes Fertigungsverfahren in Betracht zu ziehen.

Es treten dabei Gesichtspunkte auf, die nur in engem Zusammenhang mit der Werkstoffwahl und den Entwurfsvorgaben sinnvoll beurteilt werden können. Ganz offensichtlich stellt sich die Frage der Fertigung beim Einsatz von Prepregs anders als bei getrennten Fasern und Harzsystemen, und natürlich ist es wichtig, ob die Ablage von Geweben manuell oder maschinell erfolgen kann. Genau so bedeutsam kann die Forderung nach Aushärtung bei hohen statt moderaten Temperaturen, beziehungsweise bei geringen oder hohen Drücken sein.

Entscheidungen dieser Art werden von finanziellen Erwägungen in bezug auf Fertigungsmittel, Aushärtungsprozeß, Nachbearbeitung und Zusammenbau begleitet, die aber die Qualität des Bauteils nicht beeinträchtigen dürfen. In diesem Zusammenhang ist auch der Umfang der zu fertigenden Serie wichtig, weil der Aufwand kostspieliger Formwerkzeuge nur über größere Stückzahlen amortisierbar ist.

Es liegt auf der Hand, daß auch der Entwurf und die Fertigung der Formwerkzeuge hohe Anforderungen in bezug auf Temperatur, Druck, Dichtigkeit und Wärmedehnung stellt. Das bedeutet, daß auch die Entwicklung der Formwerkzeuge optimiert und vor dem Anlaufen der Serienfertigung verifiziert werden muß.

16 Entwurf einfacher Bauelemente

Der im vorangegangenen Abschnitt geschilderte Entwurfsablauf hat Relevanz zu Verbundstrukturen jedweder Art. Die Tiefe und Gründlichkeit, mit der die Entwurfsstufen durchlaufen werden, mag für größere Strukturen ausgeprägter sein als für einfache Bauelemente, im Prinzip jedoch ist die Vorgehensweise dieselbe.

16.1 Allgemeine Entwurfsregeln

Die in den Entwurf einer Struktur einlaufenden Überlegungen sind so mannigfaltig, daß sie kaum übersichtlich zusammengefaßt werden können. Wohl aber gibt es eine Reihe einfacher Regeln, die allgemeine Gültigkeit haben und von denen einige im folgenden vorgestellt werden.

Laminataufbauten

Faserverstärkte Laminate entwickeln während ihrer Fertigung Vorspannungen, deren Intensität und Richtung vom Laminataufbau abhängen. Um ein Höchstmaß mechanischer und thermischer Kompatibilität zu erreichen und um Verwerfungen nach dem Aushärten zu vermeiden, sollten

- die Schichtenfolge der Laminate symmetrisch und ausgewogen sein und mindestens drei verschiedene Faserrichtungen aufweisen (vorzugsweise 0°, ±45° und 90°),
- die Unterschiede in den Faserwinkeln benachbarter Schichten klein gehalten werden,

- Anhäufungen von Schichten mit gleichen Faserwinkeln vermieden werden,
- aus Gründen der Griffestigkeit eine Laminatdicke von 0,5 mm nicht unterschritten werden (eine maximale Dickenbegrenzung besteht an sich nicht, es sei denn, daß die Ableitung der durch exotherme Reaktionen verursachten Wärmeflüsse während des Aushärtungsvorganges Schwierigkeiten bereitet).

Dickenänderungen

Wenn auf Grund örtlicher Festigkeits- oder Steifigkeitsanforderungen Dickenänderungen eines Laminats erforderlich werden, sollten solche Änderungen nicht abrupt, sondern gemäß Bild 16.1 graduell erfolgen, um Spannungskonzentrationen zu reduzieren. Die Erfahrung lehrt, daß ein Abstufungsverhältnis von L/t = 10 eingehalten werden sollte.

Bild 16.1. Ausführung von Dickenänderungen

Ecken und Kanten

Bei der Formgebung laminierter Bauteile sind scharfe Ecken und Kanten zu vermeiden, weil die Fasern wegen der begrenzten Krümmungsfähigkeit abrupten Winkeländerungen nicht zu folgen vermögen. Zusätzlich besteht die Gefahr von Lufteinschlüssen und der Beschädigung der Faserverstärkungen beim Schließen der Formwerkzeuge. Die zulässigen Minimalradien hängen von der Art der Verstärkungsfaser und der Fertigungstechnik ab. Für Kohlenstoffaserlaminate gilt als Faustregel R_{min} = 1 mm + n x 0,1 mm, worin n die Anzahl der Einzelschichten ist (Bild 16.2).

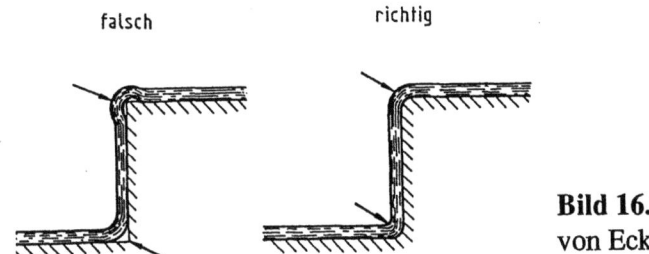

Bild 16.2. Ausbildung von Ecken und Kanten

Ausschnitte und Löcher

Bauteile werden aus konstruktiven Gründen häufig mit Ausschnitten oder Löchern versehen. Solche Öffnungen sollten so weit wie möglich kreisförmig gestaltet werden, um Spannungskonzentrationen zu minimieren. Wenn eckige Ausschnitte unvermeidlich sind, ist eine Abrundung der Ecken anzustreben. Außerdem sind bei freier Wahl ihrer Geometrie die Ausschnitte so zu orientieren, daß eine möglichst geringe Anzahl von Fasern durchtrennt werden. Beispiele für die gute und schlechte Gestaltung von Ausschnitten enthält Bild 16.3. Es ist offensichtlich, daß Ausschnitte mit großen Abmessungen die Kraftflüsse im Bauteil verändern, deren Umleitung zu Verdichtungen an den Ausschnittsrändern führen und dort Verstärkungen erfordern. Eine Berücksichtigung der Ausschnitte bereits bei der Ablage des Laminats kommt nur bei großen Abmessungen in Frage; kleinere Ausschnitte oder Löcher werden zweckmäßig nach dem Aushärten durch Fräsen oder Bohren eingebracht.

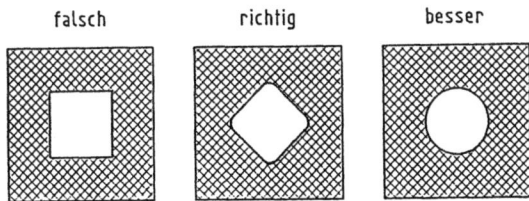

Bild 16.3. Gestaltung von Ausschnitten

Bauteilgeometrie

Die hohe Festigkeit faserverstärkter Bauteile führt häufig zu Laminaten mit geringen Dickenabmessungen, die relativ flexibel sind. Daraus ergibt sich bei druckbeanspruchten, flächigen Konfigurationen die Notwendigkeit von Versteifungen, die auf einfache Weise schon durch leicht gekrümmte Konturen verwirklicht werden können. Bei der Bauteilauslegung empfiehlt es sich außerdem, die begrenzenden Oberflächen im Rahmen des Möglichen mit leichten Neigungen zu versehen, um einerseits Beschädigungen der Faserverstärkungen beim Schließen der Form zu vermeiden und andererseits das Entformen der ausgehärteten Bauteile zu erleichtern.

16.2 Örtliche Verstärkungen

Frühe Anwendungen faserverstärkter Werkstoffe in der Luft- und Raumfahrt dienten der Verbesserung örtlicher Festigkeiten oder Steifigkeiten. Beispiele dafür sind die Unterdrückung von Spannungskonzentrationen bei Krafteinleitungen oder die nachträgliche Verstärkung eines ursprünglich marginal ausgelegten Bauteils. Bild 16.4 zeigt einen nachträglich verstärkten Schwenkflügelbeschlag. Das Aufkleben des mit Borfasern verstärkten Epoxidpflasters erwies sich als leichter, schneller und preiswerter als der Neuentwurf des ursprünglichen Metallbeschlags. Auf ähnliche Weise lassen sich die mechanischen Eigenschaften von Biegeträgern durch das Aufkleben unidirektionaler Faserverstärkungen oder durch das Einfügen von Faserbündeln erhöhen.

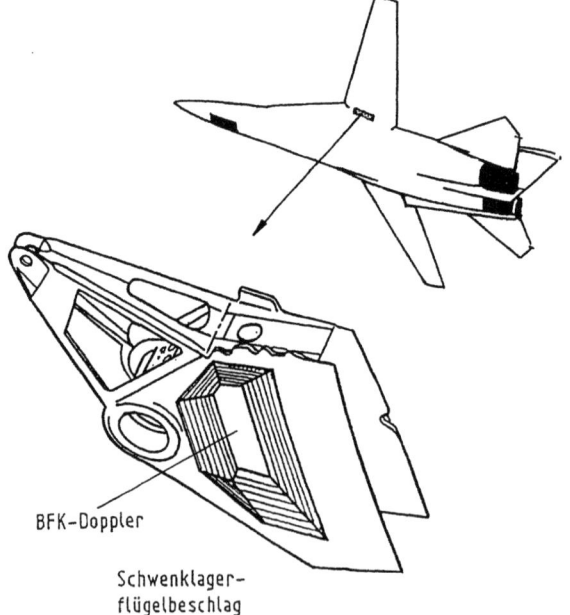

Bild 16.4. Verstärkung eines Flügelbeschlags

16.3 Stäbe und Fachwerke

Die einfachsten strukturellen Gebilde sind gerade, auf Druck oder Zug beanspruchte schlanke Stäbe. In Leichtbauausführungen liegt die konstruktive Herausforderung weniger in der Gestaltung der Stäbe als vielmehr in deren Anschlüssen. Bei Verwendung von Verbundwerkstoffen ist bei Zugstäben die Wahl kompakter Querschnitte mit längsgerichteten Faserverstärkungen naheliegend, für deren Fertigung sich das Strangziehverfahren anbietet. Der Entwurf von Druckstäben ist weniger einfach, weil das potentielle Stabilitätsversagen berücksichtigt werden muß. Die Realisierung möglichst großer Trägheitsmomente führt dann auf dünnwandige kreiszylindrische Querschnitte, die knick- und beulsicher ausgelegt werden müssen. Für die Fertigung solcher Druckstäbe bietet sich das Faserwickelverfahren an, das die Optimierung beulgefährdeter oder temperaturstabiler Auslegungen durch eine geeignete Wahl der Faserwinkel erlaubt. Als erfolgreich hat sich auch eine Variante des Strangziehverfahrens erwiesen, bei dem ein leichter, runder Schaumkern mit Verstärkungsfasern ummantelt und dann durch eine Düse gezogen wird, die das überflüssige Harz entfernt und die gewünschte Endkontur hervorbringt. Die bevorzugten Anordnungen der Verstärkungsfasern sind unidirektionale Fasergelege und strumpfartige Geflechte. Der Schaumkern kann als seitliche Abstützung im Stab verbleiben oder nachträglich entfernt werden.

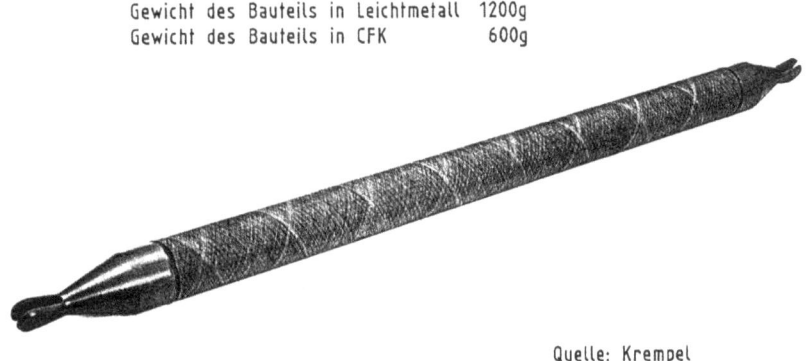

Bild 16.5. Fußbodenquerträgerstütze für den Airbus A 300

Die Konstruktion leichter und effizienter Anschlüsse ist in jedem Fall ein schwieriges Problem. Sie erfordern ausnahmslos die nachträgliche Anbringung von meist metallischen Krafteinleitungselementen, die in der Regel verklebt und nur selten mit Schrauben oder Bolzen angebracht werden. Bild 16.5 zeigt ein Beispiel in Form einer Druckstrebe für die Abstützung des Fußbodens des Airbus A300.

Noch komplizierter ist das Anschlußproblem bei zwei- oder dreidimensionalen Fachwerken, die für Raumplattformen, Schubgerüste oder Tankaussteifungen gebraucht werden. Die Belastungen werden als konzentrierte Einzelkräfte an den Knotenpunkten des Fachwerks eingeleitet, die häufig mit eingeklebten dünnwandigen Metallendstücken versehen werden, um die Stabkräfte zentrisch und gelenkig in die Fachwerkknoten einführen zu können. Nachteile dieser Konstruktion sind das relativ hohe Gewicht der Metallteile und der große Bearbeitungsaufwand. Bei stark schwankenden Betriebstemperaturen tritt zusätzlich die Gefahr des Lösens der Klebungen auf Grund unterschiedlicher Wärmedehnungen von Metall und CFK auf. Eine alternative Auslegung von Fachwerkknoten, die durch eine Kombination von Faserwickeln und Handablage herstellbar ist und die leichtes Gewicht mit vergleichsweise geringen Kosten vereinigt, zeigt Bild (16.6) Auch hier erfolgt der Anschluß der Stäbe durch Klebverbindungen, die aber wegen der größeren thermischen Kompatibilität weniger gefährdet sind. Ein Nachteil liegt darin, daß die Knoten starr sind und sekundäre Momente hervorrufen können.

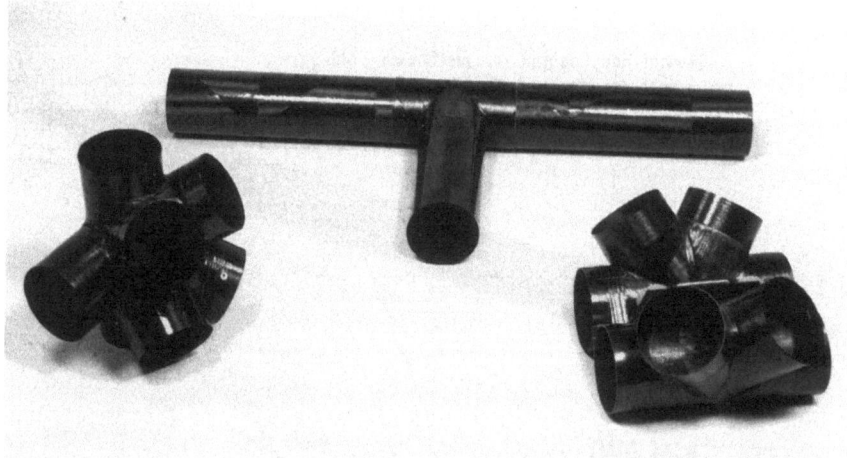

Bild 16.6. CFK-Fachwerkknoten

16.4 Biegeträger

Auf Biegung und Schub belastbare Biegeträger können ebenfalls als Standardelemente angesehen werden. Die übliche Auslegung ist derart, daß die Normalkräfte von oben und unten liegenden Gurten und die Querschubkräfte von dem dazwischenliegenden Steg aufgenommen werden. Es bietet sich an, die Gurte mit längsgerichteten Faserbündeln und den Steg mit unter ±45° geneigten Schichten zu verstärken. Während die Gurte beliebig kompakt gestaltet werden können, sind die Stege normalerweise dünne Scheiben, die aus Stabilitätsgründen häufig einer Aussteifung bedürfen. Bild 16.7 zeigt eine übliche Auslegungsart für einen Doppel-T-Träger, bei der die den Steg bildenden ±45°-Gewebe-Prepregs in Höhe der Gurte beidseitig abgeknickt werden und damit die Gurtverstärkungen in eine Anzahl separater 0°-Schichtenpakete unterteilen.

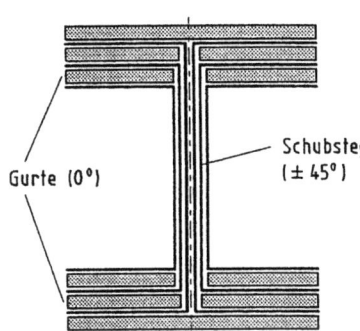

Bild 16.7. Auslegung eines CFK-Biegeträgers

Die Aussteifung der Stege ist wie im Metallbau mit lokalen Verstärkungselementen erreichbar. Eine bessere Lösung ist mit wellenförmig gestalteten Stegen möglich, die - im Gegensatz zu metallischen Ausführungen, die aufwendige Schweißarbeiten erfordern - in Verbundbauweise einfach herstellbar sind. Möglich ist auch die Aussteifung der Stege durch eine Sandwichkonfiguration, wie sie in dem in Bild 16.8 gezeigten Fußbodenträger des Airbus A300 zur Anwendung kommt. Der Vergleich mit der ursprünglichen Metallausführung läßt - abgesehen von den beträchtlichen Gewichtseinsparungen - weit einfachere Fertigungs- und Montageschritte erkennen.

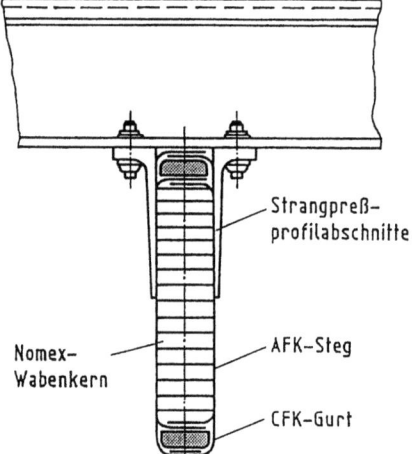

Bild 16.8. Biegeträger mit Sandwich-Steg

16.5 Platten und Schalen

Ein klassisches Problem des Flugzeugbaues ist die Abtragung der senkrecht zur Beplankung angreifenden Luftkräfte auf die darunterliegenden Substrukturen. Zusätzlich treten in der Ebene der Beplankung durch Verformungen der Flugzeugzelle hervorgerufene Normal- und Schubspannungen auf. Belastungsfälle dieser Art, die nicht auf den Flugzeugbau begrenzt sind, lassen sich vorteilhaft durch einfache oder versteifte Platten und Schalen abtragen.

Faserverstärkungen in Platten und Schalen müssen in mindestens drei Winkelrichtungen eingebracht werden, um längs- und quergerichtete Normalspannungen und Schubspannungen aufnehmen zu können. In der Praxis werden 0°-, ±45°- und 90°-Winkel bevorzugt, die die Ablage vereinfachen und den Gebrauch von ±45°-Geweben ermöglichen. Der Laminataufbau sollte die offensichtlichen Vorteile orthotroper Schichtanordnungen berücksichtigen, jedoch symmetrisch und ausgewogen sein, um interlaminare Schubspannungen zu reduzieren und Verwerfungen normal zur Laminatebene zu vermeiden. Die Dicke des Laminats ergibt sich aus den verlangten Biege- und Torsionsfestigkeiten, bzw. -steifigkeiten. Etwaige Dickenänderungen im Zentrum des Laminats oder an seinen Anschlußstellen müssen sanft erfolgen, um die dort auftretenden Spannungskonzentrationen zu mindern.

Die guten Festigkeitseigenschaften von Verbundbauteilen führen in der Regel auf geringe Laminatdicken, die bei der Aufnahme von Drucklasten häufig versteift werden müssen. Die Wahl geeigneter Versteifungen für Platten und Schalen hängt von mechanischen und fertigungstechnischen Überlegungen ab, die wiederum durch strukturelle Effizienz und Kosten beeinflußt werden. Wichtige Parameter beim Entwurf von Versteifungselementen sind deren Querschnitt, Größe, Richtung und Abstand. Geschlossene Querschnitte sind effektiver als offene, weil sie die freien Längen der Laminate zwischen den Stützpunkten reduzieren und weil sie torsionssteifer sind. Andererseits sind sowohl ihre Herstellung als auch ihre Inspizierbarkeit problematischer.

Im Anschluß an die Formgebung der Versteifungen stellt sich die Frage ihrer Fertigung und der Art ihres Anschlusses an die Platten oder Schalen. Dabei sind mehrere Möglichkeiten in Betracht zu ziehen:

- Anschluß vorgefertigter Versteifungselemente an vorgefertigte Laminate mittels Niet- oder Klebverbindungen,
- Anschluß "nasser" Versteifungselemente an vorgefertigte Laminate mittels zusätzlicher Klebschichten und
- integrale Fertigung von "nassen" Versteifungselementen und "nassen" Laminaten.

	Bauweisen			Beurteilung	
	Schale	Stringer	Verbindung	positiv	negativ
1	vorgefertigt	vorgefertigt	genietet	geringes Entwicklungsrisiko, gute Querzugfestigkeit	gekerbtes Laminat, hoher Fertigungsaufwand
2	vorgefertigt	vorgefertigt	geklebt	geringes Entwicklungsrisiko	Toleranzprobleme bei nicht ebenen Schalen
3	vorgefertigt	vorgefertigt	geklebt und genietet (große Teilung)	gute Querzugfestigkeit geringes Entwicklungsrisiko	Toleranzprobleme, gekerbtes Laminat, hoher Fertigungsaufwand
4	vorgefertigt	naß	mit zusätzlichem Klebefilm	keine Toleranzprobleme	erhöhtes Entwicklungsrisiko
5	naß	naß	in einer Härtung (one short curing)	keine Toleranzprobleme hohe aerodynamische Formtreue	hohes Entwicklungsrisiko

Bild 16.9. Anschlußmöglichkeiten von Versteifungen

Jedes dieser Verfahren hat Vor- und Nachteile, die in Bild 16.9 zusammengestellt sind und die gegeneinander abgewogen werden müssen.

16.6 Sandwichbauteile

Sandwichplatten oder -schalen bestehen aus dünnen, aber festen faserverstärkten Deckschichten und einem dazwischenliegenden relativ dicken und sehr leichten Stützkern. Die Sandwichkomponenten sind individuell schwach und leicht verformbar, in Verbindung miteinander bilden sie jedoch eine sehr feste, steife und überaus leichte Struktur, in der die Deckschichten die Membran- und Biegebeanspruchungen aufnehmen und der biegeweiche Stützkern die Querschubbelastungen. Der Kern hat die weitere Aufgabe, den Abstand der Deckschichten zu wahren, aus dem sich die Höhe des Trägheitsmomentes ergibt, und durch seine Stützwirkung das Beulen der dünnen Deckschichten zu verhindern. Als Kernmaterial kommen Schaumstoffe und Wabenstrukturen in Betracht, die aus harzgetränktem Papier oder aus Aluminiumfolien bestehen können. Zur Herstellung der hexagonalen Wabenstruktur werden die Folien parallel zueinander in Blockform auf Lücke geklebt und anschließend unter Zuganwendung zur Wabenform expandiert. Wenn die Geometrie der Sandwichplatte oder -schale es zuläßt, kann der Wabenkern bereits vor dem Expandieren im Block bearbeitet werden. Bei komplizierteren Formen muß der Kern nach dem Expandieren durch eine lösliche Füllung abgestützt und auf seine Endabmessungen gebracht werden.

Die hauptsächlich auf Abschälen gefährdete Verbindung zwischen einem Wabenkern und der oberen und unteren Deckschicht verlangt Klebungen, die an den Wabenstegen Kehlnähte bilden und die unter Druck- und Temperaturanwendung im Autoklaven oder in einer heizbaren Form ausgehärtet werden. Bei der Fertigung von Sandwichplatten oder -schalen besteht die Alternative, vorgefertigte Deckschichten nachträglich mit dem Kern zu verkleben, oder die Deckschichten naß auf dem Kern abzulegen und die Verbindung gleichzeitig mit dem Aushärten der Deckschicht zu herzustellen. Beispiele dieser beiden Fertigungsmethoden enthält Bild 16.10. Die integrale Bauweise ist in vielen Fällen effizienter, hat aber den Nachteil, daß die bei der Aushärtung erforderliche Druckanwendung zur Wellenbildung der Deckschichten zwischen den Wabenstegen und damit zu einer Abminderung ihrer mechanischen Eigenschaften führt.

a) Bauteile mit vorgefertigten Deckschichten

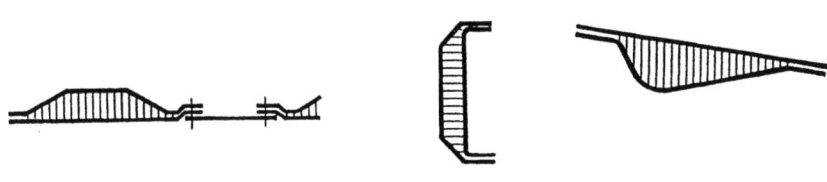

b) Integral gefertigte Bauteile

Bild 16.10. Fertigungsmöglichkeiten von Sandwichstrukturen

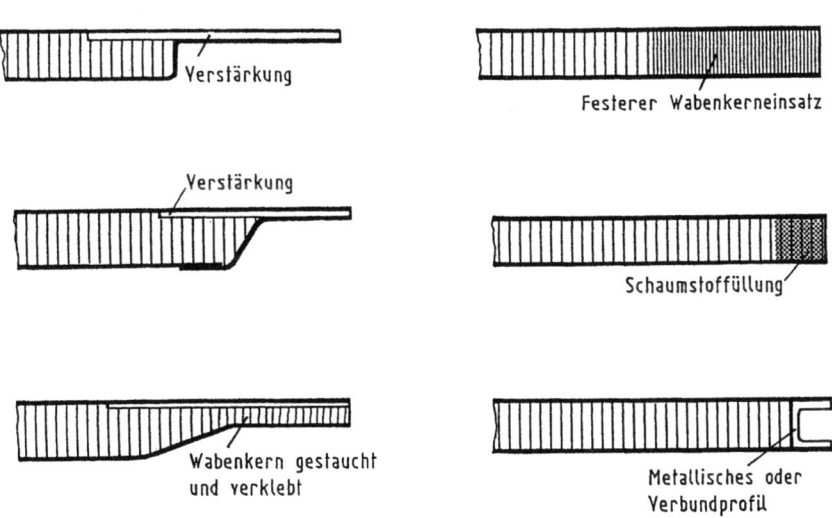

Bild 16.11. Randgestaltung von Sandwichpaneelen

Die Sandwichkonstruktion ist im besten Sinne des Wortes als Verbundbauweise anzusehen, in der verschiedene Werkstoffe vorteilhaft in ein Bauteil integriert sind. Sie zeichnet sich vor allem durch Kontinuität aus und eignet sich vornehmlich zur Aufnahme flächig verteilter Lasten. Bei konzentrierten Krafteinleitungen oder bei Unstetigkeiten der Oberflächen sind besondere Konstruktionsmaßnahmen erforderlich. Ein grundsätzliches Problem ist die Gestaltung der Ränder von Sandwichplatten oder -schalen, an denen die Anschlüsse an andere Bauteile so ausgeführt werden müssen, daß die gesuchten Vorteile der Sandwichbauweise nicht verlorengehen. Bild 16.11 enthält eine Reihe von Beispielen und Lösungsmöglichkeiten, die sich in der Praxis bewährt haben.

17 Konstruktionsbeispiele

Es kann nicht die Absicht einer Einführung in die Faserverbundtechnologie sein, detaillierte Anleitungen für die Konstruktion von Bauteilen zu geben. Wohl aber ist es möglich, den Entwurf und den Herstellungsprozeß einiger Faserverbundstrukturen zu beschreiben und damit Beispiele gelungener Anwendungen aufzuzeigen.

Das erste dieser Beispiele befaßt sich mit der Konstruktion der Nutzlastbuchttüren des Space Shuttle Orbiters in den 70er Jahren, die immer noch zu den größten der bisher gefertigten Verbundstrukturen der Luft- und Raumfahrt gehören. Der Übergang von den ursprünglich aus Aluminium konzipierten Türen auf eine Faserverbundbauweise sah eine Gewichtsminderung von 25 % vor. Die damit verbundene Auflage, den zeitlichen Ablauf des Space Shuttle-Programms nicht zu gefährden, verbot das Eingehen technischer oder technologischer Risiken. Die zeitliche Beschränkung und die geringe Stückzahl der zu fertigenden Türen diktierten darüber hinaus eine aufgelöste Bauweise mit einfachen Formwerkzeugen und ein nur bescheidenes Maß an automatisierten Fertigungsschritten. Die normalerweise kritischen finanziellen Aspekte waren in diesem Zusammenhang zweitrangig.

Das zweite Beispiel beschreibt die Konstruktion des CFK-Mittelkastens des Airbus A310-Seitenleitwerks, dessen Nase und Ruder schon seit langem aus Faserverbunden bestehen. Auch hier war die primäre Zielsetzung die Gewichtsreduzierung mit dem Bestreben, die Herstellungs- und Betriebskosten nicht über die der Metallbauweise hinausgehen zu lassen. Die Voraussetzung dafür ist eine integrale Bauweise mit optimierten Fertigungsmitteln und einem möglichst hohen Grad an Automation. Die kritischen Programmziele waren eine im Vergleich zur ursprünglichen Aluminiumversion 20%ige Gewichtseinsparung bei gleicher Lebensdauer und voller Funktionstüchtigkeit.

Das dritte hier angeführte Beispiel behandelt das Seitenruder der Do 228, das in bezug auf Größe und Komplexität vergleichsweise bescheiden ist, aber das Potential der Faserverbundbauweise überzeugend erhellt. Die originäre Leichtbauausführung des Ruders hatte eine stoffbespannte Unterstruktur aus Aluminium und eine glasfaserverstärkte Kunststoffnase. Der Neuentwurf einer integral gefertigten CFK-Struktur führte trotzdem auf eine Gewichtsminderung von 20 %. Die Besonderheit dieser Struktur liegt jedoch darin, daß die Beplankungen, Rippen, Holme und Anschlußbeschläge ohne jede nachträgliche Verbindung in einem einzigen Arbeitsgang gefertigt wurden.

Der Verfasser bedankt sich an dieser Stelle für die Überlassung des Bildmaterials für die Nutzlastbuchttüren des Space Shuttle Orbiters durch Rockwell International und für das Airbus-Seitenleitwerk durch Deutsche Airbus GmbH.

17.1 Nutzlastbuchttüren des Space Shuttle Orbiters

Für die gesamte Struktur des Space Shuttle Orbiters wurden ursprünglich konventionelle Bauweisen mit minimalem Risiko vorausgesetzt. Dementsprechend wurden auch die Türen für die 18,3 m lange und 4,5 m breite Öffnung der Nutzlastbucht als Aluminiumstrukturen konzipiert.

Die funktionellen Vorgaben verlangten zwei symmetrische Türhälften, die an den Hauptholmen des Rumpfes so angeschlossen wurden, daß sie sich öffnen und schließen ließen. Die Türhälften hatten die Form von versteiften Zylinderschalen mit quasi-elliptischen Querschnitten und bestanden aus je vier ähnlichen Segmenten, die an ihren Außenseiten mit einem Thermalschutzsystem beschichtet waren. Bild 17.1 ist eine Darstellung des Space Shuttle Orbiters mit geöffneten Nutzlastbuchttüren und ausgeklappten Radiatoren.

Parallel zum Aluminiumentwurf duchgeführte Fertigungsversuche größerer Versuchsbauteile für eine Faserverbundauslegung versprachen eine Gewichtseinsparung von 20 - 25 % und unterstützen den Wechsel des Entwurfs von Aluminium- zu CFK-Nutzlastbuchttüren.

Bild 17.1. Space Shuttle Orbiter

Zwischen Entwurfsbeginn und Auslieferung der ersten Türen für den Orbiter 101 im März 1976 lagen fünfzehn Monate. In diesen Zeitraum fielen die Auswertung einer Reihe von Konzeptstudien, der eigentliche Entwurf, die Materialwahl und -qualifikation, die Struktur- und Thermalanalyse, die Entwicklungstests, die Entwicklung der Formwerkzeuge und der Qualitätskontrollen sowie die eigentliche Fertigung der Nutzlastbuchttüren. Im Vergleich zur Gewichtsprognose für die Aluminiumtüren wurde eine Gewichtsminderung von 440 kg realisiert [17.1].

Entwurfsanforderungen

Der Wechsel des Strukturkonzeptes erfolgte unter der Voraussetzung völliger Kompatibilität mit den Nachbarstrukturen und mit größtmöglicher Reduzierung des technischen Risikos. Die Anschlüsse der Türhäften waren so auszuführen, daß die Türen im geschlossenen Zustand um zwei Hauptachsen biegeweich aber in Längsrichtung torsionssteif waren. Abgesehen von den Torsionsmomenten waren die Türen aerodynamischen Drücken, hohen Temperaturen und akustischen Anregungen ausgesetzt. Ein Hauptproblem war die Aufnahme der thermischen Verformungen mit entsprechenden Belastungen der Verriegelungen bei Temperaturen zwischen -110°C und +105°C im

Orbit und bei Maximaltemperaturen um 175°C beim Wiedereintritt des Orbiters. Die Steifigkeit der Türen wurde von ihrer Flattersicherheit und dem Berührungsschutz der Nutzlast diktiert. Schließlich waren strukturelle und funktionelle Integrität für 100 Flüge und eine Betriebsfähigkeit für 10 Jahre zu erfüllen.

Bauteilauslegung

Abgesehen von den geometrischen Vorgaben war die Auslegung der Nutzlastbuchttüren keinen Einschränkungen unterworfen. Der Entwurf begann daher mit dem Vergleich mehrerer Strukturkonzepte mit Gewichts- und Fertigungsüberlegungen als Hauptparametern. Vier dieser Konzepte sind in Bild 17.2 dargestellt, nämlich a) eine Sandwichkonstruktion von genügender Dicke, die alle Versteifungselemente erübrigt, b) eine dünnwandige Sandwichkonstruktion mit relativ wenigen Versteifungsrahmen in radialer Richtung, c) eine konventionelle Bauweise mit einer durch Rahmen und Stringer versteiften dünnen Laminatbeplankung und d) eine Bauweise mit nur durch Rahmen versteiften relativ dicken Laminatbeplankungen.

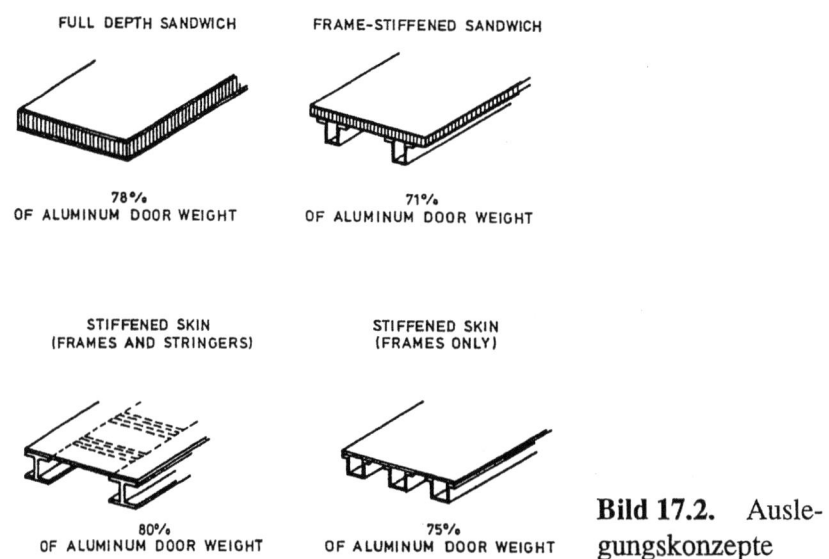

Bild 17.2. Auslegungskonzepte

Das Konzept unversteifter dicker Sandwichschalen wurde wegen der schwierigen Einleitung konzentrierter Kräfte an den Schalenrändern früh aufgegeben. Die versteiften Laminatbeplankungen hatten den Nachteil der Fertigung und Montage vieler Einzelteile, so daß die Wahl auf eine Sandwichbauweise mit relativ wenigen Versteifungsrahmen fiel. Die Optimierung dieses Konzeptes in bezug auf die Querschnitte und Abstände der Rahmen und die Auslegung der Sandwichschalen führte auf die in Bild 17.3 gezeigte Konfiguration, die auch fertigungstechnisch vorteilhaft erschien.

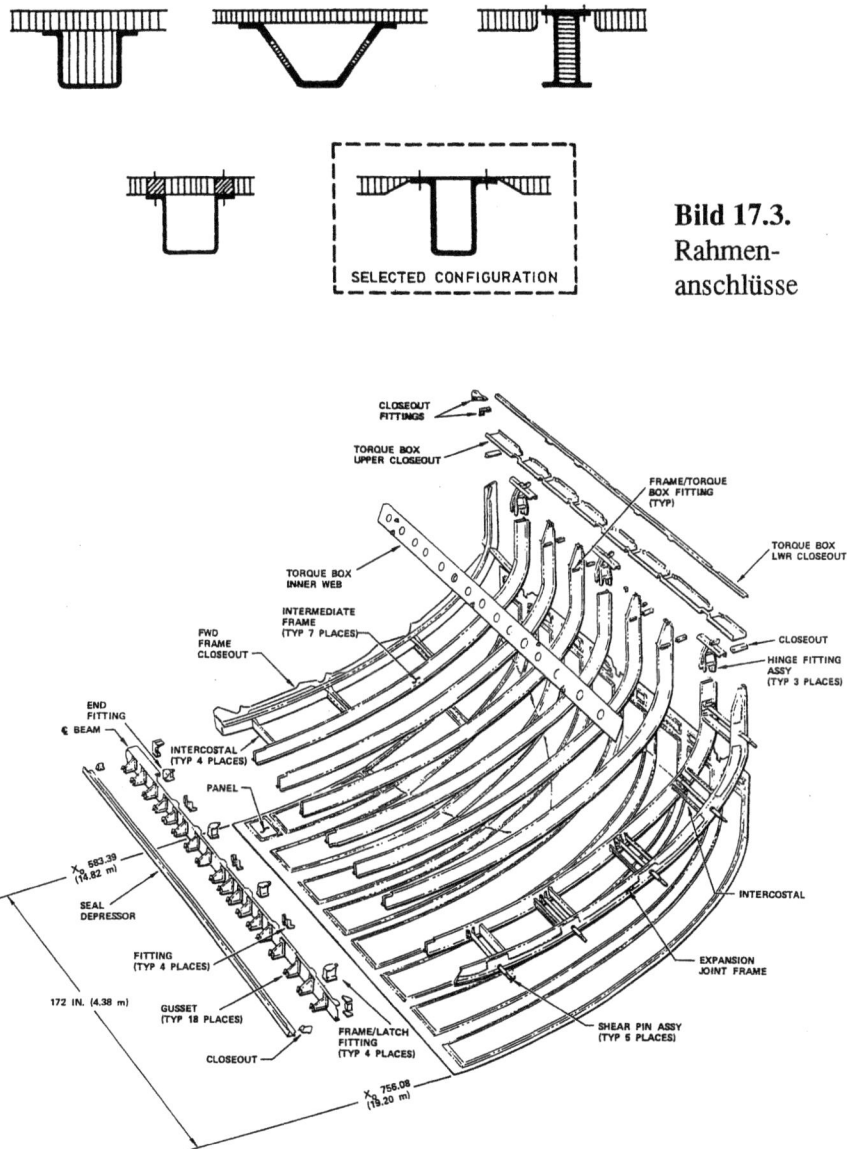

Bild 17.3. Rahmenanschlüsse

Bild 17.4. Aufbau eines Türsegments

Andere Baugruppen wurden mit dem fortschreitenden Entwurf der Türsegmente entwickelt, die schließlich die in Bild 17.4 gezeigte Form annahmen. Die Verbindung der Türkomponenten miteinander erfolgte mit Schraubnieten und Bolzen und erforderte an hochbelasteten Stellen Titanbeschläge.

Die Versteifungsrahmen trugen den wesentlichen Teil der aerodynamischen Lasten und nahmen außerdem an ihren Enden die Gelenk- und Verriegelungskräfte auf. Der hutförmige Querschnitt erlaubte einen Laminataufbau derart, daß die den Steg bildenden ±45°-Gewebe in die Ober- und Untergurte hineingezogen wurden, wo sie die zahlreichen 0°-Gelege in mehrere Schichtpakete unterteilten. Die Wahl einer verhältnismäßig dicken und dehnbaren Gewebeart erleichterte die Ablage der doppelt gekrümmten Rahmen und reduzierte die Spannungskonzentrationen an den Bohrlöchern.

Für die Sandwichschalen kamen sehr dünne Deckschichten zur Verwendung, die aus einer zwischen zwei 0°-Gelegelagen eingebetteten ±45°-Gewebelage bestanden. Diese Deckschichten wurden in 4,0 x 4,6 m großen Segmenten vorgefertigt und anschließend mit einem 1,5 cm tiefen Nomex-Wabenkern verklebt. Blitzschutz wurde durch ein dünnes, in die äußere Deckschicht eingeklebtes Aluminiumgeflecht erreicht.

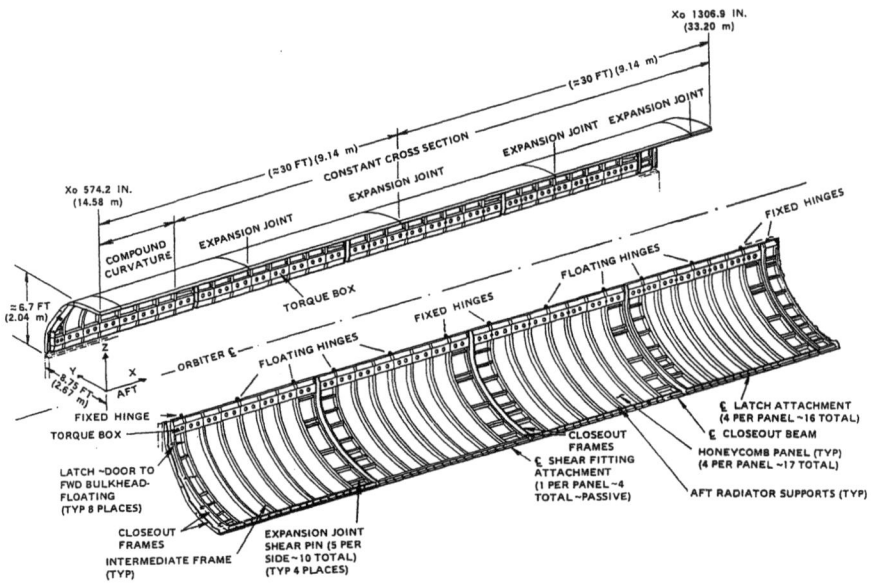

Bild 17.5. Endkonfiguration der Nutzlastbuchttüren

Die Verbindung der Türsegmente miteinander erfolgte über je fünf Schubbolzen, und die der beiden Türhälften über eine Anzahl von Verriegelungen an der Scheitellinie derart, daß bei geschlossenen Nutzlastbuchttüren Torsionsmomente übertragen werden können, Verschiebungen in Längsrichtung aber ungehindert möglich sind. Der Entwurf der drei Gelenke an jedem der Türsegmente war durch die Vorgabe erschwert, daß die Gelenkachsen außerhalb der Straklinien liegen mußten und damit hohen Temperaturen ausgesetzt waren. Die Abtragung der an den Gelenken eingeführten hohen Kräfte und Momente führte zum Einbau kontinuierlicher Torsionskästen am unteren Ende aller Türsegmente. Die Endkonfiguration der Nutzlastbuchttüren geht aus Bild 17.5 hervor.

Werkstoffwahl

Die Werkstoffwahl für die Nutzlastbuchttüren wurde in erster Linie durch die unterschiedlichen Fertigungsparameter für die dünnen Deckschichten der Sandwichschalen und die dicken Gurte der Versteifungsrahmen beeinflußt. Vergleichende Studien führten letztlich auf kohlenstoffaserverstärkte Epoxidharze vom Typ 934/T300 (Fiberite) in der Form von 0,10 mm dicken Gelegeprepregs und 0,18 und 0,33 mm dicken Gewebeprepregs. Für die Sandwichschalen wurden HRH-10 Nomex Wabenkerne verwandt, die mit einem Epoxidfilm verklebt wurden. Die Schubbolzen bestanden aus 2024 Aluminium, die Beschläge aus 6Al-4V Titan und die Gelenke aus Inconel 718.

Festigkeitsuntersuchungen

Die Belastungsgrenzen der verschiedenartig aufgebauten Laminate wurden aus den Festigkeitseigenschaften unidirektionaler Laminate abgeleitet. Das dafür verwandte Versagenskriterium definierte als sichere Spannungen die, unter denen der erste Matrixriß auftritt, und als Bruchspannungen den kleineren der Werte aus dem Produkt der sicheren Spannungen mit dem Sicherheitsfaktor oder die Bruchspannung der Fasern. Als Sicherheitsfaktor wurde für alle Lastfälle $S = 1,4$ eingeführt. Die Dimensionierung der Komponenten der Nutzlastbuchttüren erfolgte auf der Basis detaillierter Berechnungen der Kraftflüsse und Temperaturverteilungen, die die Thermalverformungen der im Orbit geöffneten Türen und deren Einfluß auf die Verriegelungen sowie die Verschiebungen der Türsegmente relativ zur Rumpfstruktur einschlossen.

Fertigungsaspekte

Da die Gesamtkosten von Verbundstrukturen wesentlich von den Formwerkzeugen abhängen, wurden mehrere Konzepte dafür überprüft. Ein wesentlicher Gesichtspunkt waren die unterschiedlichen Thermalverformungen der Bauteile und Formwerkzeuge während der Aushärtung, die zur Wahrung der Bauteilgeometrie komplizierte Justiermaßnahmen erforderten. Die Wahl fiel schließlich auf a) Glas/Epoxid-Werkzeuge für alle Versteifungsrahmen, b) Stahlwerkzeuge für die Sandwichschalen und c) Aluminiumwerkzeuge für ebene oder kleine Bauteile, in denen unterschiedliche Thermalverformungen unkritisch waren.

Bild 17.6. Montage der Nutzlastbuchttüren

Die Aushärtung und Nachhärtung der Verbundbauteile geschah nach üblichen Prozeduren, wobei die Verklebung der vorgefertigten Deckschichten mit dem Sandwichwabenkern und das Einfügen der Randkomponenten einen zweiten Arbeitsgang erforderten. Das Besäumen der Bauteile mit diamantbestückten Sägen führte zu keinen Schwierigkeiten. Für den Zusammenbau der Sandwichschalen und Versteifungsrahmen wurden Schraubniete mit Titanbolzen, Unterlegscheiben aus Stahl und Aluminiummuttern gebraucht. Bild 17.6 zeigt die Nutzlastbuchttüren während der Endmontage.

17.2 Mittelkasten des A 310 Seitenleitwerks

Während die Nutzlastbuchttüren des Space Shuttle Orbiters unter enormem Zeitdruck und mit hohem finanziellen Aufwand hergestellt wurden, war die Ausgangssituation beim CFK-Mittelkasten des Airbus A 310-Seitenleitwerks eine andere (Bild 17.7).

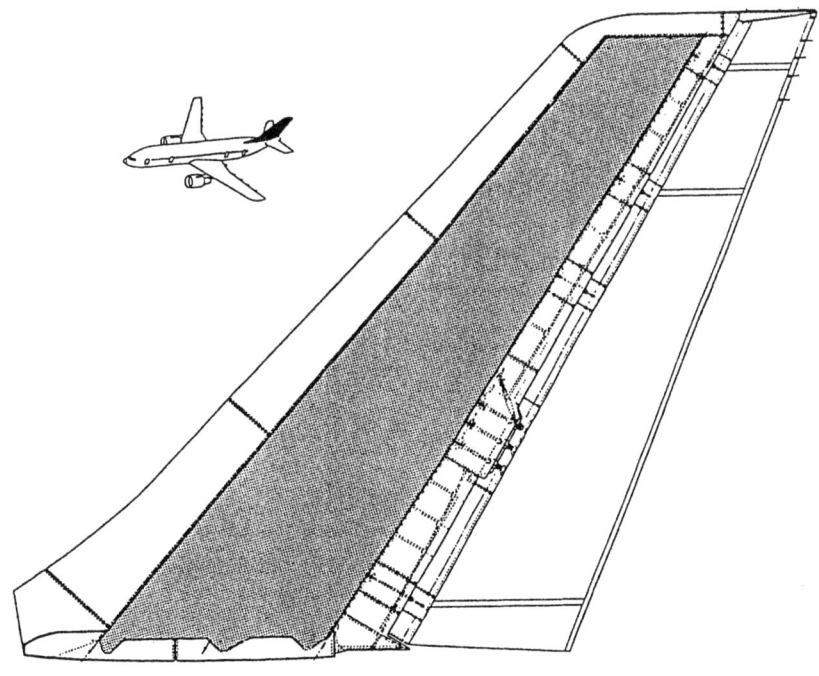

Bild 17.7. A 310 Seitenleitwerk

Die Entwicklungsarbeiten begannen 1978 mit der Absicht, ein gewichts- und kostengünstiges Bauteil mit überlegener Funktionstüchtigkeit zu produzieren. Voraussetzung dafür waren einerseits die konsequente Anwendung der Integralbauweise mit erheblicher Reduzierung der Einzelteile und Verbindungselemente, und andererseits eine weitgehende Automatisierung des Fertigungsablaufs. Die Entwicklungsarbeiten wurden bei MBB-UT (heute Deutsche Airbus GmbH) bis zur Serienreife geführt und gipfelten in der Musterzulassung im Jahre 1985. Die erreichte Gewichtsminderung beträgt 20,4 % bei Gesamtkosten, die nur geringfügig über denen der Metallbauweise liegen. Über den Airbus A 310 hinaus werden inzwischen auch CFK-Mittelkästen für die Seitenleitwerke anderer Airbusse gefertigt. Die Gesamtstückzahl ausgelieferter Mittelkästen lag Ende 1991 bei 540 [17.2, 17.3, 17.4].

Entwurfsanforderungen

Die primären Anforderungen für den Entwurf des CFK-Mittelkastens waren eine 20%ige Gewichtseinsparung und mit Metallbauweisen vergleichbare Gesamtkosten für Herstellung und Betrieb. Vorausgesetzt wurden gleiche äußere Geometrie, gleiche Rumpf-, Nasen- und Ruderanschlußpositionen, möglichst gleiche Lastverteilungen auf die Anschlußbeschläge und leichte Austauschbarkeit des gesamten Seitenleitwerks mit der metallischen Ausführung. Die Forderung nach einem der Metallausführung ähnlichen aeroelastischen Verhalten setzte eine Massenverteilung mit örtlich kompatiblen Steifigkeits/Masse-Quotienten voraus. Bezüglich der Umwelteinflüsse war Rücksicht auf ausreichende Resistenz gegenüber Feuchtigkeit und Betriebsmittel und auf Blitzableitung zu nehmen.

Bauteilauslegung

Maßgebliche Faktoren für die Bauteilauslegung waren Gewicht, Wartbarkeit und Fertigungskosten. Der Mittelkasten besteht aus einer linken und rechten Seitenschale, drei Holmen und achtzehn Rippen mit Vorrichtungen für die Aufnahme von Rumpf- und Ruderanschlußbeschlägen. Die beiden Seitenschalen sind mit längsgerichteten Doppel-T-Stringern versteift. Der Vorder- und Hinterholm erstrecken sich über die gesamte Länge und der Mittelholm bis etwa zu einem Viertel der Länge des Mittelkastens. Die Anschlüsse für die Ruderbetätigung werden als separate Bauteile mit Verbindungselementen in den Hinterholm eingebaut.

Bild 17.8. Seitenschale des Mittelkastens

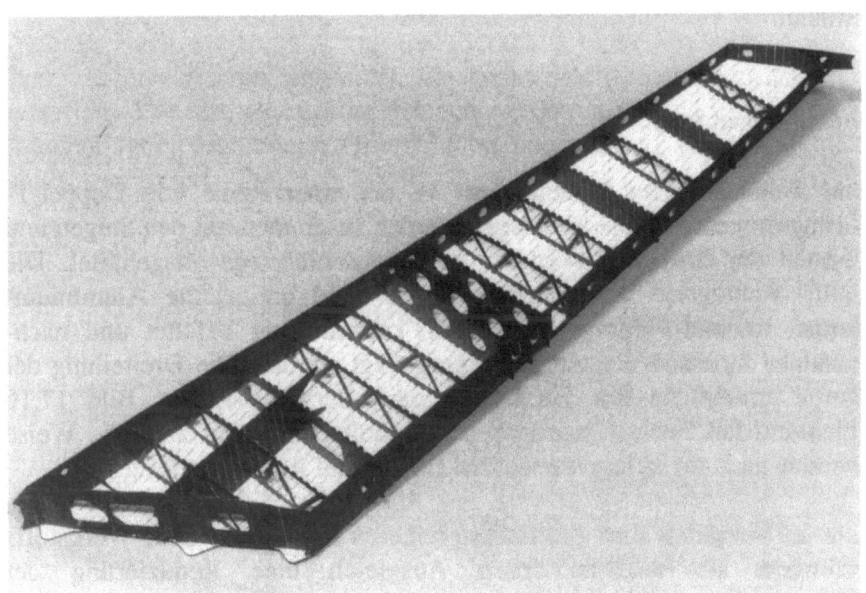

Bild 17.9. Anordnung der Rippen und Holme

Die Rippen bestehen teils aus fachwerkartigen Rahmen und teils aus stringerversteiften Scheiben. Die Ableitung des Blitzstroms erfolgt über vier Aluminiumleisten, die entlang der vier Ecken des Mittelkastens von der oberen Rippe auf geradem Wege zum Rumpf verlaufen und dort über

Massebänder eingeleitet werden. Durch die Betonung der Integralbauweise konnte die Anzahl der Einzelteile des CFK-Mittelkastens gegenüber der Metallbauweise von 2072 auf 96 und die der Verbindungselemente von ca. 60 000 auf 5 800 gesenkt werden. Bild 17.8 zeigt eine typische Seitenschale und Bild 17.9 die Anordnung der Rippen und Holme, für deren Verbindungen Schraubniete zum Einsatz kommen.

Werkstoffwahl

Die Auswahl geeigneter Verbundwerkstoffe verlangte die Voruntersuchung einer Reihe verschiedener Harzsysteme und Faserverstärkungen. Der Schwerpunkt lag dabei auf dem Vergleich der Faser/Harz-Kompatibilität und wichtiger mechanischer Kenngrößen unter Langzeitbeanspruchung. Als wesentliche Umwelteinflüsse wurden Kontakte mit Betriebsmitteln und Feuchtigkeit bei 70 °C und 70 % RLF berücksichtigt. Die Wahl fiel schließlich auf ein T 300/913 (Ciba Geigy) Prepregsystem.

Fertigungsablauf

Die Außenhaut des Mittelkastens ist mit einer Reihe von Doppel-T-Stringern versteift. Die Hautlagen werden zusammen mit den Stegen und Gurten der Stringer sowie der Rippenanschlußstege ausgehärtet. Die dafür wichtigsten Vorrichtungselemente sind dreigeteilte Aluminiumkerne, die mit Prepregs umwickelt, kastenförmig befaltet und nacheinander zu einem Raster zusammengefügt werden. Die Dreiteilung der Kerne ermöglicht ihre Entfernung nach der Aushärtung. Bild 17.10 illustriert das Fertigungsprinzip der Modultechnik. Auf ähnliche Weise werden auch die stringerversteiften Holme und Rippen hergestellt.

Die im Vergleich zum Aluminium höheren Kosten des CFK-Werkstoffs erfordern als wirtschaftlichen Ausgleich eine Reduzierung der Fertigungskosten, die durch eine weitgehende Automatisierung der Herstellung erreicht wird. Die für den Mittelkasten entwickelten automatisierten Fertigungsschritte umfassen Anlagen für den Zuschnitt und das Ablegen von Prepregs, die Bandagierung und das Aufrüsten der Modulkerne, die mechanische Nachbearbeitung und die zerstörungsfreie Prüfung.

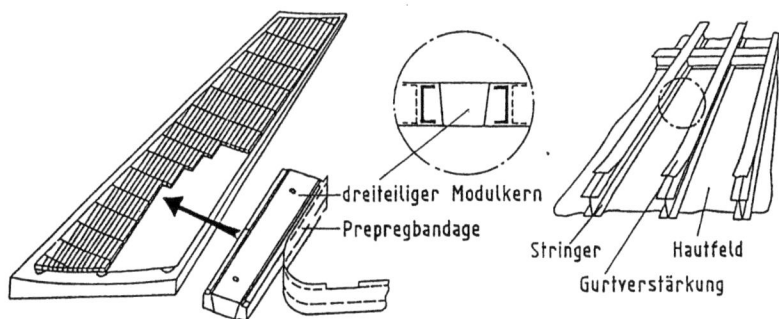

Bild 17.10. Fertigungsprinzip der Modultechnik

Im Schneidezentrum werden die optimal verschachtelten Zuschnitte mit einem numerisch gesteuerten Stichmesser automatisch geschnitten. Im Bandagier- und Aufrüstungsbereich erfolgt die Zuführung der Prepregzuschnitte und der Modulkerne mit Hilfe eines fahrerlosen Transportsystems. Nach der Umwicklung und Befaltung eines Modulkerns wird dieser in eine Palette eingesetzt, die geometrisch einer Rippenstation entspricht. Die fertigbestückten Paletten werden nacheinander zu einem Palettenträger befördert, in Querrichtung pneumatisch vorgepreßt und mit Bolzen fixiert.

Parallel zur Aufrüstung der Modulkerne werden die Hautlagen der Seitenschale manuell mit mechanischer Unterstützung in ein Formwerkzeug eingelegt und durch Vakuumanwendung ebenfalls vorgepreßt.

Das Formwerkzeug besteht aus CFK, um bei der Aushärtung unterschiedliche Wärmedehnungen von Bauteil und Formwerkzeug zu vermeiden. Das Zusammenfügen der Hautlagen und der Modulkerne wird nach Zuführung der vorgehärteten Längskraftbeschläge und Verstärkungslagen durch eine Schwenkung des Palettenträgers um 180° mit folgender Absenkung auf das von Luftkissen gehaltene Formwerkzeug erreicht. Nach der gleichzeitigen Entriegelung der Modulkerne und dem Zurückfahren des Palettenträgers wird der Autoklavzyklus vorbereitet, der die Komponenten des ca. 170 kg schweren Bauteils bei 125 °C in einem einzigen Arbeitsgang in eine physikalische und chemische Einheit überführt. Dabei unterliegen die kritischen Parameter des Aushärteprozesses einer regeltechnischen Überwachung und Dokumentierung. Die Entformung der ausgehärteten Bauteile erfolgt an einer

Abrüststation, wo die Modulkerne durch Robotereinsatz entnommen und in einer automatisierten Kernreinigungsanlage für den nächsten Einsatz vorbereitet werden.

Die Seitenschale wird anschließend für die mechanische Nachbearbeitung auf einem Bauteilträger fixiert. Eine sechsachsige NC-Fräsmaschine ermöglicht die präzise Ausführung unterschiedlicher Zerspanungsaufgaben bei programmierbarem automatischem Werkzeugwechsel auf einer einzigen Anlage. Die anschließende Qualitätskontrolle erfolgt mit modernen Ultraschall- und Röntgenverfahren.

In der Montagestraße werden schließlich die Einzelteile des Mittelkastens zusammengebaut (Bild 17.11). Dafür werden zunächst alle Rippen und der Mittelholm auf einer Verschiebeeinheit fixiert und zur ersten Seitenschale gefahren, wo die Rippen und Rippenstege gebohrt und mit Nieten verbunden werden. Dieser Vorgang wiederholt sich an der gegenüberliegenden Seite, gefolgt von dem Bohren und Heften des Vorder- und Hinterholms und der Anschlußbeschläge. Die Aufbringung des Oberflächenschutzes beendet den Fertigungsprozeß des CFK-Mittelkastens.

Bild 17.11. Montage des Mittelkastens

17.3 Seitenruder der Do 228

Die Konstruktion eines CFK-Seitenruders für die Do 228 erfolgte nicht mit der Absicht einer generellen Einführung in diesen Flugzeugtyp, sondern zur Erprobung einer neuartigen Bauweise. Der Auslöser dafür war der Wunsch der indischen National Aeronautical Laboratories (NAL), im Rahmen einer vom BMFT gestützten deutsch-indischen Zusammenarbeit einen Einblick in die Möglichkeiten der Faserverbundtechnologie zu gewinnen. Dafür bot sich das Seitenruder des Regionalflugzeugs Do 228 an, das in größerer Anzahl von Indien erworben wurde und bei der Hindustani Aeronautics Ltd. in Lizenz gefertigt wird. Mehrere dieser CFK-Seitenruder sind 1989 vom Institut für Strukturmechanik der DLR ausgeliefert und von der indischen Zulassungsbehörde für Flugversuche freigegeben worden [17.5].

Entwurfsanforderungen

Das Programmziel war ein funktionstüchtiger Ersatz des bestehenden Seitenruders durch eine CFK-Konstruktion mit 20% Gewichtseinsparung. Die Gewichtsvorgabe war insofern herausfordernd, als die bereits optimierte Aluminium-Ausführung eine glasfaserverstärkte Nasenverkleidung hat und im hinteren Teil stoffbespannt ist. Hinzu tritt, daß das Seitenruder steifigkeitskritisch ist und die CFK-Bauweise vergleichbares aeroelastisches Verhalten aufweisen muß. Angestrebt wurde ferner eine aerodynamisch bessere Oberfläche. Die Wahl der Bauweise wurde von der Forderung der NAL dahingehend eingeschränkt, daß das Seitenruder ohne Verwendung eines Autoklaven zu fertigen ist.

Bauteilauslegung

Abgesehen von dem Ausmaß der angestrebten Integralbauweise bot die einfache Geometrie des Seitenruders (Bild 17.12) nur wenige Auslegungsvarianten, die schließlich zur Entfernung der Rippen Nr. 1, 3, 5 und 7 führten. Die verbleibenden Rippen wurden in Form von Fachwerken und der Vorderholm als kontinuierliches U-Profil ausgelegt.

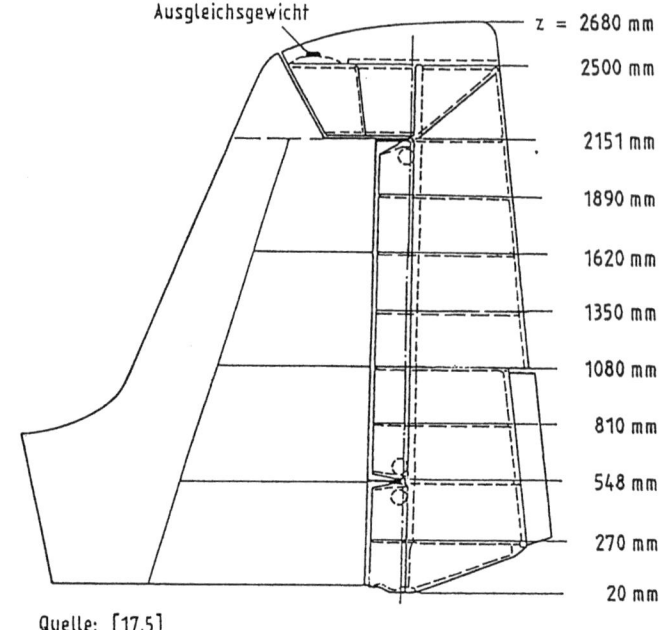

Bild 17.12. Do 228 Seitenruder

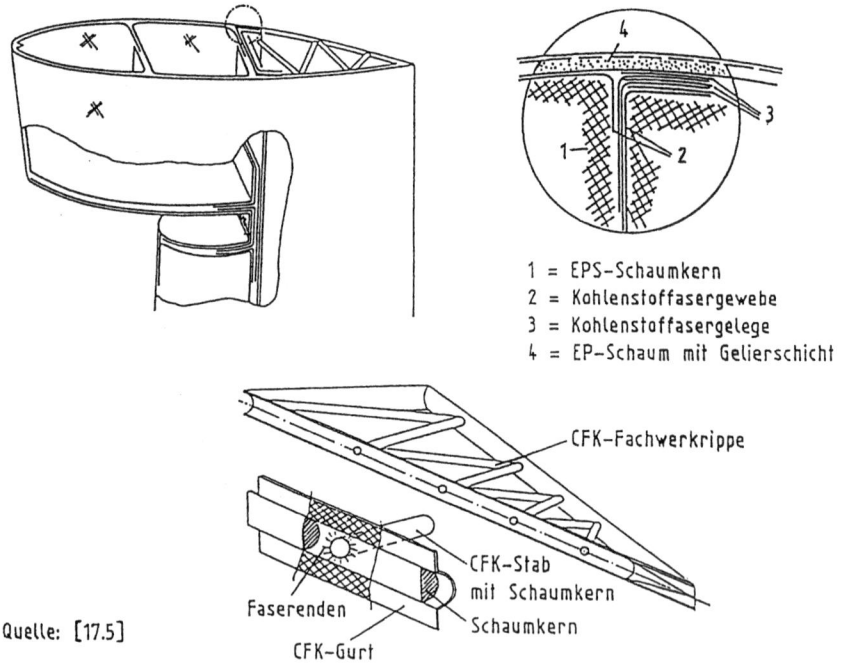

1 = EPS-Schaumkern
2 = Kohlenstoffasergewebe
3 = Kohlenstoffasergelege
4 = EP-Schaum mit Gelierschicht

Bild 17.13. Konstruktionsdetails

Bild 17.13 zeigt Konstruktionsdetails im oberen Ruderbereich und eine typische Fachwerkrippe. Zur Erreichung glatter Oberflächen wurde die Beplankung als dünnes Sandwich gestaltet, dessen innere Schicht aus den tragenden Kohlenstoffaserprepregs und die äußere Schicht, getrennt durch einen 1 mm dicken Schaumkern, aus einem feinen Kevlargewebe besteht. Die Steifigkeit der relativ großen Hautfelder mußte durch diagonale Streben an der Innenseite der Kohlenstoffaser-Prepregs erhöht werden. Der Lenkhebel aus Aluminium wurde durch eine CFK-Ausführung ersetzt. Die neue Massenverteilung machte eine leichte Erhöhung des aeroelastischen Ausgleichsgewichts erforderlich.

Werkstoffwahl

Die geplante Bauweise des Seitenruders sah ein Formpreßverfahren mit innen liegenden und unter Wärmezufuhr expandierenden Schaumstoffkernen vor. Nach einer Reihe von Voruntersuchungen erwies sich ein Polystyrol-Schaumstoff (EPS), der bei einer Maximaltemperatur von 70°C einen Preßdruck von 0,6 bar entwickelt, als die brauchbarste Lösung. Die durch den Schaumstoff bedingte niedrige Aushärtungstemperatur schloß die Benutzung üblicher Prepregs aus, so daß die Kohlenstoffasergewebe mit einem mittelviskosen Matrixsystemen (Harz: LY 556, Härter: HY 988) vorimprägniert wurden, das bei einer Aushärtung um 70 °C eine Wärmebeständigkeit von über 100 °C entwickelt.

Fertigungsablauf

Die Laminate der CFK-Struktur werden auf vorgefertigten EPS-Schaumkernen aufgebaut, die den späteren Hohlräumen der Struktur entsprechen. Die die Außenhaut bildenden vorimprägnierten Kohlenstofffasergewebe werden zusammen mit den rohrförmigen Stäben der Rippenfachwerke und dem U-förmigen kontinuierlichen Vorderholm abgelegt. Das Zusammenfügen zur Gesamtstruktur erfolgt mit Hilfe von durch die Schaumkerne hindurchgehende Führungsstangen, die eine präzise Justierung erlauben (Bild 17.14). Nach Abdeckung mit einem Vakuumsack erfolgt bei vorgegebenem Temperaturprofil und konstantem Preßdruck die Aushärtung der CFK-Struktur, die allseitig etwa 2-3 mm Untermaß aufweist.

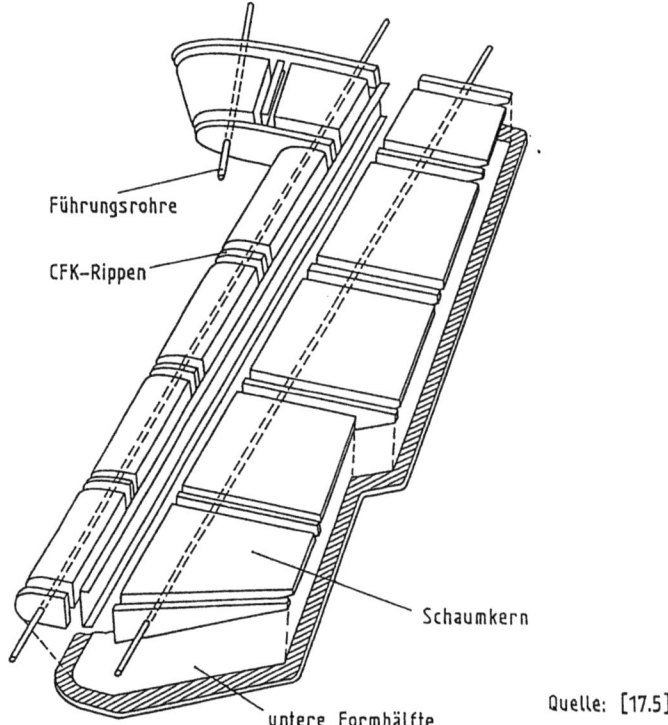

Bild 17.14. Zusammenfügen der Gesamtstruktur

Im Anschluß daran werden die Innenseiten eines zweiteiligen Formwerkzeugs mit der Oberflächenschicht des Ruders, einem feinen Kevlar-Fasergewebe und einer dünnen Schaumschicht versehen. Nach der Plazierung der ausgehärteten CFK-Struktur in das Formwerkzeug wird durch das Ausschäumen der zwischen der Außenhaut und der CFK-Struktur verbleibenden 1-2 mm breiten Spalte das Bauteil in seine Endform überführt. Der abschließende Fertigungsschritt ist die Entfernung der Schaumkerne aus den Hohlräumen durch chemisches Auflösen. Bild 17.15 zeigt das entformte CFK-Seitenruder, dessen Gesamtgewicht (8,9 kg) das der Metallausführung (11,2 kg) erheblich unterschreitet.

Bild 17.15. Do 228 CFK-Seitenruder

Literaturverzeichnis

[1.1] *Lossow, C. und Wernet, H.:* "Telekolleg II Chemie", TR-Verlagsunion, München, 1968.

[1.2] *Grüninger, G.:* Vorlesungsunterlagen, Universität Stuttgart.

[1.3] *Gordon, J. E.:* "Structures", Penguin Books Ltd., Harmondsworth, England.

[1.4] *ASM International Handbook Committee:* "Engineered Materials Handbook", Vol. 1, Composites, ASM International, Metals Park, Ohio, 1987.

[1.5] *Bergmann, H. W.:* "Mechanisms of Fracture in Fiber-Reinforced Laminates", in Fitzer, E., (Hrg.) " Carbon Fibers and their Composites", Springer-Verlag, Heidelberg, 1983.

[1.6] *Dastin, S. J.:* "Aircraft Composite Materials and Structures", Seminar Notes, Grumman Corp., Long Island, 1988.

[1.7] *Böker, H. et al:* "Kohlenstoffasern - Herstellung, Eigenschaften, Verwendung", Zeitschrift für Werkstofftechnik (11), 1980.

[1.8] *Archer, J.S. and Winters, W.E.:* "Composites Structures for Space Systems", TRW/DSSG/Quest, Spring 1980.

[2.1] *Kellerer, H. et al:* "Limits to Today's Composites: Chances for Tomorrow's Developments", Proceedings of European Conference on Composites Materials, Bordeaux, 1989.

[2.2] *Niederstadt, G. (Hrg):* "Neue Möglichkeiten zur Gestaltung von Verbundstrukturen", DGLR-Bericht 90-04.

[2.3] *Wachinger, G.:* "Einfluß von CFK-Sizingsystemen auf die Verarbeitung und Interphase-Eigenschaften", Proceedings of International Conference on Composite Interfaces, Cleveland, 1990.

[2.4] *Bascom, W. D.:* "Fibersizing", Engineered Materials Handbook, Vol. 1, Composites, ASM International, Metals Park, Ohio, 1987.

[2.5] *ESA/Estec:* "Composites Design Handbook for Space Structures Applications", ESA PSS-03-1101, 1986.

[2.6] *Fitzer, E. und Schlichtung, J.:* "Anorganische Fasern", Zeitschrift für Werkstofftechnik, 1980.

[2.7] *Pigliacampi, J. J.:* "Organic Fibers", Engineereed Materials Handbook, Vol. 1, Composites, ASM International, Metals Park, Ohio, 1988.

[2.8] *Czichos, H. (Hrg):* "Hütte - Die Grundlagen der Ingenieurwissenschaften", Springer-Verlag, 1989.

[2.9] *Böker, H. et al:* "Kohlenstoffasern - Herstellung, Eigenschaften, Verwendung", Zeitschrift für Werkstofftechnik, 1980.

[2.10] *Ashbee, K.:* "Fundamental Principles of Fiberreinforced Composites", Technomic Publishing Co., Lancaster-Basel, 1989.

[2.11] *Bunk ,W.:* "Verbundwerkstoffe mit keramischer Matrix", VDI-Berichte Nr. 734, 1989.

[3.1] *Lossow, C. und Wernet, H.:* "Telekolleg II Chemie", TR-Verlagsunion, München, 1989.

[3.2] *Kaelble, D. H.:* "Physical Chemistry of Adhesion", Wiley-Interscience, New York, 1971.

[3.3] *Peukert, H.:* "Grundlagen der Kunststofftechnik", Reichold Chemie AG, Hamburg.

[3.4] *Domke, H. und Rübben, A.:* "Kunststoffbau", Bauverlag GmbH, 1981.

[3.5] *Menges, G.:* "Werkstoffkunde der Kunststoffe", Carl Hauser-Verlag, 1979.

[3.6] *Ehrenstein, G. W.:* "Polymerwerkstoffe", Carl Hauser Verlag, 1978.

[3.7] *Brandt, J. und Richter, H.:* "Hochleistungsverbundwerkstoffe mit thermoplastischer Matrix", Zeitschrift für Werkstofftechnik, 1987.

[3.8] *Leach, D. C. et al:* "High Temperature Performance of Thermoplastic Aromatic Polymer Composites", Proceedings of 31st International SAMPE Symposium, 1986.

[3.9] *Rigby, R. B.:* "High Temperature Thermoplastic Matrices for Composite Materials", Proceedings of 27th National SAMPE Symposium, 1982.

[3.10] *Eaton, D. C. G., Pradier, H. and Lambert, M.:* "New Materials for Space Applications", ESA Bulletin 61, 1987.

[4.1] *Tsai, S. W. and Hahn, H. T.:* "Introduction to Composite Materials", Technomic Publishing Co., Westport CT, 1980.

[5.1] *Degrigny, B.:* "Mechanische Prüfungen an Hochleistungsverbundwerkstoffen und entsprechende Prüfmittel", Focus, Publikation der AZKO, Fibers and Polymers Division, Wuppertal, 3-1990.

[5.2] *Bergmann, H. W.:* "Belastungsgrenzen von CFK-Laminaten", Zeitschrift für Flugwissenschaften, Vol. 15, Nr. 1, 1991.

[5.3] *Bergmann, H. W. et al:* "Mechanical Properties and Damage Mechanisms of Carbonfiber-Reinforced Composites - Compression Loading", Section 7, DFVLR-FB 88-41, 1988.

[5.4] *Niederstadt, G.:* "CFK-Werkstoffe für den Leichtbau", Zeitschrift für Flugwissenschaften, Vol. 10, Nr. 4, 1984.

[5.5] *DIN 53 458:* "Prüfung von Kunststoffen - Bestimmung der Formbeständigkeit in der Wärme nach Martens", 1968.

[5.6] *Twardy, H.:* "Alterung von CFK bei Heißluftlagerung im Langzeitversuch", DFVLR-FB 88-05, 1988.

[5.7] *Hartung, W.:* "Influence of Thermal Cycling on the Behavior of CFRP-Material for Space Structures", Proceedings of Mechanical Technology for Antennas, ESA SP-225, Noordwijk, 1984.

[5.8] *Springer, G. S.:* "Environmental Effects on Composite Materials", Technomic Publishing Company, Westport, USA, 1981.

[5.9] *Augl, J.M. and Berger, A.E.:* NSWC/WOL TR 77-13.

[5.10] *Niederstadt, G., et al:* "Leichtbau mit kohlenstoffaser-verstärkten Kunststoffen", Kontakt und Studium, Band 167, Expert-Verlag. Sindelfingen, 1981.

[5.11] *Gädke, M.:* "Hygrothermomechanisches Verhalten kohlenstofffaserverstärkter Epoxidharze", Fortschrittsberichte VDI, Reihe 5, Nr. 136, VDI-Verlag, 1988.

[5.12] *Hartung, W. and Bergmann, H. W.:* "Influence of a Simulated Space Environment on the Behavior of Carbonfiber-Reinforced Plastics", Parts 1 and 2", Composites Technology Review, 6-2 and 6-3, 1984.

[5.13] *Leger, L. J. and Visentine, T. J.:* "Protecting Spacecraft from Atomic Oxygen", Aerospace America, 1986.

[5.14] *Skouby, C. D.:* "Relative Behavior of Graphite/Epoxy and Aluminium in a Lightning Environment", 23th SAMPE Symposium. Anaheim, 1978.

[6.1] *Eaton, D.C.G., Pradier, H. and Lambert, M.:* "New Materials for Space Applications", ESA Bulletin 61, 1987.

[6.2] *Brandt, J. und Richter, H.:* "Hochleistungsverbundwerkstoffe mit thermoplastischer Matrix", Kunststoffe 77, 1987.

[6.3] *Chang, J. Y.:* "PEEK as a New Thermoplastic Material for High Performance Composites", SAMPE Quarterly, Vol 19, No. 4, 1988.

[6.4] *Dhingra, A. K.:* "What are Fibers doing in Metal Castings", Chemtech, 1981.

[6.5] *Bunk, W., et al:* "Aerospace Materials: Trends and Potential", in "Materials and Processes - Move into the 90s", Elsevier Science Publishers, 1989.

[6.6] *Pradier, A.:* "Advanced Composite Materials", ESA Technical Note YME/AP/0151, 1987.

[6.7] *Prewo, J. J., et al:* "Fiber-Reinforced Glass-Ceramics for High Performance Applications", American Ceramics Society Bulletin, Vol 65 (No. 2), 1986.

[6.8] *Christin, F., et al:* "Thermostructure Composite Materials for Space Applications", CNES/CERT/ESA, 5th International Symposium on Materials in Space Environments, Cannes, 1991.

[7.1] *Seldon, P. H.:* "Glasfaserverstärkte Kunststoffe", Springer-Verlag, Berlin, Titel Nr. 1476.

[7.2] *Scharping, D.:* "GFK-Formenbau", Der Konstrukteur, Nr. 3, 1980.

[7.3] *Hauber, O.:* "Form- und Maßlehren aus glasfaserverstärkten Kunststoffen", Kunststoff und Gummi, 1965.

[7.4] *Vangerko, H.:* "Composite Tooling for Composite Components", Composites, Vol. 19, No. 6, 1988.

[7.5] *Laue, E. W.:* "Glasfaserverstärkte Polyester und andere Duromere", Verlag Zechner & Hüthig GmbH, Speyer, 1969.

[7.6] *Hagen, H.:* "Glasfaserverstärkte Kunststoffe", Springer-Verlag, Berlin, 1961.

[7.7] *Kelly, A. and Mileiko, S. T.:* "Fabrication of Composites", Elsevier Science Publishers, Amsterdam, 1991.

[7.8] *Newsam, S. M.:* " Vacuum Molding of High Quality Carbon-Reinforced Composite Components", Proceedings, SAMPE Symposium, London, 1983.

[7.9] *Gehring, H.:* "Gegenüberstellung verschiedener Varianten des Harz-Injektionsverfahrens zur Herstellung von GF-UP-Formteilen", Plastverarbeiter 32, 1981.

[7.10] *Schick, J. P., Siegberg, R. und Grunz, K.:* "Wirtschaftliche Fertigung von großflächigen GFK-Teilen im Vakuum-Injektionsverfahren", AVK-Jahrestagung 1974.

[7.11] *Schneider:* "Economical Processing of Fiber-Reinforced Components with Thermal Expansion Molding", NASA TM-75738.

[7.12] *Piening, M. und Pabsch, A.:* "Entwicklung eines Flugzeugseitenruders in neuartiger Kohlenstoffaser-Verbundtechnologie", DLR-Nachrichten 57, 1989.

[7.13] *Schwarz, W.:* "Einsatz von Filament-Winding-Anlagen für High-Tech-Industrie und Serienfertigung".

[7.14] *Borgschunit, G., et al:* "Faserwickeln mit Prepregs und GMT-Verarbeitung, Plastverarbeiter Nr. 5, 1988.

[7.15] *Grüninger, G., und Schelling, H.:* "Probleme beim Tränken und Ziehen von Glasfastersträngen", Kunststoffe, Heft 6, 1967.

[7.16] *Dennis, P.:* "Faserverstärkte Kunststoffe mit Diamantwerkzeugen bearbeiten", Kunststoffe, Heft 4, 1991.

[7.17] *König, W., et al:* "Technische Zusammenhänge beim Bearbeiten von faserverstärkten Kunststoffen", Plastverarbeiter, Nr. 6, 1990.

[7.18] *König, W., et al:* "Neue Entwicklungen beim Bohren und Trennen von Faserverstärkten Kunststoffen", Zeitschrift für wirtschaftliche Fertigung, Heft 1, 1985.

[7.19] *König, W., et al:* "Das Laserstrahlschneiden und seine Alternativen", Plastverarbeiter, Nr. 6, 1989.

[8.1] *Tenney, D. R., Lisagor, W. B. and Dixon, S. C.:* "Materials and Structures for Hypersonic Vehicles", Proceedings ICAS, 1988.

[8.2] *Eaton, D. C. G., Pradier, A. and Lambert, M.:* "New Structural Materials for Space Application", ESA Bulletin 61, 1987.

[8.3] *Bergmann, H. W., Bunk, W. and Grüninger, G.:* "New Materials and Structural Concepts for Space Transportation Systems", Proceedings 2nd European Aerospace Conference, Bonn, 1989.

[8.4] *Brandt, J. und Richter, H.:* "Hochleistungsverbundwerkstoffe mit thermoplastischer Matrix", Kunststoffe 77, 1987.

[8.5] *Harvey, M. T.:* "Thermoplastic Matrix Processing", in: *Reinhart, T. J., (Ed.):* "Engineered Materials Handbook - Composites", ASM International Metals Park, Ohlo, 1988.

[8.6] *Majidi, A. P., et al:* "Thermoplastic Preform Fabrication and Processing", SAMPE Journal, Jan/Feb 1988.

[8.7] *Schmitz, P.:* "Thermoplastic Composites: Coming of Age", Materials Edge, Sep/Oct 1990.

[8.8] *Silverman, E. M. and Jones, R. J.:* "Property and Processing Performance of Graphite/PEEK Prepreg Tapes and Fabrics", SAMPE Journal, July/Aug 1988.

[8.9] *Bunk, W., Esslinger, P. and Kellerer, H.:* "Aerospace Materials: Trends and Potential", SAMPE Symposium, Birmingham, 1989.

[8.10] *Schulte, K. and Bunk, W.:* "Metal Matrix Composites - A Promising Alternative to Conventional Alloys?", 67th AGARD Structures and Materials Meeting, Mierlo, 1988.

[8.11] *Leucht, R., Dudek, H. J. und Ziegler, G.:* "SiC-faserverstärkte Titanlegierung Ti6Al4V", Zeitschrift für Werkstofftechnik 18, 1987.

[8.12] *Semar, W. und Eul, J.:* "Faserverstärkte Glasverbundkörper", Fortschrittsbericht der Deutschen Keramischen Gesellschaft, Band 3, Heft 2, 1988.

[8.13] *Scholze, H.:* "Glas - Natur, Struktur und Eigenschaften", Springer-Verlag, Berlin, 1988.

[8.14] *Brinker, C. J. and Scherer, G. W.:* "Sol-Gel Science", ISBN 0-12-134970-5, Academic Press, Inc., 1990.

[8.15] *Pfeiffer, A.:* "Chemische Entwicklung eines mit Endlosfasern verstärkten Glasverbundkörpers zur Anwendung oberhalb 800 °C", Dissertation der Fakultät für Chemie, Universität Karlsruhe, 1989.

[8.16] *Frövel, Malte:* "Beitrag zur Herstellung und Berechnung faserverstärkter Gläser", Interner Bericht IB 113-91/28, DLR Braunschweig, 1991.

[8.17] *Diefendorf, R. J.:* "Continuous Carbon Fiber Reinforced Carbon Matrix Composites", in Reinhart, T. J., (Ed.), "Engineered Materials Handbook - Composites", ASM International, Metals Park, Ohio, 1988.

[8.18] *Maahs, H. G., et al:* "Oxidation-Resistant Carbon-Carbon Composites for Hypersonic Vehicle Application", NASA Conference Publication 2501, 1988.

[8.19] *Zieger, G.:* "Hochfeste faserverstärkte Verbundwerkstoffe mit keramischer Matrix", Symposium Materialforschung (BMFT). Hamm, 1988.

[8.20] *Vasilos, T.:* "Structural Ceramics Composites", in: *Reinhart, T. J., (Ed.):* "Engineered Materials Handbook - Composites", ASM International, Metals Park, Ohio, 1988.

[8.21]   *Kochendörfer, R.:* "Faserkeramik für heiße Reentrystrukturen", Proceedings of Techkeram 2, Wiesbaden, 1989.

[8.22]   *Haug, T., et al:* "Entwicklung keramischer Faserverbundwerkstoffe über die Infiltration und Pyrolyse von Si-Polymeren", 2. Symposium Materialforschung, Dresden, 1991.

[9.1]   *Hart-Smith, L. J.:*"Joints", in: *Reinhart, T. J., (Ed.):* "Engineered Materials Handbook", Vol. 1 - Composites, ASM International, Metals Park, Ohio, 1987.

[9.2]   *Godwin, E. W. and Matthews, F. L.:* "A Review of the Strength of Joints in Fibre-Reinforced Plastics", Part 1, Composites, Vol. 11, 1980.

[9.3]   *Hart-Smith, L. J.:* "Design and Analysis of Bolted and Riveted Joints in Fibrous Composite Structures", in: *Matthews, J. L.: (Ed.):* "Joining Fibre-Reinforced Plastics", Elsevier, 1987.

[9.4]   *Ramkumar, R. L. and Tossavainen, E. W.:* "Bolted Joints in Composite Structures: Design, Analysis and Verification", Northrop Aircraft Division, AFWAL-TR-84-3047, 1984.

[9.5]   *Garbo, S. P.:* "Effects of Bearing/Bypass Interaction on Laminate Strength", McDonnell Aircraft Company, AFWAL-TR-81-3144, 1981.

[9.6]   *Collings, T. A.:* "The Strength of Bolted Joints in Multidirectional CFRP-Laminates", Composites, Vol. 8, No. 1, 1977.

[9.7]   *Whitney, J. M.:* "Fracture Analysis of Laminates", in: *Reinhart T.J., (Ed.):* "Engineered Materials Handbook", Vol. 1, Composites, ASM International, Metals Park, Ohio, 1987.

[9.8]   *Matthes, F. L., Kilty, P. F. and Godwin, E. W.:* "A Review of the Strength of Joints in Fibre-Reinforced Plastics", Part 2, Composites, Vol. 13, 1982.

[9.9] *Hart-Smith, L. J.:* "Adhesively Bonded Joints for Fibrous Composite Structures", in: *Matthews, F. L., (Ed.):* "Joining Fibre-Reinforced Plastics", Elsevier, 1987.

[9.10] *Hart-Smith, L. J.:* "Surface Preparation of Fibrous Composites for Adhesive Bonding or Painting", Douglas Service Magazine, 1st Quarter, 1984.

[9.11] *Hart-Smith, L. J.:* "Adhesive-Bonded Double-Lap Joints, NASA CR-112235, 1973.

[9.12] *Hart-Smith, L. J.:* "Adhesive-Bonded Single-Lap Joints", NASA CR-112236, 1973.

[10.1] *Hachenberg, H. und Schmidt, A.P.:* "Gas Chromatographic Headspace Analysis", Perkin-Elmer, Best.-Nr. 091 424.

[10.2] *Snyder, R. and Kirkland, J.:* "Introduction to Modern Liquid Chromatography", Wiley-Interscience, 1979.

[10.3] *Kämpf, G.:* "Charakterisierung von Kunststoffen mit physikalischen Methoden", Verlag Carl Hauser, 1982.

[10.4] *Hoffmann, H., Krömer, H., und Kuhn, R.:* "Polymeranalytik I und II", Verlag G. Thieme, 1977.

[10.5] *Schütze, R., Hillger, W. und Block, J.:* "Zerstörungsfreie Prüfung von Verbundwerkstoffen", DFVLR-Mitteilung 86-09, Köln, 1986.

[10.6] *Hentschel, M.P., Lange, A. und Walter, J.:* "Zerstörungsfreie Prüfung von Kohlefaser-Laminaten mit Röntgenbeugungsverfahren", Zeitschrift für Materialprüfung, Band 30, 7/8, 1988.

[10.7] *Krautkrämer, H.J.:* "Werkstoffprüfung mit Ultraschall", 4. Auflage, Springer-Verlag, Berlin, 1980.

[10.8] *Hillger, W.:* "US-Inspection of CFRP-Laminates with High Resolution", Proceedings, 12th World Conference on Non-Destructive Testing, Amsterdam, 1989.

[10.9] *Hillger, W.:* "Non-Destructive Analyses of Damage States in Laminated Composites by Ultrasonic Testing", Proceedings, International Ultrasonics Conference, London, 1985.

[10.10] *Drouillard, T.F. and Hamstad, M.A.:* "A Comprehensive Guide to the Literature on Acoustic Emission from Composites", Supplements I and II, Proceedings, 1st, 2nd & 3rd International Symposium on Acoustic Emission from Composites, San Francisco, 1983, Montreal, 1986, Paris, 1989.

[10.11] *Wevers, M., et al:* "Analysis of fatigue damage in CFR epoxy composites by means of acoustic emission: setting up a damage accumulation theory", Journal of Acoustic Emission, Vol. 4, 1985.

[10.12] *Block, J.:* "Acoustic Emission Analysis of Fiber-Reinforced Composite Structures", in: *Eisenblätter, J. (Ed.):* Acoustic Emission, DGM-Informationsgesellschaft/Verlag, Oberursel, 1988.

[10.13] *Block, J.:* "AE-Inspection of Carbonfiber-Reinforced Structures for Aerospace Applications", Proceedings, 3rd International Symposium on Acoustic Emission from Composites, Paris, 1989.

[10.14] *Stahl, K. und Miosga, G.:* "Infrarottechnik", Hüthig-Verlag, Heidelberg, 1986.

[10.15] *McGee, T.D.:* "Principles and Methods of Temperature Measurement", John Wiley & Sons, New York, 1988.

[10.16] *Post, D.:* "Moiré Interferometry", in: *Kobayashi, A.S. (Ed.):* Handbook of Experimental Mechanics, Prentice-Hall, Englewood Cliffs NY, 1987.

[10.17] *Goetting, H.C. und Schütze, R.:* "An Optical Strain Measurement Facility for Damage Mechanics Investigations on Composites", Zeitschrift für Werkstofftechnik 20, 1989.

[10.18] *Schütze, R.:* "Anwendung eines optischen Reflexionsverfahrens für schadensmechanische Untersuchungen an kohlenstofffaserverstärkten Verbundwerkstoffen", VDI-Berichte 514, 1984.

[11.1]   *Pipes, A. B. and Adkins, D. W.:* "Damage Repair Technology for Composite Materials", University of Delaware, NASA Grant 1304, Final Report NSC 1304, 1982.

[11.2]   *Brown, H. (Ed.):* "Composite Repairs", SAMPE Monograph No. 1, 1985.

[11.3]   *Myhre, S. H. and Labor, J. D.:* "Repair of Advanced Composite Structures", Journal of Aircraft, 18, 1981.

[11.4]   *DLR*, Institut für Bauweisen und Konstruktionsforschung, Statusbericht 1990.

[11.5]   *Benatar, A. and Gutokowski, T. G.:* "Methods for Fusion Bonding Thermoplastic Composites", SAMPE Quarterly, 18, 1986.

[11.6]   *Baker, A. A.:* "Repair Technology for Composite Structures", Workshop, National Aeronautical Laboratory, Bangalore, 1990.

[11.7]   *Augl, J. N.:* "Moisture Transport in Composites during Repair Work", Proceedings 28th National SAMPE Symposium, 1983.

[12.1]   *Lekhnitsky, S. G.:* "Theory of Elasticity of an Anisotropic Body", Holden-Day, 1963.

[12.2]   *Tsai, S. W. and Hahn, H. T.:* "Introduction to Composite Materials", Technomic Publishing Co., Inc., Westport, CT, 1980.

[12.3]   *Calcote, L. R.:* "The Analysis of Composite Structures", Van Nostrand Reinhold Co., New York, NY, 1969.

[12.4]   *Jones, R. M.:* "Mechanics of Composite Materials", Scripta Book Co., Washington, D. C., 1975.

[13.1]   *Mises, R. von:* "Mechanik des festen Körpers im plastisch deformablen Zustand", Göttinger Nachrichten, 1913.

[13.2]   *Norris, C.B.:* "Strength of Orthotropic Materials Subjected to Combined Stresses", Report 1816, Forest Product Laboratory, 1962.

[13.3]   *Tsai, S.W. and Wu, E.M.:* "A General Theory of Strength for Anisotropic Materials", Journal of Composite Materials, Vol 5, 1971.

[13.4]   *Waddoups, M.E., Eisenmann, J. R. and Kaminski, B. E.:* "Macroscopic Fracture Mechanics of Advanced Composite Materials", Journal of Composite Materials, Vol. 5, 1971.

[13.5]   *Lin, K. Y.:* "Fracture of Filamentary Composite Materials", Ph. D., Dissertation, Mass. Inst. of Techn., Cambridge, Mass., 1976.

[13.6]   *Mar, J. W. and Lin, K. Y.:* "Fracture Mechanics Correlation for Tensile Failure of Filamentary Composites with Holes", Journal of Aircraft, Vol. 14, No. 7, 1977.

[13.7]   *Awerbuch, J. and Madhukar, M. S.:* "Notched Strength of Composite Laminates: Predictions and Experiments - A Review", Journal of Reinforced Plastics and Composites, Vol. 4, No. 1, 1985.

[13.8]   *Whitney, J. M. and Nuismer, R. J.:* "Stress Fracture Criteria for Laminated Composites", Journal of Composite Materials, Vol. 8, No. 3, 1974.

[13.9]   *Nuismer, R. J. and Whitney, J. M.:* "Uniaxial Failure of Composite Laminates Containing Stress Concentrations", Fracture Mechanics of Composites, STP 593, ASTM, 1975.

[13.10] *Henze, E.:* "Versagenshypothesen und Reservefaktoren für CFK-Strukturen", DGLR-Symposium "Entwicklung und Anwendung von CFK-Strukturen", Stuttgart, 1982.

[14.1]   *Slaughter, W. S. and Sanders, J. L.:* "A Model for Load Transfer from an Embedded Fiber to an Elastic Matrix", International Journal of Solids Structures, No. 28, 1991.

[14.2] *Highsmith, A. L., Stinchcomb, W. W. and Reifsnider, K. L.:* "Effect of Fatigue-Induced Defects on the Residual Response of Composite Laminates", Effects and Defects of Composite Materials, ASTM STP 836, 1984.

[14.3] *Eggers, H. and Goetting, H. C.:* "Damage Mechanisms and Constitutive Relations for Cracked UD-Layers in Crossply Laminates", Proc. of International Conference on Spacecraft Structures and Mechanical Testing, ESTEC-Noordwijk, 1991.

[14.4] *Owens, S., et al:* "Buckling after Impact Response of Laminated Composites", Proc. of American Society for Composites, Fourth Technical Conference, Blacksburg, VA., 1989.

[14.5] *Curson, A. D., et al:* "Impact Failure Mechanisms in Carbonfiber/ PEEK Composites", Proc. of American Society of Composites, Fourth Technical Conference, Blacksburg, VA., 1989.

[14.6] *Dorey, G.:* "Impact Damage in Composites - Development, Consequences and Prevention", Proceedings of ICCM VI/ECCM 2, Vol. 3, Elsevier, 1987.

[14.7] *Dorey, G., et al:* "Impact Damage Tolerance of Carbonfiber and Hybrid Laminates", RAE Technical Report 87057, 1987.

[14.8] *Bergmann, H.W., et al:* Development of Fracture Mechanics Maps for Composite Materials - Compression Loading, Final Report, ESA-ESTEC Contract No. 6400/85/NL/PB(SC), 1988.

[14.9] *Löbel, G., et al:* "Theoretische Grundlagen für die Anwendung der Bruchmechanik auf Faserverbundwerkstoffe", Zeitschrift für Werkstofftechnik, Vol. 15, 1984.

[14.10] *Eggers, H. and Kirschke, L.:* "K1 - K2 - Interaction for Describing Matrix Splitting in Unidirectional Laminates of Carbonfiber Reinforced Epoxy", Zeitschrift für Flugwissenschaften und Weltraumforschung, Vol.10, 1986.

[14.11] *Bergmann, H.W., et al:* Development of Fracture Mechanics Maps for Composite Materials - Tension Loading, Final Report, ESA-ESTEC Contract No. 4825/81/NL/AK(SC), 1985.

[14.12] *Bergmann, H.W., et al:* Fracture/Damage Mechanisms of Composites - Static and Fatigue Properties, Final Report, ESA-ESTEC Contract No. 8219/89/NL/PH(SC), 1991.

[15.1] *Gordon, J.E.:* "Structures", Penguin Books Ltd., Hammondsworth, England, 1984.

[15.2] *Eschenauer, H.A.:* "The 'Three Comumns' for Treating Problems in Optimum Structural Design", in: *Bergmann, H.W. (Ed.):* "Optimization", Springer Verlag, Berlin/Heidelberg/New York, 1989.

[15.3] *Zimmermann, R.:* "Optimization of Axially Compressed Fiber Composite Cylindrical Shells", in: *Bergmann H.W. (Ed.):* "Optimization", Springer Verlag, Berlin/Heidelberg/New York, 1989.

[17.1] *Bergmann, H. W., Welch, D. W. and Anderson, J. O.:* "Design and Manufacture of Graphite/Epoxy Payload Bay Doors for the Shuttle Orbiter", Proceedings of ASME Annual Meeting, New York, 1976.

[17.2] *MBB-UT*, Schlußbericht: "Airbus-Seitenleitwerk in Faserverbundwerkstoff", BMFT Förderungsvorhaben LKF 8255, 1982.

[17.3] *Rieckhoff, H. J.:* "Industrielle Fertigung von Faserverbundstrukturen, Manuskript Nr. 5, CCG-Lehrgang F7.04, Braunschweig, 1990.

[17.4] *Menze, G. und Stratmann, W.:* "Das Airbus-Seitenleitwerk - ein Beispiel neuer Fertigungstechnologien", VDI-Zeitschrift Band 129, 1987.

[17.5] *Piening, M. und Pabsch, A.:* "Entwicklung eines Flugzeugseitenruders in neuartiger Kohlefaser-Verbundtechnologie", DLR-Nachrichten, Heft 57, 1989.

Sachverzeichnis

A-Scan 167
A-Zustand 52
Ablage 94
Ablegemaschinen 116
Abreißgewebe 101
Additionsphase 44
additives 2, 43
advanced composites 6
aging 66
Alkoxid/Gel-Verfahren 130
Alterung 66
Aluminiummatrizen 47, 86
Aluminiumoxidfasern 30
Aluminosilikate 48
Ankopplung 166
Aramidfasern 23
Asbestfasern 25
atomarer Sauerstoff 82
Auffanggewebe 101
Aufsauggewebe 101
Aushärtung 42, 95
Aushärtungskontrolle 96, 162
Auslegung von Verbindungen 137, 150
Auswahlkriterien 53
Autoklavverfahren 100
Automatisierung 114
Average-Stress-Kriterium 216
B-Scan 167
B-Zustand 52
Bauteilanforderungen 247
Bauteilkonzepte 248
Besäumen 114
Beschichtungen 20
Betriebstemperatur 32
Beullastoptimierung 256
Biegespannungen 198
Biegeträger 267

Binder 1
Bismaleinimidharze 44
bleeder plies 101
Blitzschlag 82
Bohren 114
Bolzenverbindungen 136
Borfasern 23
Brandverhalten 43, 44, 45
breather plies 101
Bruchenergie 63
Bruchmechanik 213
Bruchmodelle 215
C-Scan 167
C-Zustand 52
carpet plot 61
crazing 227
damage zone 242
debonding 227
Delaminationen 229
Delaminationswachstum 231
Detailentwurfsphase 245
Dimensionierung 250
Drähte 18
Drehbankwickelverfahren 110
Druckprüfungen 60
Drucksackverfahren 106
Durchschallungsverfahren 168
Duromere 35
duromere Matrixharze 39
Dynamische Differenzkalorimetrie 162
E-Glas 21
eingesetzte Pflaster 179
Einkristalle 19, 31
Einzelfasern 18
Elastomere 35
Elektronenbestrahlung 82
Endgruppen 33
Energieaufwand 16

Entsorgung 13
Entwurfsregeln 261
Epoxidharze 42
Expansionsverfahren 106
Extraktionsverfahren 160
Fachwerke 247
Fachwerkknoten 266
Fachwerkstäbe 265
Fadenmoleküle 36
Faserbrüche 63, 227
Faserbündel 24
Fasereigenschaften 20
Faserspritzverfahren 98
Faservolumenanteil 56
Feinschicht 97
Fertigungsverfahren 97
Festigkeitsberechnung 209
Feuchtigkeitsaufnahme 43, 71
Feuchtigkeitseinflüsse 70
fiber sizing 21
finger print area 161
first-ply failure mode 144, 209
Flüssigimprägnierung 132, 133
Formpressen 124
Formwerkzeuge 42, 91
Gaschromatographie 160
Gasphasenimprägnierung 131
Gasphaseninfiltration 132
Geflechte 51
gel coat 97
Gelege 51
Gelierschicht 97
Gesamtkosten 91
Gestricke 51
Gewebe 50
Glasfasern 21
Glasmatrizen 47, 87
Glasübergangstemperatur 72
Glühbehandlung 26
Gradienteninfiltration 132
Graphitieren 27
Grenzflächen 20

Grenztemperatur 32
Haftvermittler 52
Handlaminierverfahren 97
Härter 37, 41, 42
Harzinjektionsverfahren 102
Hauptvalenzkräfte 35
Heißpressen 105, 131
HIP-Prozeß 129
hot isostatic pressing 129
impact 229
Impuls/Echo-Verfahren 167
Infrarot-Spektroskopie 161
interface 20
Kaltpressen 104
Karbonisieren 27
Katalysatoren 37, 42
Keramikmatrizen 48, 87
Kerne 94, 109
Kevlarfasern 23
kink bands 25
Klebverbindungen 145
Klopfverfahren 165
Kohlenstoffasern 26
Kohlenstoffmatrizen 48, 88
Kolloid/Gel-Verfahren 130
Kondensationsphase 44
Konstruktionsbeispiele 273
Konstruktionsprozeß 244
Kontrastmittel 166
Konzeptphase 244
Krafteinleitungen 134, 155
Kristallitstruktur 26
Kunststoffe 1, 32
Kurzfasern 49, 52
Laminataufbauten 55
Laminate 49
Laminatoptimierung 256
Langfasern 49
Laserstrahlschneiden 120
Lieferformen 49
Liniendiagramme 61
Lithium/Alumino-Silikate 48

mandrel 109
master model 91
Matrix 1, 32
Matrixrisse 63, 228
Matrixvolumenanteil 56
Matrixwerkstoffe 32
Matten 22, 50
Maximaldehnungskriterium 211
Maximalspannungskriterium 211
Membranspannungen 197
Mikrodelaminationen 63
Mikrorisse 227
Mischungsregeln 56
Monofilamente 18
Monomere 33
Nachbearbeitung 113
Nachhärtung 42, 102
Nebenvalenzkräfte 35
Nietverbindungen 145
Nomexfasern 25
Oberflächenbehandlung 20
Optimierungsalgorithmen 253
Optimierungsmodelle 253
Optimierungsparameter 253
Optische Verfahren 172
Örtliche Verstärkungen 264
Oxidation 69
Pechfasern 28
Phenolharze 40
Planetenwickelverfahren 110
Platten 268
PMR 15 43
Point-Stress-Kriterium 218
Polarwickelverfahren 110
Polyacrylnitril 26
Polyaddition 34
Polyesterharze 41
Polyetheretherketon 46
Polyimidharze 43
Polykondensation 34
Polymerisation 33
Polymerwerkstoffe 32

Polyreaktion 33
Preformen 129
Preßmassen 49
Prepregkontrolle 159
Prepregs 52
Prepregzuschnitt 115
Preßverfahren 104
pressure bag molding 106
progressive failure mode 144
Pyrolyse 26
Quadratische Interaktions-
 kriterien 211
Qualitätssicherung 158
Quarzglas 22
Quelldehnung 73
R-Glas 22
Radiographische Verfahren 165
Randdelaminationen 235
Raumnetzmoleküle 36
Reaktionsharze 37
Reaktionsmittel 37
Reaktionsschwund 40, 41
Relative Luftfeuchtigkeit 71
release coat 97
Reparatur 175
Reservefaktoren 222
resin injection molding 108
resin transfer molding 102
Rezyklieren 13
Rovings 18, 21
Sägen 113
Sandwichbauteile 270
Schadensarten 226
Schadensentwicklung 237
Schadensmechanik 220
Schadenstoleranz 224
Schadenszone 215, 242
Schalen 268
Schalentragwerke 247
Schallemissionsanalyse 169
Schichtentheorie 184
Schlagschäden 224, 229

Schmelzimprägnieren 127
Schneidverfahren 119
Schnittreaktionen 194
Schubprüfungen 59
Schwingfestigkeit 62
sheet molding compounds 106
Sicherheitsfaktoren 220
Sicherheitsmargen 222
Siliziumkarbidfasern 29
SMC-Materialien 106
softening strips 137
Sol/Gel-Verfahren 130
Sonnenbestrahlung 80
Spannungsberechnung 183
spezifische Eigenschaften 7
Spritzgußverfahren 108
squirter technique 167
statische Festigkeit 60
Steifigkeitsmatrix 185, 195
Stichmesser 116
Stoßbelastung 224, 229, 230
Strahlungseinfluß 80
Strakschablonen 93
Strangziehverfahren 112
Strukturberechnung 250
Strukturmodelle 251
Strukturoptimierung 252
submersion technique 167
Substratfaden 23
sudden death 239
superplastisches Umformen 125
Taue 18
Temperaturbeständigkeit 32, 43
Temperatureinflüsse 66
Testverfahren 58
thermal expansion molding 107
Thermaldehnung 67
thermische Expansionsverfahren 107
Thermographische Verfahren 171
Thermoplaste 35
Thermoplastische Matrixharze 45

Thermoplastmatrizen 45, 83, 85
Titanmatrizen 47, 86
toughened epoxies 43
Trägerfaden 29
Tränkbad 110
Transformationen 187
Trennfilm 97
überlappende Pflaster 179
Ultraschallverfahren 166
Umgebungseinflüsse 60, 65
Urmodell 92
vacuum bag technique 99
Vakuumsackverfahren 99
Verbindungen 134
Verbundwerkstoffe 1
Versagenskriterien 210
Versagensmechanismen 10
Verschiebungszustand 192
Verstärkungsfasern 2, 6, 18
Versteifungen 269
Versteifungsanschlüsse 269
Verstreckung 26
Verzerrungszustand 192
Viskosität 95, 162
Visuelle Beobachtungen 164
Vliese 22, 50
Vorentwurfsphase 244
Vorprodukte 49, 90
warm forming 95
Wasserstrahlschneiden 119
Weichmacher 43
Werkstoffkreislauf 13
Werkstoffwahl 249
whiskers 19, 31
Wichtungsfaktoren 249
Wickelverfahren 109
winding technique 109
Zerstörungsfreie Prüfung 163
Zielvorstellungen 247
Zugprüfungen 58
Zukunftsperspektiven 14
Zusatzstoffe 2

Springer-Verlag und Umwelt

Als internationaler wissenschaftlicher Verlag sind wir uns unserer besonderen Verpflichtung der Umwelt gegenüber bewußt und beziehen umweltorientierte Grundsätze in Unternehmensentscheidungen mit ein.

Von unseren Geschäftspartnern (Druckereien, Papierfabriken, Verpackungsherstellern usw.) verlangen wir, daß sie sowohl beim Herstellungsprozeß selbst als auch beim Einsatz der zur Verwendung kommenden Materialien ökologische Gesichtspunkte berücksichtigen.

Das für dieses Buch verwendete Papier ist aus chlorfrei bzw. chlorarm hergestelltem Zellstoff gefertigt und im ph-Wert neutral.

If you have any concerns about our products,
you can contact us on
ProductSafety@springernature.com

In case Publisher is established outside the EU,
the EU authorized representative is:
**Springer Nature Customer Service Center GmbH
Europaplatz 3, 69115 Heidelberg, Germany**

Printed by Libri Plureos GmbH
in Hamburg, Germany